Elementare Einführung in die Quantenchemie
unter besonderer Berücksichtigung der Quantenbiochemie

I. B. GOLOWANOW
A. K. PISKUNOW
N. M. SERGEJEW

Elementare Einführung in die Quantenchemie

unter besonderer Berücksichtigung der Quantenbiochemie

Bearbeitet und herausgegeben von

FRITZ DIETZ, Leipzig
JOACHIM REINHOLD, Leipzig
CORNELIUS WEISS, Leipzig

Mit 47 Abbildungen und 15 Tabellen

AKADEMIE-VERLAG · BERLIN

1974

И. Б. Голованов, А. К. Пискунов, Н. М. Сергеев: „Элементарное введение в квантовую биохимию“

Erschienen im Verlag „Nauka“, Moskau

Erschienen im Akademie-Verlag, 108 Berlin, Leipziger Straße 3–4

Lizenznummer: 202 · 100/570/74

Gesamtherstellung: VEB Druckhaus „Maxim Gorki“, 74 Altenburg

Einband und Schutzumschlag: Annemarie Wagner

Bestellnummer: 761 739 0 (6039) · LSV 1214, 1274

Printed in GDR

EVP 38,–

Zur deutschsprachigen Ausgabe

Der Originaltitel des Werkes lautet „*Elementare Einführung in die Quantenbiochemie*". Da es sich inhaltlich vorwiegend auf die Grundlagen und Arbeitsmethoden der Quantenchemie bezieht, der quantenbiochemische Teil dagegen nur einen geringen Umfang hat, haben wir uns zu einer Änderung des Titels entschlossen. Das erschien uns um so berechtigter, als in deutscher Sprache bisher keine vergleichbare, für den Studenten so außerordentlich geeignete, knappe Einführung in das Gebiet der Quantenchemie vorliegt.

Die seit der Niederschrift des Originals eingetretene Entwicklung wurde durch einige Umstellungen und Ergänzungen sowie durch zusätzliche Literaturzitate berücksichtigt.

Die Herausgeber

Vorwort der Autoren

In den letzten Jahren ziehen Biologen, Biophysiker und Biochemiker bei der Untersuchung der Gesetzmäßigkeiten biologischer Prozesse in immer stärkerem Maße quantenchemische Methoden heran. Die Quantenbiochemie ist ein Teil der Quantenchemie. Daher wird in diesem Buch besonderer Wert auf die gründliche Darlegung der wichtigsten quantenchemischen Begriffe und Vorstellungen gelegt.

Das Buch verfolgt vor allem drei Ziele. Erstens soll dargestellt werden, daß die Begriffe, mit denen die Quantenchemie arbeitet, aus ganz allgemeinen Vorstellungen der Quantenmechanik hervorgehen. Zweitens soll der Leser über verbreitete Rechenmethoden der Quantenchemie informiert werden. Besondere Aufmerksamkeit wird deshalb der Behandlung der ROOTHAANschen Gleichungen gewidmet, da sie die Grundlage aller quantenchemischen LCAO-MO-Verfahren darstellen. Darauf aufbauend werden einige halbempirische Näherungen vorgestellt, die bei konkreten Rechnungen häufig angewandt werden. Das dritte und im Prinzip wichtigste Ziel dieses Buches besteht in der Anwendung quantenchemischer Methoden auf eine Reihe biologisch und biochemisch interessanter Fragestellungen. Wir hatten uns jedoch nicht vorgenommen, in dieser kurzen Einführung eine kritische Analyse und Verallgemeinerung der auf dem Gebiet der Quantenbiochemie vorliegenden Arbeiten vorzunehmen. Dafür sei auf das bekannte Buch von B. PULLMAN und A. PULLMAN „*Quantenbiochemie*" verwiesen.

Wir wenden uns mit dieser Einführung an einen Leser, der auf dem Gebiet der Quantenbiochemie zu arbeiten beginnt, die Darstellung des Stoffes trägt daher elementaren Charakter. Wir hoffen, daß dieses Buch dem Leser bestimmte Fragen der modernen Biologie besser zu verstehen hilft.

Inhalt

1 Einführung

1.1. Die Newtonschen Gleichungen

Die Bewegung eines Massenpunktes unter dem Einfluß einer äußeren Kraft wird in einem rechtwinkligen (kartesischen) Koordinatensystem durch die NEWTONschen Bewegungsgleichungen

$$m\ddot{x} = F_x, \qquad m\ddot{y} = F_y, \qquad m\ddot{z} = F_z \tag{1.1}$$

oder in Vektorform

$$m\ddot{\boldsymbol{r}} = \boldsymbol{F} \tag{1.2}$$

beschrieben. Dabei ist m die Masse des Massenpunktes, $\boldsymbol{F}$ die auf ihn wirkende Kraft (F_x, F_y und F_z sind die Projektionen von $\boldsymbol{F}$ auf die Koordinatenachsen); $\boldsymbol{r}$ ist der Radiusvektor, der vom Ursprung des Koordinatensystems zum Ort des Massenpunktes zeigt. Die Punkte über den Variablen bezeichnen die Ableitung nach der Zeit ($\dot{x} = dx/dt$, $\ddot{x} = d^2x/dt^2$ usw.). Die Bewegung eines Systems von N Massenpunkten wird durch N NEWTONsche Gleichungen (1.2) beschrieben, wobei die Kraft $\boldsymbol{F}$ die mögliche Wechselwirkung zwischen den Punkten berücksichtigt.

Die NEWTONschen Gleichungen (1.1) für einen Massenpunkt stellen ein System von drei Differentialgleichungen zweiter Ordnung dar. Ihre Integration gibt die Möglichkeit, die Bahnkurve des Punktes zu bestimmen, eine Grundaufgabe der klassischen Mechanik. Zur Ermittlung der sechs freien Konstanten, die bei der Integration auftreten, müssen Anfangsbedingungen gegeben sein, das heißt die Koordinaten und Geschwindigkeiten zum Anfangszeitpunkt:

$$x|_{t=0} = x_0, \qquad y|_{t=0} = y_0, \qquad z|_{t=0} = z_0;$$

$$\dot{x}|_{t=0} = \dot{x}_0, \qquad \dot{y}|_{t=0} = \dot{y}_0, \qquad \dot{z}|_{t=0} = \dot{z}_0. \tag{1.3}$$

Dabei wird vorausgesetzt, daß die Koordinaten und Geschwindigkeiten zum Anfangszeitpunkt mit beliebiger Genauigkeit bestimmt werden können. Wie wir später sehen werden, steht diese Voraussetzung im Falle von Mikrosystemen nicht mehr im Einklang mit der Erfahrung. Da aber die Übereinstimmung mit der Erfahrung das Grundkriterium für die Gültigkeit eines Gesetzes ist, bedeutet das, daß an die Stelle der Ausdrücke (1.1) bzw. (1.2) andere Bewegungsgleichungen treten müssen.

Daß die Anfangsbedingungen (1.3) nicht mit beliebiger Genauigkeit angegeben werden können, wurde nicht sofort erkannt, sondern erst knapp zwei Jahrhunderte nach der Entdeckung NEWTONS. Die klassische Mechanik war lange Zeit ein Eckpfeiler der Physik und der gesamten Naturwissenschaft, obwohl man mehrfach feststellen mußte, daß die Gleichungen (1.1) bzw. (1.2) nicht universell sind. Für einige Bewegungsformen, etwa das Licht oder chemische Reaktionen, sind sie höchst ungeeignet.

1.2. Das Prinzip der kleinsten Wirkung

Die Suche nach neuen Formulierungen der Bewegungsgleichungen wurde durch ständige Veränderung (Präzisierung) solcher Begriffe wie Kraft, Koordinate, Bahnkurve, materielles Objekt hervorgerufen. Ein zweckmäßiger Weg war die Ausnutzung des Energie-Erhaltungssatzes. Dieses Postulat ist jedoch zur Beschreibung eines Bewegungsprozesses nicht ausreichend. Eine sehr allgemeine Formulierung der Bewegungsgleichungen ergibt sich aus dem sogenannten Prinzip der kleinsten Wirkung (HAMILTONsches Prinzip), das auf den energetischen Eigenschaften des Materiesystems beruht [1]. Dieses Prinzip besagt, daß die Bewegung des Systems entlang desjenigen Weges verläuft, für den das Integral

$$S = \int_{t_1}^{t_2} L(q_1, q_2, \dots, \dot{q}_1, \dot{q}_2, \dots, t)dt \tag{1.4}$$

den kleinsten Wert annimmt. Hierbei ist S die Wirkung; L ist die LAGRANGE-Funktion des gegebenen Systems, die durch die Differenz zwischen der kinetischen Energie T und der potentiellen Energie U des Systems bestimmt ist; q_i und $\dot{q}_i$ sind verallgemeinerte Kordinaten und verallgemeinerte Geschwindigkeiten; t ist die Zeit. Zur Vereinfachung nehmen wir an, daß die Funktion L nur von einer Koordinate abhängt, d. h. $L = L(q, \dot{q}, t)$[1]).

[1]) Die Integration erfolgt vom Zeitpunkt $t = t_1$ bis zum Zeitpunkt $t = t_2$. An t_1 und t_2 nimmt das System bestimmte feste Lagen $q(t_1)$ und $q(t_2)$ ein. Die Bewegung zwischen $q(t_1)$ und $q(t_2)$ verläuft so, daß die Wirkung (1.4) einen extremalen Wert hat. Man kann zeigen, daß dieses Extremum nicht immer ein Minimum ist; auf die folgenden Ableitungen hat das jedoch keinen Einfluß, da lediglich die allgemeine Extremalbedingung $\delta S = 0$ benutzt wird.

Die Forderung, daß das Integral (1.4) ein Minimum annehmen soll, entspricht der Forderung $\delta S = 0$ (die Variation der Wirkung soll verschwinden). Zur Illustration sind in Abb. 1 zwei Bahnkurven A und B gezeichnet. Die wirkliche Bewegung soll entlang der „Bahn" A erfolgen. Für die Bewegung entlang dieser Bahn hat die Wirkung S ein Minimum ($\delta S = 0$). Das bedeutet, daß beim Übergang von der wirklichen zu einer beliebigen anderen gedachten Bahn, was mit einer Änderung von q um die Größe δq verbunden ist, der Wert des Integrals S zunimmt. Die Größe δq bezeichnet die Variation der Koordinate q.

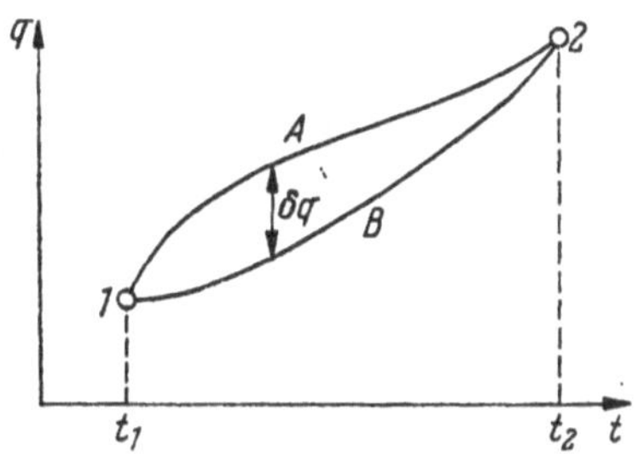

Abb. 1: Gedachte Bahnkurven eines Teilchens mit festem Anfangs- und Endpunkt

Wenn wir kleine Größen mit ε bezeichnen, so kann bei einer Abweichung der verallgemeinerten Koordinate von ihrem wahren Wert q_w für den neuen Wert geschrieben werden

$$q(t) = q_w + \varepsilon f(t), \tag{1.5}$$

wobei $f(t)$ eine beliebige Funktion der Zeit ist. Der Ausdruck (1.5) zeigt, daß die Abweichung von der wahren Bahn beliebig aber klein ist (wegen des kleinen ε), d. h.

$$q(t) = q_w + \delta q \text{ mit } \delta q = \varepsilon f(t).$$

In Analogie zu dem Ausdruck für den Zuwachs df (das Differential) einer Funktion $f(x)$ bei einer infinitesimalen Änderung ihres Arguments, $df = f'dx$, hat die Variation der Wirkung folgendes Aussehen:

$$\delta S = \delta \int_{t_1}^{t_2} L(q, \dot{q}, t)dt = \int_{t_1}^{t_2} \left[\frac{\partial L}{\partial q}\,\delta q + \frac{\partial L}{\partial \dot{q}}\,\delta \dot{q}\right] dt. \tag{1.6}$$

Als Randbedingung haben wir

$$\delta q\,(t_1) = \delta q\,(t_2) = 0, \tag{1.7}$$

da die Koordinaten $q(t_1)$ und $q(t_2)$ von Anfangs- und Endpunkt fest vorgegeben sind.

Wir suchen zunächst einen Ausdruck für $\delta\dot{q}$. Einmal gilt

$$\delta q = \varepsilon f(t), \quad \frac{d}{dt}\delta q = \varepsilon f'(t). \tag{1.8}$$

Aus $\dot{q} = \dot{q}_w + \delta\dot{q}$ und der Ableitung von (1.5)

$$\dot{q} = \dot{q}_w + \varepsilon f'(t)$$

erhalten wir andererseits

$$\delta\dot{q} = \varepsilon f'(t). \tag{1.9}$$

Durch Vergleich von (1.8) und (1.9) finden wir

$$\frac{d}{dt}\delta q = \delta\frac{d}{dt}q. \tag{1.10}$$

Mit Hilfe der Beziehung (1.10) formen wir das zweite Glied in (1.6) um und integrieren es partiell:

$$\int_{t_1}^{t_2} \frac{\partial L}{\partial \dot{q}}\delta\dot{q}\,dt = \int_{t_1}^{t_2} \frac{\partial L}{\partial \dot{q}}\frac{d(\delta q)}{dt}\,dt$$

$$= \frac{\partial L}{\partial \dot{q}}\delta q\Big|_{t_1}^{t_2} - \int_{t_1}^{t_2}\frac{d}{dt}\frac{\partial L}{\partial \dot{q}}\delta q dt. \tag{1.11}$$

Wegen der Randbedingungen (1.7) verschwindet das erste Glied auf der rechten Seite. Durch Einsetzen von (1.11) in (1.6) erhalten wir

$$\delta S = \int_{t_1}^{t_2}\left[\frac{\partial L}{\partial q} - \frac{d}{dt}\frac{\partial L}{\partial \dot{q}}\right]\delta q dt = 0. \tag{1.12}$$

Notwendige Bedingung für das Verschwinden dieses Integrals bei beliebigen Werten von δq ist das Verschwinden des Klammerausdrucks, d. h.

$$\frac{\partial L}{\partial q} - \frac{d}{dt}\frac{\partial L}{\partial \dot{q}} = 0. \tag{1.13}$$

Für den Fall, daß L von mehreren Variablen abhängt, erhalten wir ein System von Gleichungen

$$\frac{\partial L}{\partial q_i} - \frac{d}{dt}\frac{\partial L}{\partial \dot{q}_i} = 0. \tag{1.14}$$

Diese Gleichungen heißen LAGRANGEsche Bewegungsgleichungen. Sie beschreiben die mechanische Bewegung eines Systems durch Angabe seiner Koordinaten und Geschwindigkeiten.

1.3. Die Hamiltonschen Gleichungen

Die mechanische Bewegung eines Systems kann auch mit Hilfe der Koordinaten und Impulse beschrieben werden. Werden verallgemeinerte Koordinaten verwendet, dann hat man als Ausdruck für die verallgemeinerten Impulse

$$p_i = \frac{\partial L}{\partial \dot{q}_i}. \tag{1.15}$$

Die Gesamtenergie H des Systems (die HAMILTON-Funktion) ist

$$H = T + U$$

und hängt von q, p und t ab, d. h. $H = H(q, p, t)$. Die LAGRANGE-Funktion ist mit der HAMILTON-Funktion durch

$$L = T - U = 2T - H \tag{1.16}$$

verknüpft. Da die kinetische Energie des Systems durch den Ausdruck

$$2T = \sum p_i \dot{q}_i \tag{1.17}$$

bestimmt ist, erhalten wir für die Variation der Wirkung

$$\delta S = 0 = \delta \int_{t_1}^{t_2} L\,dt = \delta \int_{t_1}^{t_2} \left(\sum_i p_i \dot{q}_i - H\right) dt$$
$$= \int_{t_1}^{t_2} \left[\sum_i p_i \delta \dot{q}_i + \sum_i \dot{q}_i \delta p_i - \sum_i \frac{\partial H}{\partial q_i} \delta q_i - \sum_i \frac{\partial H}{\partial p_i} \delta p_i\right] dt. \tag{1.18}$$

Partielle Integration des ersten Gliedes des Integranden liefert

$$\int_{t_1}^{t_2} \sum_i p_i \delta \dot{q}_i\,dt = \int_{t_1}^{t_2} \sum_i p_i \frac{d}{dt}(\delta q_i)\,dt = \sum_i p_i \delta q_i \Big|_{t_1}^{t_2}$$
$$- \sum_i \int_{t_1}^{t_2} \dot{p}_i \delta q_i\,dt = - \sum_i \int_{t_1}^{t_2} \dot{p}_i \delta q_i\,dt. \tag{1.19}$$

Durch Einsetzen von (1.19) in (1.18) ergibt sich

$$\int_{t_1}^{t_2} \sum_i \left\{\left[\dot{q}_i - \frac{\partial H}{\partial p_i}\right] \delta p_i - \left[\dot{p}_i + \frac{\partial H}{\partial q_i}\right] \delta q_i\right\} dt = 0. \tag{1.20}$$

Damit dieses Integral nicht von den Variationen δq_i und δp_i abhängt, müssen die Klammerausdrücke einzeln verschwinden, d. h.

$$\dot{q}_i = \frac{\partial H}{\partial p_i} \quad \text{und} \quad \dot{p}_i = -\frac{\partial H}{\partial q_i}. \tag{1.21}$$

Diese Bedingungen heißen HAMILTONsche Gleichungen. Sie beschreiben die Bewegung des Systems durch Angabe seiner Koordinaten und Impulse.

1.4. Die Poissonschen Klammern

Die totale zeitliche Ableitung einer beliebigen Funktion $A = A(q, p)$, die nicht explizit von der Zeit abhängt (d. h. $\partial A/\partial t = 0$), ist

$$\frac{dA}{dt} = \sum_i \left(\frac{\partial A}{\partial q_i} \dot{q}_i + \frac{\partial A}{\partial p_i} \dot{p}_i\right). \tag{1.22}$$

Unter Berücksichtigung der HAMILTONschen Gleichungen (1.21) nimmt (1.22) die Form

$$\frac{dA}{dt} = \sum_i \left(\frac{\partial A}{\partial q_i} \frac{\partial H}{\partial p_i} - \frac{\partial A}{\partial p_i} \frac{\partial H}{\partial q_i}\right) \tag{1.23}$$

an. Der Ausdruck auf der rechten Seite wird mit $[AH]$ abgekürzt:

$$[AH] = \sum_i \left(\frac{\partial A}{\partial q_i} \frac{\partial H}{\partial p_i} - \frac{\partial A}{\partial p_i} \frac{\partial H}{\partial q_i}\right) \tag{1.24}$$

und als POISSONsche Klammer der Größen A und H bezeichnet. Damit schreibt sich (1.23) als

$$\frac{dA}{dt} = [AH]. \tag{1.25}$$

Mit Hilfe der POISSONschen Klammern können die HAMILTONschen Gleichungen folgendermaßen formuliert werden:

$$\dot{q}_i = [q_i H], \quad \dot{p}_i = [p_i H], \tag{1.26}$$

da

$$\frac{dq_i}{dt} = [q_i H] = \sum_j \left(\frac{\partial q_i}{\partial q_j} \frac{\partial H}{\partial p_j} - \frac{\partial q_i}{\partial p_j} \frac{\partial H}{\partial q_j} \right) = \frac{\partial H}{\partial p_i},$$

$$\frac{dp_i}{dt} = [p_i H] = \sum_j \left(\frac{\partial p_i}{\partial q_j} \frac{\partial H}{\partial p_j} - \frac{\partial p_i}{\partial p_j} \frac{\partial H}{\partial q_j} \right) = -\frac{\partial H}{\partial q_i}.$$

Die Poissonschen Klammern haben, wie man mit der Definition (1.24) leicht nachprüft, folgende Eigenschaften:

$$[fg] = -[gf], \qquad [fc] = 0,$$

wobei c eine Konstante ist. Aus (1.24) erhält man ebenso leicht die speziellen Klammern

$$[q_i q_k] = 0, \qquad [p_i p_k] = 0, \qquad [p_i q_k] = \delta_{ik}. \tag{1.27}$$

1.5. Die Hamilton-Jacobische Gleichung

In Abschnitt 1.2. betrachteten wir die Wirkung als Integral

$$S = \int_{t_1}^{t_2} L\, dt,$$

das entlang der Bahn zwischen den fest vorgegebenen Punkten 1 und 2 genommen wurde (Abb. 1). Der wirklichen Bewegung entsprach die Bahn, für die das Integral S einen Minimalwert annimmt. Wir betrachten nun

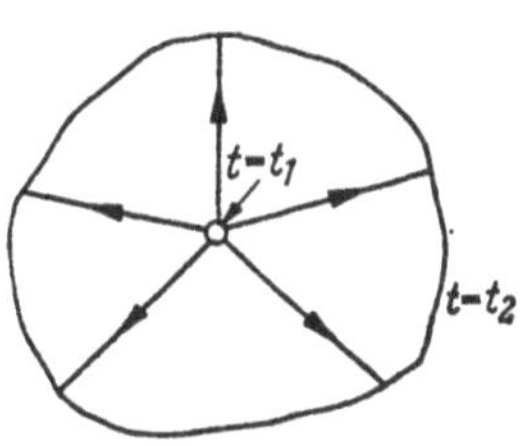

Abb. 2: Gedachte Bahnkurven eines Teilchens mit festem Anfangspunkt, aber verschiedenen Endpunkten

die Bewegung von Teilchen, deren Bahnen einen gemeinsamen Anfangspunkt haben, die aber zur Zeit $t = t_2$ durch verschiedene Endpunkte gehen (Abb. 2). In diesem Fall ist das Integral S für die wahren Bahnen eine Funktion des Koordinatenwertes an der oberen Integrationsgrenze t_2.

Der Ausdruck für die Variation von S war

$$
\begin{aligned}
\delta S = \delta \int_{t_1}^{t_2} L(q, \dot{q}, t) dt &= \int_{t_1}^{t_2} \left(\frac{\partial L}{\partial q} \delta q + \frac{\partial L}{\partial \dot{q}} \delta \dot{q} \right) dt \\
&= \int_{t_1}^{t_2} \frac{\partial L}{\partial q} \delta q \, dt + \frac{\partial L}{\partial \dot{q}} \delta q \Big|_{t_1}^{t_2} - \int_{t_1}^{t_2} \frac{d}{dt} \left(\frac{\partial L}{\partial \dot{q}} \right) \delta q \, dt \\
&= \int_{t_1}^{t_2} \left[\frac{\partial L}{\partial q} - \frac{d}{dt} \left(\frac{\partial L}{\partial \dot{q}} \right) \right] \delta q \, dt + \frac{\partial L}{\partial \dot{q}} \delta q \Big|_{t_1}^{t_2} .
\end{aligned} \tag{1.28}
$$

Weil alle Bahnen ihren Anfang in einem Punkt haben, gilt $\delta q(t_1) = 0$ und (1.28) nimmt die Form

$$
\delta S = \frac{\partial L}{\partial \dot{q}} \delta q \, (t_2) + \int_{t_1}^{t_2} \left[\frac{\partial L}{\partial q} - \frac{d}{dt} \left(\frac{\partial L}{\partial \dot{q}} \right) \right] \delta q \, dt \tag{1.29}
$$

an. Da wir wahre Bahnen betrachten, gelten die LAGRANGEschen Gleichungen (1.13), und das Integral in (1.29) verschwindet. Erinnern wir uns weiter, daß $p = \partial L / \partial \dot{q}$, so erhalten wir für die Variation der Wirkung

$$
\delta S = p \delta q \, (t_2).
$$

Die Variation der Koordinate $\delta q(t_2)$ bezeichnen wir kurz mit δq. Im allgemeinen Fall für mehrere Variable wird dann

$$
\delta S = \sum_i p_i \delta q_i . \tag{1.30}
$$

Es gilt aber auch

$$
\delta S = \sum_i \frac{\partial S}{\partial q_i} \delta q_i ,
$$

folglich haben wir

$$
p_i = \frac{\partial S}{\partial q_i} . \tag{1.31}
$$

Die Wirkung war definiert als

$$
S = \int L \, dt, \quad \frac{dS}{dt} = L. \tag{1.32}
$$

Andererseits ist $S = S(q, t)$ und deshalb

$$\frac{dS}{dt} = \frac{\partial S}{\partial t} + \sum_i \frac{\partial S}{\partial q_i} \frac{dq_i}{dt} = \frac{\partial S}{\partial t} + \sum_i p_i \dot{q}_i. \tag{1.33}$$

Durch Vergleich der Beziehungen (1.32) und (1.33) erhalten wir

$$\frac{\partial S}{\partial t} = L - \sum_i p_i \dot{q}_i.$$

Da aber

$$L - \sum_i p_i \dot{q}_i = L - 2T = -H,$$

so gilt für die partielle zeitliche Ableitung von S

$$\frac{\partial S}{\partial t} = -H. \tag{1.34}$$

Die HAMILTON-Funktion kann in der Form

$$H = \sum_i \frac{p_i^2}{2m} + U \tag{1.35}$$

geschrieben werden. Setzt man diesen Ausdruck unter Berücksichtigung von (1.31) in (1.34) ein, so erhält man die sogenannte HAMILTON-JACOBIsche Gleichung[1])

$$\frac{\partial S}{\partial t} + \frac{1}{2m} \sum_i \left(\frac{\partial S}{\partial q_i}\right)^2 + U = 0. \tag{1.36}$$

Mit Hilfe des Prinzips der kleinsten Wirkung haben wir eine Reihe von Gleichungen abgeleitet, die wir später benötigen werden. Es sei hier festgehalten, daß weder das Prinzip der kleinsten Wirkung noch die auf ihm beruhenden Gleichungen einen neuen physikalischen Inhalt in die Mechanik bringen, und daß sie im allgemeinen die Lösung praktischer Aufgaben nicht vereinfachen. Ihr Vorteil besteht darin, daß sie ihr Aussehen in beliebigen Koordinatensystemen beibehalten und allgemeingültig für alle Arten der Bewegung sind.

---

[1]) Gewöhnlich wird der allgemeine Ausdruck

$$\frac{\partial S}{\partial t} + H\left(q_1, q_2, \ldots, \frac{\partial S}{\partial q_1}, \frac{\partial S}{\partial q_2}, \ldots, t\right) = 0$$

als HAMILTON-JACOBIsche Gleichung bezeichnet. Die Form (1.36) erhält man, wenn für H der konkrete Ausdruck (1.35) eingesetzt wird.

1.6. Die Wirkung. Einige Beispiele

Wenn die LAGRANGE-Funktion $L = T - U$ eine konstante Größe ist, gilt

$$S = \int_{t_1}^{t_2} L\,dt = L(t_2 - t_1).$$

Daraus geht hervor, daß die Wirkung die Dimension „Energie · Zeit" oder „Masse · Geschwindigkeit · Länge" hat. Im folgenden werden wir die Wirkung für einige konkrete Fälle berechnen.

a) *Die Bewegung eines freien Massenpunktes*: Ein Massenpunkt mit der Masse 1 g bewege sich geradlinig und gleichförmig mit der Geschwindigkeit 1 cm/s. Die Wirkung auf einem Weg von 10 cm Länge (für den 10 s benötigt werden) ist

$$S = \int_0^{10} L\,dt, \quad L = T - U.$$

Da $T = mv^2/2$ und $U = 0$, so erhält man

$$S = \frac{mv^2}{2}\,\Delta t = \frac{1}{2}\,mvl,$$

$$S = \frac{1}{2} \cdot 1 \cdot 1 \cdot 10 = 5\,erg \cdot s.$$

b) *Die Bewegung eines Gasmoleküls in einem evakuierten Gefäß*: Zur Vereinfachung nehmen wir an, daß das Gas so verdünnt ist, daß sich die Moleküle ohne Zusammenstöße von einer Wand des Gefäßes zur anderen bewegen können. Die Masse eines Moleküls (z. B. des Stickstoffs) liegt bei 10^{-22} g, die Geschwindigkeit bei 10^4 cm/s, der Abstand zwischen den Wänden des Gefäßes betrage 10 cm. Wegen der geringen Wechselwirkung zwischen den Molekülen setzen wir $U = 0$. Die Wirkung beim Übergang eines Moleküls von einer Wand zur anderen wird dann

$$S = \int L\,dt = \int \frac{mv^2}{2}\,dt = \frac{1}{2}\,mvl$$

$$= \frac{1}{2} \cdot 10^{-22} \cdot 10^4 \cdot 10 = 5 \cdot 10^{-18}\,\mathrm{erg} \cdot s.$$

c) *Die Bewegung der Elektronen im Atom*: Wir berechnen die Wirkung

$$S = \int_{t_1}^{t_2} L\,dt = \bar{L}\,(t_2 - t_1)$$

mit Hilfe des Virialsatzes, der die mittlere kinetische Energie $\overline{T}$ eines Systems mit der mittleren potentiellen Energie $\overline{U}$ verbindet [1]. Wenn $U = f(r^n)$ ist, dann sagt der Virialsatz aus, daß

$$\overline{T} = \frac{n}{2}\,\overline{U}. \tag{1.37}$$

Für die COULOMB-Wechselwirkung zwischen Elektron und Kern gilt $U = 1/r$ und deshalb

$$\overline{T} = -\frac{1}{2}\,\overline{U}. \tag{1.38}$$

Damit haben wir für die Wirkung

$$S = \bar{L}\Delta t = (\overline{T} - \overline{U})\Delta t = {}^3/_2 mv\Delta l. \tag{1.39}$$

Die Masse eines Elektrons ist etwa 10^{-27} g. Die Energie des Elektrons im Atom ist von der Größenordnung der Ionisierungsenergie, d. h. rund 10 eV oder 10^{-11} erg. Wir nehmen an, obwohl das eine sehr grobe Näherung ist, daß die Geschwindigkeit des Elektrons durch diese Energie bestimmt ist, d. h. daß

$$T = mv^2/2 = 10^{-11}\ \text{erg}$$

$$v \approx 1{,}5 \cdot 10^8\ \text{cm/s}.$$

Die Atomradien liegen bei 10^{-8} cm, daher ist $\Delta l \approx 10^{-8}$ cm, und die Wirkung für die Bewegung des Elektrons im Atom wird

$$S = \frac{3}{2}\,mv\Delta l = \frac{3}{2} \cdot 10^{-27} \cdot 1{,}5 \cdot 10^{-8} \cdot 10^{8} \approx 2 \cdot 10^{-27}\ \text{erg} \cdot s.$$

Durch Vergleich der erhaltenen Abschätzungen für die Größe der Wirkung kann festgestellt werden, daß bei der klassischen Bewegung (die ersten beiden Beispiele) die Wirkung wesentlich größer als 10^{-27} erg · s ist, während die Bewegung der Mikroteilchen (Elektronen, Nukleonen, usw.) eine Wirkung der Größenordnung 10^{-27} erg · s hat, d. h. in der Nähe des PLANCKschen Wirkungsquantums ($h = 6{,}626 \cdot 10^{-27}$ erg · s) liegt. Nach der Größenordnung der Wirkung können also alle Erscheinungen in Makroprozesse mit $S \gg 10^{-27}$ erg · s und Mikroprozesse mit $S \approx 10^{-27}$ erg · s eingeteilt werden.

Für die Beschreibung von Mikroprozessen, die mit der Bewegung von Elementarteilchen verbunden sind (Elektronen, Photonen u. a.), ist es notwendig, sich mit einem anderen Bewegungstyp — der Wellenbewegung — vertraut zu machen.

1.7. Die Wellenbewegung

Die Abhängigkeit einer Größe ψ vom Ort und von der Zeit sei durch

$$\psi = a \cos (kx - 2\pi\nu t) \tag{1.40}$$

gegeben; dann ist ψ eine Welle. a ist die Amplitude der Welle und ν die Frequenz. Die Größe $\varphi = (kx - 2\pi\nu t)$ stellt die Phase der Wellenausbreitung dar. Aus $\varphi = 0$ ergibt sich

$$2\pi\nu t = kx, \tag{1.41}$$

woraus wir die Phasengeschwindigkeit u erhalten:

$$u = \frac{x}{t} = \frac{2\pi\nu}{k}. \tag{1.42}$$

Unter Verwendung der Beziehung $u = \nu\lambda$ (λ ist die Wellenlänge) wird daraus

$$k = 2\pi/\lambda. \tag{1.43}$$

Die Größe k wird Wellenzahl genannt.

Im dreidimensionalen Fall schreiben wir den Ausdruck für die Wellenbewegung in der allgemeineren Form

$$\psi = a e^{i(\boldsymbol{kr} - 2\pi\nu t)}, \tag{1.44}$$

wobei $\varphi = (\boldsymbol{kr} - 2\pi\nu t)$ die Schwingungsphase und $\boldsymbol{k}$ der Wellenzahlvektor ist. Der Ausdruck (1.44) stellt die Gleichung einer ebenen Welle dar, die sich in der Richtung $\boldsymbol{k}$ ausbreitet. Die zum Wellenzahlvektor $\boldsymbol{k}$ senkrechten Ebenen sind Flächen gleicher Phase; sie werden durch

$$\boldsymbol{kr} - 2\pi\nu t = \text{const.}$$

beschrieben.

1.8. Die Analogie zwischen mechanischer und Wellenbewegung

Zwischen der mechanischen und der Wellenbewegung besteht eine tiefe Analogie. Für die Quantentheorie hat diese Analogie prinzipielle Bedeutung, da aus ihr der Welle-Korpuskel-Dualismus der Materie hervorgeht. Wir betrachten zunächst einige gemeinsame Aspekte von einem formalen Standpunkt aus:

Mechanische Bewegung		Wellenbewegung	
Aus der Definition der Wirkung		Aus der Definition der Phase	
$S = \int_{t_1}^{t_2} L dt$		$\varphi = \boldsymbol{kr} - 2\pi\nu t$	
und			
$L = \sum_i p_i \dot{q}_i - H$			
erhält man		erhält man	
$\frac{dS}{dt} = L = \sum_i p_i \dot{q}_i - H,$		$\frac{d\varphi}{dt} = \boldsymbol{k}\frac{d\boldsymbol{r}}{dt} - 2\pi\nu$ ($\boldsymbol{k}$ = const.)	
$dS = \sum_i p_i dq_i - H dt.$	(1.45)	$d\varphi = \boldsymbol{k} d\boldsymbol{r} - 2\pi\nu dt.$	(1.45a)

Der Vergleich zwischen (1.45) und (1.45a) zeigt, daß der Bewegung eines Massenpunktes ein Wellenprozeß mit der Phase

$$\varphi = S/\hbar \tag{1.46}$$

gegenübergestellt werden kann. Die Konstante $\hbar$ muß aus Dimensionsgründen eingeführt werden, sie hat wie S die Dimension einer Wirkung. Man setzt also

$$\varphi = \boldsymbol{kr} - 2\pi\nu t = \frac{S}{\hbar} = \frac{\boldsymbol{pq} - Ht}{\hbar},$$

woraus die zwei Beziehungen resultieren:

$$\boldsymbol{k} = \frac{\boldsymbol{p}}{\hbar}, \quad 2\pi\nu = \frac{H}{\hbar}.$$

Mit der Kreisfrequenz $\omega = 2\pi\nu$ schreiben sie sich als

$$\boldsymbol{p} = \hbar\boldsymbol{k}, \quad H = \hbar\omega \tag{1.47}$$

und mit $h = 2\pi\hbar$ als

$$\boldsymbol{p} = \frac{h}{\lambda}, \quad H = h\nu. \tag{1.48}$$

Wegen (1.47) bzw. (1.48) können die Gleichungen für die Teilchenbewegung mit den Gleichungen für die Wellenausbreitung in Beziehung gebracht werden. Die Analogie zwischen mechanischer und Wellenbewegung wurde von De Broglie [2] erkannt. Er erweiterte die Plancksche Beziehung $H = \hbar\omega$ zwischen Energie und Frequenz, indem er die Beziehung $\boldsymbol{p} = \hbar\boldsymbol{k}$ zwischen Impuls und Wellenzahlvektor hinzufügte. Diese Überlegung De Broglies erwies sich als außerordentlich fruchtbar. Zufolge (1.48) kann einem Teilchen mit dem Impuls $\boldsymbol{p}$ eine Welle mit dem Wellenzahlvektor $\boldsymbol{k}$ zugeordnet werden. Die Wellenlänge ist mit dem Impuls des Teilchens durch

$$\lambda = \frac{h}{p}$$

verknüpft.

Eine experimentelle Bestätigung für die Richtigkeit der Hypothese De Broglies sind die Versuche zur Elektronenbeugung an Kristallen [3].

2 Die Grundbegriffe der Quantenmechanik

2.1. Die Schrödinger-Gleichung

Der Mechanik der Mikrosysteme liegt die SCHRÖDINGER-Gleichung zugrunde. Wie die NEWTONschen Bewegungsgleichungen kann sie nicht aus irgendwelchen Vorstellungen logisch abgeleitet werden, sondern muß als Postulat angesehen werden.

Im vorangegangenen Kapitel haben wir — ausgehend vom Prinzip der kleinsten Wirkung — die HAMILTON-JACOBIschen Gleichungen abgeleitet und eine Analogie zwischen der mechanischen und der Wellenbewegung festgestellt. Es wird nun intuitiv angenommen, daß das Prinzip der kleinsten Wirkung auch für Quantenerscheinungen gültig ist. SCHRÖDINGER ging nämlich bei seinen Überlegungen von der HAMILTON-JACOBIschen Gleichung (1.36) aus:

$$\frac{\partial S}{\partial t} + \frac{1}{2m} \sum_i \left(\frac{\partial S}{\partial q_i}\right)^2 + U = 0.$$

Der prinzipielle Schritt ist die Konkretisierung des Begriffs „Wirkung" in der Mikrowelt. SCHRÖDINGER schlug vor, die Wirkung durch eine Funktion zu ersetzen, die den Zustand des Teilchens beschreibt. Ein solches Vorgehen ist möglich, wenn irgendwelche Vorstellungen über die Wahl der Funktion existieren. Darüber verfügte SCHRÖDINGER jedoch nicht. Die Auswahl einer „geeigneten" Funktion war also zunächst willkürlich, das Kriterium für die Güte der Wahl war die Übereinstimmung zwischen den von der Theorie gelieferten Resultaten und experimentellen Daten. So schrieb SCHRÖDINGER in seinem Artikel *„Quantisierung als Eigenwertproblem"* [4]: „Es wird von dieser Gleichung (HAMILTON-JACOBIsche Gleichung) eine Lösung gesucht, welche sich darstellt als Summe von Funktionen je einer einzigen der unabhängigen Variablen q.

Wir führen nun für S eine neue unbekannte ψ ein derart, daß ψ als ein Produkt von eingriffigen Funktionen der einzelnen Koordinaten erscheinen würde. D. h. wir setzen

$$S = k \ln \psi.$$

Die Konstante k muß aus dimensionellen Gründen eingeführt werden, sie hat die Dimension einer Wirkung."

Die weiteren Überlegungen sind einfach. Wir führen sie für den Fall der eindimensionalen Bewegung vor. Die HAMILTON-JACOBIsche Gleichung für eine solche Bewegung ist

$$\frac{\partial S}{\partial t} + \frac{1}{2m}\left(\frac{\partial S}{\partial q}\right)^2 + U = 0. \tag{2.1}$$

Gemäß SCHRÖDINGER setzen wir

$$S = k \ln \psi\ , \tag{2.2}$$

$$\psi = \psi\,(q, t). \tag{2.3}$$

Einsetzen von (2.2) und (2.3) in (2.1) ergibt

$$\frac{\partial S}{\partial t} + \frac{1}{2m}\frac{k^2}{\psi^2}\left(\frac{\partial \psi}{\partial q}\right)^2 + U = 0.$$

Da aber

$$\frac{\partial S}{\partial t} = -H = -E_{\text{total}},$$

so erhalten wir

$$\frac{1}{2m}\frac{k^2}{\psi^2}\left(\frac{\partial \psi}{\partial q}\right)^2 - (E - U) = 0. \tag{2.4}$$

Diese Gleichung muß bei der Bewegung auf beliebigen wahren Bahnen erfüllt sein (wir gingen von der HAMILTON-JACOBIschen Gleichung aus), d. h.

$$\delta I = \delta \int_{q_1}^{q_2} \left[\left(\frac{\partial \psi}{\partial q}\right)^2 - \frac{2m}{k^2}(E - U)\,\psi^2\right] dq = 0,$$

$$\delta I = \int_{q_1}^{q_2} \left[\delta\left(\frac{\partial \psi}{\partial q}\right)^2 - \frac{2m}{k^2}(E - U)\,\delta(\psi^2)\right] dq = 0. \tag{2.5}$$

Wir formen die Variationen wie folgt um:

$$\delta\left(\frac{\partial \psi}{\partial q}\right) = \frac{\partial}{\partial q}\,\delta\psi = \frac{\partial}{\partial q}\frac{\partial \psi}{\partial q}\,\delta q = \frac{\partial^2 \psi}{\partial q^2}\,\delta q, \qquad \delta\left(\frac{\partial \psi}{\partial q}\right)^2 = 2\left(\frac{\partial \psi}{\partial q}\right)\left(\frac{\partial^2 \psi}{\partial q^2}\right)\delta q,$$

$$\delta(\psi) = \frac{\partial \psi}{\partial q}\,\delta q, \qquad \delta(\psi)^2 = 2\psi\,\frac{\partial \psi}{\partial q}\,\delta q.$$

Damit erhalten wir

$$\delta I = \int_{q_1}^{q_2} \left[2\left(\frac{\partial\psi}{\partial q}\right)\left(\frac{\partial^2\psi}{\partial q^2}\right)\delta q - \frac{2m}{k^2}(E - U)\,2\psi\left(\frac{\partial\psi}{\partial q}\right)\delta q\right] dq$$

$$= \int_{q_1}^{q_2} \left[\frac{\partial^2\psi}{\partial q^2} - \frac{2m}{k^2}(E - U)\psi\right] 2\left(\frac{\partial\psi}{\partial q}\right)\delta q\, dq = 0. \qquad (2.6)$$

Soll diese Beziehung für beliebige Variationen δq erfüllt sein, dann muß gelten:

$$\frac{\partial^2\psi}{\partial q^2} - \frac{2m}{k^2}(E - U)\,\psi = 0. \qquad (2.7)$$

Da k die Dimension einer Wirkung hat, setzen wir $k = \hbar$ und erhalten die sogenannte zeitfreie SCHRÖDINGER-Gleichung

$$\frac{\partial^2\psi}{\partial q^2} - \frac{2m}{\hbar^2}(E - U)\,\psi = 0. \qquad (2.8)$$

Die Analogie zwischen mechanischer und Wellenbewegung führt dazu daß die SCHRÖDINGER-Gleichung auch aus der Wellengleichung erhalten werden kann [5]. Eine eindimensionale Wellenbewegung wird durch die Gleichung

$$\frac{\partial^2\psi}{\partial t^2} = \gamma\left(\frac{\partial^2\psi}{\partial x^2}\right) \qquad (2.9)$$

beschrieben, und die Funktion $\psi = e^{i(kx - 2\pi\nu t)}$ ist eine spezielle Lösung dieser Gleichung. Durch Einsetzen dieser Funktion in (2.9) finden wir eine Beziehung, die γ mit der Frequenz ν und mit der Wellenzahl k verknüpft:

$$\gamma = \frac{4\pi^2\nu^2}{k^2}. \qquad (2.10)$$

Wir halten fest, daß der Koeffizient γ von der Art der Bewegung abhängt, da in ihn die Parameter ν und k eingehen.

Setzen wir nun voraus, daß die Gleichung, die das Verhalten der Elektronen im Atom beschreibt, nicht von der Art der Bewegung abhängen soll, dann läßt sich leicht zeigen, daß sie die erste Ableitung nach der Zeit und die zweite Ableitung nach der Koordinate enthalten sollte. Mit

$$\frac{\partial\psi}{\partial t} = -2\pi i\nu\psi, \qquad \frac{\partial\psi}{\partial x} = ik\psi, \qquad \frac{\partial^2\psi}{\partial x^2} = -k^2\psi$$

finden wir für den Ansatz

$$\frac{\partial \psi}{\partial t} = \gamma \frac{\partial^2 \psi}{\partial x^2}$$

unter Berücksichtigung von

$$E = h\nu = \frac{p^2}{2m} = \frac{\hbar^2 k^2}{2m}, \quad p = \hbar k$$

tatsächlich einen konstanten Wert γ:

$$\gamma = \frac{i\hbar}{2m}. \tag{2.11}$$

Damit erhalten wir schließlich die Gleichung

$$i\hbar \frac{\partial \psi}{\partial t} = -\frac{\hbar^2}{2m} \frac{\partial^2 \psi}{\partial x^2}. \tag{2.12}$$

Das ist die zeitabhängige SCHRÖDINGER-Gleichung für ein freies Teilchen der Masse m. Ihre Richtigkeit geht aus der guten Übereinstimmmung zwischen den aus ihr abgeleiteten Folgerungen und den experimentellen Resultaten hervor. Die Beziehung zwischen (2.8) und (2.12) werden wir in Abschnitt 3.1. betrachten.

Die dreidimensionale Verallgemeinerung von (2.12) ist

$$i\hbar \frac{\partial \psi}{\partial t} = -\frac{\hbar^2}{2m} \nabla^2 \psi, \tag{2.13}$$

wobei ∇^2 der LAPLACE-Operator ist:

$$\nabla^2 = \frac{\partial^2}{\partial x^2} + \frac{\partial^2}{\partial y^2} + \frac{\partial^2}{\partial z^2}.$$

Lösung von (2.13) ist die DE-BROGLIE-Welle $\psi = a e^{i(kr - 2\pi\nu t)}$.

Die in die SCHRÖDINGER-Gleichung eingehende Funktion ψ ist die sogenannte Wellenfunktion. Sie ist dimensionslos (wegen $S = k \ln \psi$) und im allgemeinen komplex. Die physikalische Bedeutung der Wellenfunktion wird in Abschnitt 2.4. behandelt.

2.2. Zusammenhang zwischen mechanischen Größen und Operatoren

Die Aufgabe der klassischen Mechanik ist es, die Bahnkurve einer Bewegung, d. h. die Abhängigkeit $q = q(t)$ zu finden. Alle übrigen mechanischen Größen werden daraus abgeleitet ($v = \dot{q}$, $a = \ddot{q}$, usw.).

Wenn man vom Prinzip der kleinsten Wirkung ausgeht, so können, wie wir in Abschnitt 1.5. gesehen haben, die mechanischen Größen als Funktionen der Wirkung dargestellt werden. Betrachten wir ein freies Teilchen, dann ist

$$E = -\frac{\partial}{\partial t} S, \quad p = \nabla S, \quad E = \frac{1}{2m} p^2. \tag{2.14}$$

Unter der Annahme, daß auch die Bewegung der Mikroteilchen dem Prinzip der kleinsten Wirkung gehorcht und daß die Wellenfunktion, die den Zustand der Mikroteilchen beschreibt, gemäß Abschnitt 2.1. mit der Wirkung verbunden ist, kann man eine Ähnlichkeit zwischen den Bewegungsgleichungen der Mikroteilchen und den Beziehungen (2.14) erwarten.

Die SCHRÖDINGER-Gleichung für ein freies Teilchen hatte die Form

$$i\hbar \frac{\partial}{\partial t} \psi = -\frac{\hbar^2}{2m} \nabla^2 \psi. \tag{2.15}$$

Man überzeugt sich leicht, daß man die Beziehungen (2.14) aus (2.15) erhalten kann, wenn

$$\psi \to e^{\frac{i}{\hbar} S}$$

gesetzt wird (der Pfeil soll den Übergang Mikroteilchen — Makroteilchen andeuten). Auf der linken Seite von (2.15) erhält man nämlich

$$i\hbar \frac{\partial}{\partial t} \psi = -\frac{\partial S}{\partial t}$$

und auf der rechten Seite

$$-\frac{\hbar^2}{2m} \nabla^2 \psi = \frac{1}{2m} \nabla^2 S.$$

Um formale Übereinstimmung mit den klassischen Ausdrücken (2.14) zu erzielen, müssen wir den mechanischen Größen E den Operator $i\hbar \frac{\partial}{\partial t}$ und p den Operator $-i\hbar\nabla$ zuordnen:

$$\hat{E}\psi = i\hbar \frac{\partial}{\partial t} \psi, \quad \hat{p}\psi = -i\hbar \nabla \psi, \quad \hat{E}\psi = \frac{1}{2m} \hat{p}^2 \psi \tag{2.16}$$

(ganz allgemein bezeichnet $\hat{A}$ den zur Größe A gehörigen Operator).

Es werden also den mechanischen Größen in der klassischen Mechanik Funktionen, in der Quantenmechanik dagegen Operatoren zugeordnet.

Die Gestalt der Wirkungsfunktion stimmt bis auf einen Faktor mit der des Operators überein (Tabelle 1).

Tabelle 1: Gegenüberstellung Wirkungsfunktion — Operator

Dynamische Variable als Funktion von S	Operator
$E = -\frac{\partial}{\partial t} S$	$\hat{E} = i\hbar \frac{\partial}{\partial t}$
$p = \nabla S$	$\hat{p} = -i\hbar\nabla$

Bisher wurde nichts über die Koordinaten gesagt. In der klassischen Mechanik werden sie durch Lösung der Bewegungsgleichungen bestimmt. In der Quantenmechanik verliert der Begriff „Koordinate" im Zusammenhang mit dem Begriff „Bahnkurve" — wie später gezeigt werden wird — seinen Sinn. Der Koordinate entspricht in der Quantenmechanik auch ein Operator, nämlich der Operator der Multiplikation mit einer skalaren Größe:

$$\hat{q}\psi = q\psi. \tag{2.17}$$

Ebenso entsprechen allen mechanischen Größen, die nur von Koordinaten abhängen, multiplikative Operatoren.

Damit können wir nun auch die SCHRÖDINGER-Gleichung für den allgemeinen Fall $U \neq 0$ aufstellen. In dem klassischen Ausdruck $E = p^2/2m + U$ ersetzen wir E durch den Operator $i\hbar\partial/\partial t$, p durch $-i\hbar\nabla$ und U durch den multiplikativen Operator $\hat{U} = U$. Wir erhalten

$$i\hbar \frac{\partial}{\partial t} \psi = -\frac{\hbar^2}{2m} \nabla^2\psi + U\psi. \tag{2.18}$$

Das ist die SCHRÖDINGER-Gleichung für ein Teilchen der Masse m, das sich in einem Feld mit dem Potential U bewegt.

2.3. Die Prinzipien der Quantenmechanik

2.3.1. Die Unschärferelation

In der klassischen Mechanik gilt die plausible Annahme (Abschnitt 1.1.), daß Anfangsbedingungen beliebig genau angegeben werden können. Wie ist es aber mit der Angabe von Anfangsbedingungen für ein Elektron im Atom? Um die Bahnkurve, auf der sich das Elektron bewegt, zu bestimmen, wären Instrumente nötig, die es gestatten, Ort und Impuls des Elektrons zu bestimmten Zeitpunkten zu messen. Wir werden sehen, daß solche Instrumente nicht existieren, so daß man nichts über die Elektronenbahn aussagen kann und der Begriff „Bahnkurve" eines Elektrons im Atom seinen Sinn verliert.

Wir betrachten zunächst die prinzipiellen Möglichkeiten zur Gewinnung von Informationen über die Bewegung von Teilchen. Die Koordinaten können mit einer Genauigkeit bestimmt werden, die dem Auflösungsvermögen des Meßgerätes entspricht. Benutzen wir ein Mikroskop, so können wir zwei Punkte auf der x-Achse nur dann unterscheiden, wenn ihre Entfernung Δx größer ist als das Auflösungsvermögen R des Mikroskops, d. h. wenn $\Delta x \geqq R$.

Das Auflösungsvermögen eines Mikroskops ist $R = \lambda/2 \sin \alpha$, wobei λ die Wellenlänge des verwendeten Lichtes und α der Aperturwinkel des Mikroskops ist[1]). Zwei Punkte können also dann unterschieden (aufgelöst) werden, wenn

$$\Delta x \geqq \frac{\lambda}{2 \sin \alpha}.$$

Nehmen wir an, daß das beobachtete Teilchen ein angeregtes Atom ist. „Sehen" kann man es nur, wenn es wenigstens ein Photon abstrahlt, das in den Aperturwinkel des Mikroskops fällt. Das Teilchen selbst erhält bei

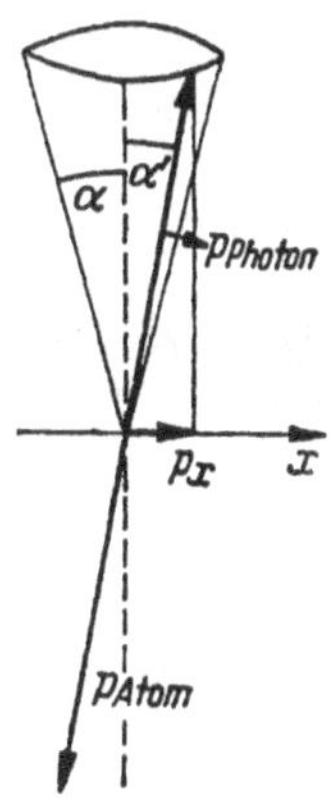

Abb. 3: Versuch zur Unschärferelation

der Abstrahlung des Photons einen Impuls, der dem Impuls des Photons betragsmäßig gleich ist, aber die entgegengesetzte Richtung hat (Abb. 3). Wenn wir mit p den Impuls eines mit dem Winkel α' in das Mikroskop einfallenden Photons bezeichnen, so ist seine Projektion auf die x-Achse $p_x = p \sin \alpha'$. Offensichtlich können wir aber den Winkel α' zwischen der Richtung des Impulses und der Geräteachse nicht bestimmen; bekannt ist

[1]) Der Aperturwinkel ist der halbe Öffnungswinkel des Strahlenkegels, der von einem Punkt des Objekts in das Objektiv gelangt. Das begrenzte Auflösungsvermögen ist eine Folge der Beugung am Objektiv.

lediglich, daß das Photon innerhalb des vollen Aperturwinkels α einging. Die damit verbundene Unbestimmtheit der Projektion des Impulses auf die x-Achse ist

$$\Delta p_x = 2p \sin \alpha. \tag{2.19}$$

Genauso wird also auch die Unbestimmtheit der Projektion des Teilchenimpulses sein.

Wir schätzen die Größe der Unbestimmtheit bei der Angabe von Koordinate und Impuls des Teilchens ab. Das Produkt beider Größen ist

$$\Delta p_x \Delta x \geqq 2p \sin \alpha \frac{\lambda}{2 \sin \alpha} \geqq \lambda p. \tag{2.20}$$

Der Impuls eines Photons ist $p = h\nu/c$. Da der Impuls des Teilchens den gleichen Betrag hat wie der des Photons, können wir diesen Wert für p in (2.20) einsetzen und erhalten damit

$$\Delta p_x \Delta x \geqq \lambda p = \lambda \frac{h\nu}{c} = h \frac{\lambda\nu}{c} = h \frac{c}{c} = h,$$

$$\Delta p_x \Delta x \geqq h. \tag{2.21}$$

Die Beziehung (2.21) heißt Unschärferelation. Sie ist als Grenze aufzufassen, unterhalb der die Begriffe Koordinate und Impuls zusammengenommen ihren ursprünglichen Sinn verlieren, da es keine Wirkung gibt, die kleiner als das Plancksche Wirkungsquantum h ist.

Kehren wir zu der Frage zurück, ob man Bahnkurven eines Elektrons im Atom messen kann. Unter Verwendung des in Abschnitt 1.6. abgeschätzten Wertes für die Elektronengeschwindigkeit im Atom erhalten wir den Impuls

$$p = mv = 10^{-27}\,\mathrm{g} \cdot 1{,}5 \cdot 10^{8}\,\mathrm{cm \cdot s^{-1}} = 1{,}5 \cdot 10^{-19}\,\mathrm{g \cdot cm \cdot s^{-1}}.$$

Der Impuls sei mit einem Fehler von 100% bestimmt, d. h. $\Delta p = p$. Dann kann die Unbestimmtheit bei der Angabe der Koordinate aus der Unschärferelation abgeschätzt werden:

$$\Delta x \geqq \frac{h}{\Delta p} = \frac{6 \cdot 10^{-27}}{1{,}5 \cdot 10^{-19}} = 4 \cdot 10^{-8}\,\mathrm{cm}.$$

Man sieht, daß die Unbestimmtheit von der Größenordnung des Atoms selbst ist. Die Unschärferelation zeigt also, daß es unmöglich ist, den Zustand eines Teilchens mit beliebiger Genauigkeit anzugeben[1]). Wir bemerken jedoch ausdrücklich, daß diese Relation keinerlei Begrenzung für die Genauigkeit ist, mit der Ort oder Impuls einzeln gemessen werden können.

[1]) Gemeint ist der Zustand im Sinne der klassischen Mechanik, der ja durch gleichzeitige Angabe von Ort und Impuls des Teilchens bestimmt ist.

2.3.2. Das Superpositionsprinzip

Das zweite wichtige Prinzip der Quantenmechanik — das Superpositionsprinzip — kann am besten an Beispielen erläutert werden.

Betrachten wir den Durchgang von Licht durch Polarisationsfilter. Das Licht wird als Transversalwelle aufgefaßt, bei der der Vektor des elektrischen Feldes $\boldsymbol{E}$ und der Vektor des magnetischen Feldes $\boldsymbol{H}$ senkrecht auf dem Vektor der Wellenausbreitung und senkrecht aufeinander stehen. Im allgemeinen können die Vektoren $\boldsymbol{E}$ und $\boldsymbol{H}$ in der Ebene senkrecht zur Ausbreitungsrichtung beliebig orientiert sein (trotzdem natürlich senkrecht aufeinander). Solches Licht wird natürliches Licht genannt. Wenn jedoch $\boldsymbol{E}$ (und demzufolge auch $\boldsymbol{H}$) nur eine Richtung hat, so ist das Licht linear polarisiert. Als Polarisationsfilter können Turmalinscheiben dienen. Nehmen wir an, daß das Licht von der Quelle A senkrecht auf zwei parallele Filter fällt:

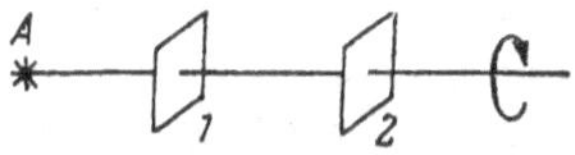

Wenn die Lage des Filters 1 fixiert ist, so wird sich bei Drehung des Filters 2 um die Achse des Lichtstrahls die Intensität des durchgelassenen Lichtes ändern. Die Intensität erreicht ein Maximum, wenn die optischen Achsen der beiden Filter parallel sind, sie wird Null, wenn die Achsen senkrecht aufeinander stehen. Das Experiment zeigt, daß die Intensität des durchgelassenen Lichtes proportional $\cos^2 \alpha$ ist (α ist der Winkel zwischen den optischen Achsen der beiden Filter).

Dieses Resultat wurde von DIRAC erklärt [6]. Er sprach die Annahme aus, daß das vom Filter 1 in einem Winkel zur optischen Achse des Filters 2 polarisierte Photon als teilweise in einem Polarisationszustand parallel und teilweise in einem Polarisationszustand senkrecht zur optischen Achse des Filters 2 befindlich betrachtet werden kann. Die Polarisation im Winkel zur optischen Achse ist das Resultat der Überlagerung beider Polarisationszustände.

Wenn der Polarisationszustand parallel zur optischen Achse mit ψ_1 und der senkrecht zu dieser Achse mit ψ_2 bezeichnet wird, dann kann das in einem Winkel zur optischen Achse polarisierte Licht mit der Funktion

$$\psi = c_1\psi_1 + c_2\psi_2 \tag{2.22}$$

beschrieben werden. Da bei dem Versuch hinter dem zweiten Filter „ganze" Photonen beobachtet werden (und nicht etwa Teile von ihnen), kann man folgern, daß die zwei verschiedenen Zustände zum wirklich beobachteten beitragen und das Photon mit einer gewissen Wahrscheinlichkeit in dem einen bzw. dem anderen Zustand zu finden ist. Der Ausdruck (2.22) ist die mathematische Formulierung des Superpositionsprinzips.

Ein anderes Beispiel für das Superpositionsprinzip bietet der folgende Versuch (Abb. 4). Das Licht einer punktförmigen Quelle A möge durch die kleinen Öffnungen 1 und 2 im Schirm E_1 auf den dahinterliegenden Schirm E_2 fallen. Man betrachtet die entstehenden Bilder auf E_2, wenn *a*) Blende 1

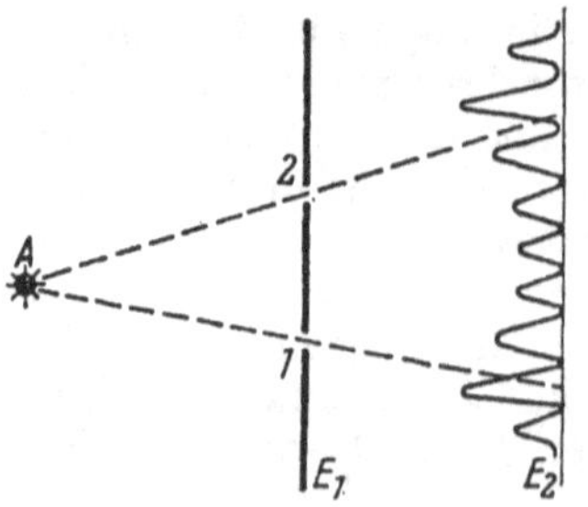

Abb. 4:
Versuch zum Superpositionsprinzip

geöffnet ist, *b*) Blende 2 geöffnet ist und *c*) beide Blenden geöffnet sind. Die Belichtungszeit sei in allen Fällen gleich. Das Bild, das im letzten Fall erhalten wird, unterscheidet sich von der Addition der ersten beiden Bilder. Dabei scheint es doch, als ob bei offenen Blenden das Photon entweder durch Blende 1 oder durch Blende 2 gehen kann. Das würde aber bedeuten, daß es gleichgültig wäre, ob man das Licht zunächst etwa eine Minute durch Blende 1 und danach eine weitere Minute durch Blende 2 fallen läßt, oder ob man es für eine Minute gleichzeitig durch beide Blenden fallen läßt.

Die verschiedenen Bilder in den beiden Situationen können auch nicht mit der Wechselwirkung der Photonen untereinander erklärt werden, da Versuche mit wenigen Photonen genau die gleichen Ergebnisse zeigen. Die Ursache liegt also nicht in der Wechselwirkung der Photonen, sie liegt darin, daß das Photon durch beide Blenden zugleich geht und mit sich selbst interferiert. Deshalb unterscheidet sich der Charakter der Bewegung des Photons im Falle von zwei offenen Blenden wesentlich von dem Fall, daß nur eine Blende geöffnet ist. Diesen Versuch kann man mit beliebigen Mikroteilchen durchführen, man erhält immer das gleiche Ergebnis.

In die „Sprache der Quantenmechanik" kann der Versuch etwa so übertragen werden: Wir bezeichnen den Zustand des Photons bei geöffneter Blende 1 mit ψ_1, den bei geöffneter Blende 2 mit ψ_2 und das Bild auf dem Schirm E_2 im ersten Fall mit P_1, im zweiten mit P_2. Wenn beide Blenden offen sind, bezeichnen wir den Zustand mit $\psi = c_1\psi_1 + c_2\psi_2$ und das Bild mit P_{12}. Da die Zustände ψ_1 und ψ_2 im allgemeinen nicht orthogonal sind (d. h. $|\psi|^2 \neq |\psi_1|^2 + |\psi_2|^2$, siehe Abschnitt 2.5.), kann der Fall mit beiden offenen Blenden nicht durch einfache Addition der Resultate der ersten zwei Fälle beschrieben werden, d. h. $P_{12} \neq P_1 + P_2$. Die Superposition von Zuständen ist also eine Eigenschaft eines einzelnen Teilchens, sie muß als Prinzip der Mikrowelt angesehen werden.

2.4. Die Wellenfunktion und einige ihrer Eigenschaften

Der Versuch, der im vorangegangenen Abschnitt beschrieben wurde, kann auch mit anderen Elementarteilchen, z. B. mit Elektronen, durchgeführt werden. Dazu muß angenommen werden, daß nach dem Durchgang der Elektronen durch die Blenden ihre räumliche Verteilung, die durch Zähler oder Photoplatten registriert werden kann, der Zählrate bzw. der Schwärzung der Platte proportional ist. Wenn eine große Anzahl von Elektronen auf die Platte fällt, ergibt die Schwärzung ein Beugungsbild (auch im Falle des völligen Fehlens von Wechselwirkungen zwischen ihnen, d. h. wenn sich die Elektronen etwa eins nach dem anderen in bestimmten Zeitabständen durch die Blenden bewegen würden). Ein einzelnes Elektron dagegen schwärzt beim Auftreffen auf die Photoplatte nur einen kleinen Bereich. BORN [7] interpretierte diesen Zusammenhang wie folgt: Das Elektron fällt mit einer bestimmten Wahrscheinlichkeit auf eine vorgegebene Stelle der Photoplatte; diese Wahrscheinlichkeit wird mit Hilfe der Wellenfunktion beschrieben.

Im Abschnitt 2.1. wurde festgestellt, daß die Wellenfunktion $\psi = \psi(q, t)$ eine im allgemeinen komplexe Funktion ist (etwa die DE-BROGLIE-Welle $\psi = e^{i(kr - 2\pi\nu t)}$). Die Wahrscheinlichkeit dagegen muß eine reelle positive Zahl sein, daher wird sie durch das Produkt $\psi^*\psi$ bestimmt, wobei ψ^* die zu ψ komplex-konjugierte Funktion ist. Die Wahrscheinlichkeit dP, das Teilchen im Volumenelement dv zu finden, ist

$$dP = \psi^*\psi dv. \tag{2.23}$$

Die Wahrscheinlichkeit, das Teilchen irgendwo im Gesamtraum zu finden, muß Eins sein, daher gilt

$$\int_{-\infty}^{\infty} dP = \int_{-\infty}^{\infty} \psi^*\psi \, dv = 1. \tag{2.24}$$

Die Wellenfunktion hängt von der Zeit und von den Koordinaten ab, deren Anzahl der Zahl der Freiheitsgrade des Teilchens entspricht. Die Gesamtheit aller Koordinaten werden wir im weiteren meist kurz mit q bezeichnen, d. h. $\psi(q_1, q_2, q_3, \ldots) = \psi(q)$. Durch Angabe aller Koordinaten q_i wird ein Punkt im sogenannten Konfigurationsraum bestimmt; das Volumenelement in diesem Raum ist

$$d\tau = dq_1 dq_2 dq_3 \ldots$$

In den bisher betrachteten Beispielen hatten wir es nur mit einem Teilchen zu tun; in diesem Fall fällt der Konfigurationsraum mit dem dreidimensionalen Raum zusammen, und das Volumenelement ist $d\tau = dv = dx\, dy\, dz$. Für ein System aus zwei Teilchen wird der Konfigurationsraum durch sechs Koordinaten bestimmt $(x_1, y_1, z_1, x_2, y_2, z_2)$, das Volumenelement ist $d\tau = dx_1\, dy_1\, dz_1\, dx_2\, dy_2\, dz_2$. Für ein System aus N Teilchen hat der Konfigurationsraum die Dimension $3N$.

In allgemeinerer Schreibweise wird (2.24) daher zu

$$\int_{-\infty}^{\infty} \psi^* \psi \, d\tau = 1. \tag{2.25}$$

Dieser Ausdruck heißt Normierungsbedingung; Wellenfunktionen, die ihr genügen, heißen normiert. Normierte Wellenfunktionen verschwinden im Unendlichen, d. h. $\psi(q)|_{q\to\infty} = 0$. [1])

Im weiteren werden wir — wenn nicht anders vermerkt — stets normierte Wellenfunktionen betrachten. Wie schon erwähnt wurde, beschreibt die Wellenfunktion ψ, die der SCHRÖDINGER-Gleichung genügt, das Verhalten der Mikroteilchen, d. h. sie beschreibt die Zustände, in denen sich diese Teilchen befinden können. Den Zustand beschreiben heißt, die physikalischen Eigenschaften der Teilchen, die sich in diesem Zustand befinden, zu beschreiben (natürlich unter Berücksichtigung von Einschränkungen, z. B. der Unschärferelation). Daraus ergibt sich, daß die Wellenfunktionen folgende Bedingungen erfüllen müssen: Eindeutigkeit und Stetigkeit im ganzen Raum.

Wenn ein System aus zwei nichtwechselwirkenden Teilchen besteht, so hängt die Wahrscheinlichkeit, das Teilchen 1 im Volumenelement dv_1 zu finden, nicht von der Lage des zweiten Teilchens ab und umgekehrt. Die Wahrscheinlichkeit, Teilchen 1 im Volumenelement dv_1 und Teilchen 2 im Volumenelement dv_2 zu finden, ist

$$dP_{12} = \psi_1^* (q_1)\, \psi_1 (q_1)\, \psi_2^* (q_2)\, \psi \;\, (q_2)\, dv_1 dv_2.$$

Wenn man das Verhalten eines Systems aus zwei Teilchen mit der einen Wellenfunktion $\psi_{12}(q_1 q_2)$ beschreibt, so kann diese Wahrscheinlichkeit so ausgedrückt werden:

$$dP_{12} = \psi_{12}^*(q_1 q_2) \psi_{12}(q_1 q_2) dv_1 dv_2.$$

Aus dem Vergleich der beiden Beziehungen folgt

$$\psi_{12}(q_1 q_2) = \psi_1(q_1) \psi_2(q_2),$$

d. h. die Wellenfunktion des aus nichtwechselwirkenden Teilen zusammengesetzten Systems ist das Produkt der Wellenfunktionen der einzelnen Teile.

Aus der Bedingung (2.25) folgt, daß normierte Wellenfunktionen nur bis auf einen Faktor vom Betrag 1, d. h. einen Faktor der Form $e^{i\varphi}$ bestimmt

---

[1]) Wir bemerken, daß die DE-BROGLIE-Wellen nicht im Sinne von (2.25) normierbar sind. Freie Teilchen können sich ins Unendliche entfernen.

sind. Das wirkt sich jedoch nicht auf die physikalischen Resultate aus, da in die Ausdrücke für die Wahrscheinlichkeiten der physikalischen Resultate — wie wir später sehen werden — immer das Produkt $\psi^*\psi$ eingeht.

2.5. Operatoren und Wellenfunktionen

Wir beschäftigen uns jetzt ausführlich mit dem Begriff „Operator" [5, 8—10]. Unter einem Operator versteht man eine Vorschrift, nach der einer Funktion $\varphi(x, y, z)$ eine andere Funktion $f(x, y, z)$ zugeordnet wird. Symbolisch wird die Anwendung eines Operators wie ein Produkt geschrieben, wobei der Operator immer links von der Funktion steht, auf die er wirkt. Der Sachverhalt „der Operator $\hat{F}$ wirkt auf die Funktion $\varphi(x, y, z)$ und überführt sie in die Funktion $f(x, y, z)$" wird also so formuliert:

$$\hat{F}\varphi\,(x, y, z) = f(x, y, z). \tag{2.26}$$

Spezielle Operatoren sind zum Beispiel der Differentialoperator d/dx (die Ableitung nach x)

$$\hat{F}\varphi = \frac{d}{dx}\varphi,$$

der multiplikative Operator x (die Multiplikation mit x)

$$\hat{F}\varphi = x\varphi.$$

Die Operatoren der Quantenmechanik müssen den ihr zugrunde liegenden Prinzipien und Postulaten genügen. Aus dem Superpositionsprinzip folgt zunächst die Eigenschaft der Linearität:

$$\hat{F}(c\psi) = c\hat{F}(\psi), \tag{2.27}$$

$$\hat{F}(\psi_1 + \psi_2) = \hat{F}\psi_1 + \hat{F}\psi_2, \tag{2.28}$$

wobei c eine Konstante ist.

2.5.1. Mittelwerte und Eigenwerte von Operatoren

Wir wissen aus Abschnitt 2.2., daß jeder dynamischen Variablen a ein Operator $\hat{a}$ zugeordnet ist. Befindet sich das System im Zustand ψ, dann wird der Mittelwert von a durch den Ausdruck

$$\langle\bar{a}\rangle = \int_{-\infty}^{\infty} \psi^*\hat{a}\psi d\tau \tag{2.29}$$

gegeben. Diese Definition des Mittelwertes einer dynamischen Variablen wird postuliert, ihre Grundlage ist die Übereinstimmung zwischen berechneten Daten und Versuchsergebnissen.

Klären wir, was unter dem Mittelwert $\langle\bar{a}\rangle$ zu verstehen ist. Wenn eine dynamische Variable a gemessen wird, so kann das Resultat der Messung in Übereinstimmung mit der Unschärferelation und dem Superpositionsprinzip nicht vorhergesagt werden. Bei mehreren Messungen an einem System im gleichen Zustand ψ erhält man verschiedene Meßergebnisse $a_1, a_2, \ldots, a_n$. Der Mittelwert von a ist der Limes von

$$\frac{1}{n} \sum_{i=1}^{n} a_i$$

für n gegen Unendlich.

Im Zustand ψ_n habe eine dynamische Variable mit dem Operator $\hat{F}$ bei mehreren Messungen stets den gleichen Wert F_n. Nach der Definition des Mittelwertes bedeutet das, daß

$$F_n = \int \psi_n^* \hat{F} \psi_n d\tau.$$

Da ψ_n normiert sein soll, gilt

$$F_n = F_n \int \psi_n^* \psi_n d\tau = \int \psi_n^* F_n \psi_n d\tau$$

und damit also

$$\int \psi_n^* F_n \psi_n d\tau = \int \psi_n^* \hat{F} \psi_n d\tau. \tag{2.30}$$

Vergleichen wir beide Seiten, so können wir

$$\hat{F}\psi_n = F_n \psi_n \tag{2.31}$$

schreiben. Diese Gleichung wird als Eigenwertgleichung des Operators $\hat{F}$ bezeichnet. ψ_n ist die Eigenfunktion des Operators $\hat{F}$ zum Eigenwert F_n. Die Eigenwerte sind die einzig möglichen Meßwerte der zugehörigen dynamischen Variablen. Ist ψ_1 Eigenfunktion zum Eigenwert F_1 und ψ_2 Eigenfunktion zu F_2, so liefert eine Messung für den Zustand $\psi = c_1\psi_1 + c_2\psi_2$ entweder F_1 oder F_2, was eine Folge des Superpositionsprinzips ist.

Da die Eigenwerte Meßgrößen sind, müssen sie reell sein. Daraus kann man die wichtige Eigenschaft der Selbstadjungiertheit von Operatoren ableiten:

Der Zustand, in dem die dynamische Variable F den Wert F_n hat, wird durch die Wellenfunktion ψ_n beschrieben, jedoch beschreibt die Funktion ψ_n^* ebenfalls diesen Zustand (im Abschnitt 2.4. hatten wir ja festgestellt, daß die Wahrscheinlichkeit eines bestimmten Meßwertes für eine dynamische Variable durch das Produkt $\psi^*\psi$ bestimmt ist).

Jedem Operator kann ein sogenannter adjungierter Operator zugeordnet werden. Dieser adjungierte Operator wird durch die Beziehung

$$\int \psi_n^* \hat{F} \psi_m d\tau = \int \psi_m (\hat{F}^+ \psi_n)^* d\tau$$

definiert. Wenn für den Operator die Bedingung $\hat{F} = \hat{F}^+$ erfüllt ist, so heißt der Operator $\hat{F}$ selbstadjungiert oder hermitesch. In diesem Fall ist also

$$\int \psi_n^* \hat{F} \psi_m d\tau = \int \psi_m (\hat{F} \psi_n)^* d\tau. \tag{2.32}$$

Wegen $(\hat{F}\psi_n)^* = \hat{F}^* \psi_n^*$ gilt folglich

$$\int \psi_n^* \hat{F} \psi_m \, d\tau = \int \psi_m \hat{F}^* \psi_n^* \, d\tau. \tag{2.33}$$

Für $\psi_m = \psi_n$ erhalten wir daraus

$$F_n = \int \psi_n^* \hat{F} \psi_n \, d\tau,$$
$$F_n^* = \left(\int \psi_n^* \hat{F} \psi_n \, d\tau\right)^* = \int \psi_n \hat{F}^* \psi_n^* \, d\tau = F_n. \tag{2.34}$$

Für selbstadjungierte Operatoren sind die Eigenwerte also reell. Umgekehrt erhält man gemäß (2.34) nur dann reelle Eigenwerte, wenn (2.33) erfüllt ist, d. h. der Operator selbstadjungiert ist. Die Operatoren, die in der Quantenmechanik den dynamischen Variablen zugeordnet werden, sind also selbstadjungiert.

2.5.2. *Rechenregeln und Eigenschaften von Operatoren*

Die einfachsten Rechenregeln für Operatoren sind die Addition

$$(\hat{a} + \hat{b})\psi = \hat{a}\psi + \hat{b}\psi \tag{2.35}$$

und die Multiplikation

$$(\hat{a}\hat{b})\psi = \hat{a}(\hat{b}\psi). \tag{2.36}$$

Ist c eine Konstante, dann gilt

$$(c\hat{a})\psi = \hat{a}(c\psi).$$

Diskutieren wir nun einige Eigenschaften komplizierterer Operatoren, die selbst eine Summe oder ein Produkt von Operatoren darstellen. Zur Vereinfachung schreiben wir im folgenden häufig Operatorengleichungen, d. h. etwa $\hat{c} = \hat{a} + \hat{b}$ anstelle von $\hat{c}\psi = (\hat{a} + \hat{b})\psi$ oder $\hat{d} = \hat{a}\hat{b}$ anstelle von $\hat{d}\psi = \hat{a}\hat{b}\psi$ usw.

Wenn die Operatoren $\hat{a}$ und $\hat{b}$ linear sind, so sind auch ihre Summe $\hat{c} = \hat{a} + \hat{b}$ und ihr Produkt $\hat{d} = \hat{a}\hat{b}$ linear. Aus der Definition der Linearität der Operatoren $\hat{a}$ und $\hat{b}$

$$\hat{a}(c\psi) = c\hat{a}\psi, \qquad \hat{b}(c\psi) = c\hat{b}\psi,$$

$$\hat{a}(\psi_1 + \psi_2) = \hat{a}\psi_1 + \hat{a}\psi_2, \quad \hat{b}(\psi_1 + \psi_2) = \hat{b}\psi_1 + \hat{b}\psi_2$$

folgt

$$(\hat{a} + \hat{b})\,(c\psi) = \hat{a}(c\psi) + \hat{b}(c\psi) = c(\hat{a}\psi) + c(\hat{b}\psi) = \\ = c\left(\hat{a}\psi + \hat{b}\psi\right) = c(\hat{a} + \hat{b})\psi,$$

$$(\hat{a} + \hat{b})\,(\psi_1 + \psi_2) = (\hat{a}\psi_1 + \hat{b}\psi_1) + (\hat{a}\psi_2 + \hat{b}\psi_2) = \\ = (\hat{a} + \hat{b})\psi_1 + (\hat{a} + \hat{b})\psi_2$$

und

$$\hat{a}\hat{b}\,(c\psi) = \hat{a}[\hat{b}(c\psi)] = \hat{a}[c(\hat{b}\psi)] = \hat{a}[c\varphi] = c\hat{a}\varphi = c\hat{a}\hat{b}\psi,$$

$$\hat{a}\hat{b}\,(\psi_1 + \psi_2) = \hat{a}[\hat{b}(\psi_1 + \psi_2)] = \hat{a}[\hat{b}\psi_1 + \hat{b}\psi_2] = \\ = \hat{a}[\varphi_1 + \varphi_2] = \hat{a}\varphi_1 + \hat{a}\varphi_2 = \hat{a}\hat{b}\psi_1 + \hat{a}\hat{b}\psi_2,$$

d. h. ein Operator, der aus einer Summe oder einem Produkt linearer Opertoren besteht, ist selbst linear.

Wenn die Operatoren $\hat{a}$ und $\hat{b}$ selbstadjungiert sind, so ist die Summe $\hat{c} = \hat{a} + \hat{b}$ ebenfalls ein selbstadjungierter Operator. Aus der Definition (2.33) erhalten wir für $\hat{a}$ und $\hat{b}$ ganz allgemein

$$\int \varphi^* \hat{a}\psi\, d\tau = \int \psi \hat{a}^* \varphi^*\, d\tau,$$

$$\int \varphi^* \hat{b}\psi\, d\tau = \int \psi \hat{b}^* \varphi^*\, d\tau.$$

Addition dieser Gleichungen ergibt

$$\int \varphi^* \hat{a}\psi\, d\tau + \int \varphi^* \hat{b}\psi\, d\tau = \int \psi \hat{a}^* \varphi^*\, d\tau + \int \psi \hat{b}^* \varphi^*\, d\tau.$$

Wir formen die linke Seite um zu

$$\int \varphi^* \hat{a}\psi\, d\tau + \int \varphi^* \hat{b}\psi\, d\tau = \int \left[\varphi^* \hat{a}\psi + \varphi^* \hat{b}\psi\right] d\tau = \\ = \int \varphi^* [\hat{a}\psi + \hat{b}\psi]\, d\tau = \int \varphi^* (\hat{a} + \hat{b})\psi\, d\tau,$$

eine analoge Umformung der rechten Seite liefert $\int \psi(\hat{a}^* + \hat{b}^*)\varphi^*\, d\tau$.

Damit wird

$$\int \varphi^*\,(\hat{a} + \hat{b})\,\psi\, d\tau = \int \psi(\hat{a} + \hat{b})^* \varphi^*\, d\tau,$$

d. h. der Operator $\hat{c} = \hat{a} + \hat{b}$ ist selbstadjungiert.

Wenn die Operatoren $\hat{a}$ und $\hat{b}$ selbstadjungiert sind, so ist das Produkt $\hat{d} = \hat{a}\hat{b}$ nicht unbedingt selbstadjungiert. Wir wollen die Bedingung aufstellen, unter der auch der Operator $\hat{d}$ selbstadjungiert ist. Zunächst bilden wir

$$\int \varphi^* \hat{a}\hat{b}\psi \, d\tau = \int \varphi^* \hat{a}(\hat{b}\psi) \, d\tau = \int (\hat{b}\psi)\hat{a}^*\varphi^* \, d\tau.$$

In diesem Ausdruck wirkt der Operator $\hat{a}^*$ nur auf φ^* und der Operator $\hat{b}$ nur auf ψ. Unter dem Integral haben wir also das Produkt zweier Funktionen, deshalb ist

$$\int (\hat{b}\psi) \, (\hat{a}^*\varphi) \, d\tau = \int (\hat{a}^*\varphi^*) \, (\hat{b}\psi) \, d\tau.$$

Da $\hat{b}$ selbstadjungiert ist, erhalten wir

$$\int (\hat{a}^*\varphi^*) \, (\hat{b}\psi) \, d\tau = \int \psi\hat{b}^* \, (\hat{a}^*\varphi^*) \, d\tau = \int \psi\hat{b}^*\hat{a}^*\varphi^* \, d\tau$$

und schließlich

$$\int \varphi^* \hat{a}\hat{b}\psi \, d\tau = \int \psi\hat{b}^*\hat{a}^*\varphi^* \, d\tau. \tag{2.37}$$

Der Operator $\hat{d} = \hat{a}\hat{b}$ ist also nur dann selbstadjungiert, d. h. es gilt nur dann

$$\int \varphi^* \hat{a}\hat{b}\psi \, d\tau = \int \psi(\hat{a}\hat{b})^*\varphi^* \, d\tau,$$

wenn für die Operatoren $\hat{a}$ und $\hat{b}$ die Bedingung

$$\hat{a}\hat{b} = \hat{b}\hat{a}$$

erfüllt ist.

Mit Hilfe der Beziehung (2.37) kann gezeigt werden, daß der Operator $\hat{c} = \frac{1}{2}\left(\hat{a}\hat{b} + \hat{b}\hat{a}\right)$ immer selbstadjungiert ist, wenn es die Operatoren $\hat{a}$ und $\hat{b}$ sind. Tatsächlich gilt

$$\int \varphi^*\hat{c}\psi d\tau = \frac{1}{2}\int \varphi^* \left(\hat{a}\hat{b} + \hat{b}\hat{a}\right)\psi \, d\tau = \frac{1}{2}\int \psi\left(\hat{b}\hat{a} + \hat{a}\hat{b}\right)^*\varphi^* \, \mathrm{d}\tau.$$

Das ist eine wichtige Tatsache, da sie für die richtige Auswahl der Operatoren, die den dynamischen Variablen zuzuordnen sind, entscheidend ist. Wenn in der klassischen Mechanik irgendeine Größe c das Produkt der Größen a und b ist, dann hängt das Resultat offensichtlich nicht von der Reihenfolge der Multiplikation der beiden Größen ab, d. h. $c = ab = ba$. Da der der Größe c entsprechende Operator $\hat{c}$ selbstadjungiert sein soll, das Operatorenprodukt $\hat{a}\hat{b}$ oder $\hat{b}\hat{a}$ das aber im allgemeinen nicht ist, weil $\hat{a}\hat{b} \neq \hat{b}\hat{a}$, wird der Operator $\hat{c}$ in der immer selbstadjungierten Form

$$\hat{c} = \frac{1}{2}\left(\hat{a}\hat{b} + \hat{b}\hat{a}\right) \tag{2.38}$$

angesetzt.

2.5.3. *Kommutatoren*

Damit zwei Größen F und G gleichzeitig bestimmte Werte in einem Zustand ψ_n annehmen können (d. h. gleichzeitig scharf meßbar sind), muß ψ_n Eigenfunktion sowohl von $\hat{F}$ als auch von $\hat{G}$ sein, d. h. es muß gelten

$$\hat{F}\psi_n = F\psi_n, \qquad \hat{G}\psi_n = G\psi_n. \tag{2.39}$$

Wir lassen auf die erste Eigenwertgleichung den Operator $\hat{G}$, auf die zweite den Operator $\hat{F}$ wirken und bilden die Differenz beider Ausdrücke:

$$\hat{G}\hat{F}\psi_n = \hat{G}F\psi_n = F\hat{G}\psi_n = FG\psi_n,$$

$$\hat{F}\hat{G}\psi_n = \hat{F}G\psi_n = G\hat{F}\psi_n = GF\psi_n,$$

$$(\hat{G}\hat{F} - \hat{F}\hat{G})\psi_n = 0. \tag{2.40}$$

Symbolisch kann das als Operatorgleichung geschrieben werden:

$$\hat{G}\hat{F} - \hat{F}\hat{G} = 0. \tag{2.41}$$

Wenn diese Bedingung erfüllt ist, so sagt man, daß die Operatoren $\hat{F}$ und $\hat{G}$ kommutieren.

Wenn also zwei Größen gleichzeitig scharf meßbar sind, dann kommutieren die zugehörigen Operatoren.

Wegen des Zusammenhangs zwischen den Operatoren der Quantenmechanik und den dynamischen Variablen der klassischen Mechanik sowie gewisser Eigenschaften der Poissonschen Klammern schlug Dirac vor, den Formalismus der Poissonschen Klammern auch auf die Quantenmechanik zu übertragen, und er führte den Begriff des Kommutators ein. Der Kommutator zweier Operatoren wird definiert als

$$[\hat{F}\hat{G}] = \hat{F}\hat{G} - \hat{G}\hat{F}. \tag{2.42}$$

Die Kommutatoren der kanonischen Operatoren $\hat{q}_i$ und $\hat{p}_i$ können in Analogie zu den Poisson-Klammern (1.27) geschrieben werden als

$$[\hat{q}_i\hat{q}_k] = 0, \quad [\hat{p}_i\hat{p}_k] = 0, \quad [\hat{p}_i\hat{q}_k] = -i\hbar\delta_{ik}. \tag{2.43}$$

Diese Beziehungen können dazu dienen, einen Operator (z. B. $\hat{p}_i$) mit Hilfe des anderen ($\hat{q}_i$) auszudrücken[1]).

2.5.4. *Die Orthogonalität der Eigenfunktionen*

Die Eigenfunktionen ψ_n und ψ_m eines Operators $\hat{F}$, die zu verschiedenen Eigenwerten F_n und F_m gehören, sind verschieden. Sie genügen den Be-

[1]) Die Kommutatorrelationen (2.43) sind ein Postulat der Quantenmechanik.

ziehungen

$$\hat{F}\psi_n = F_n\psi_n, \qquad \hat{F}^*\psi_n^* = F_n\psi_n^*,$$
$$\hat{F}\psi_m = F_m\psi_m, \qquad \hat{F}^*\psi_m^* = F_m\psi_m^*. \tag{2.44}$$

Wenn $\hat{F}$ selbstadjungiert ist, dann gilt

$$\int \psi_m^* \hat{F} \psi_n \, d\tau = \int \psi_n \, \hat{F}^* \psi_m^* \, d\tau.$$

Wir formen beide Seiten unter Benutzung von (2.44) um:

$$\int \psi_m^* \hat{F} \psi_n \, d\tau = \int \psi_m^* F_n \psi_n \, d\tau = F_n \int \psi_m^* \psi_n \, d\tau,$$
$$\int \psi_n \hat{F}^* \psi_m^* \, d\tau = \int \psi_n F_m \psi_m^* \, d\tau = F_m \int \psi_n \psi_m^* \, d\tau. \tag{2.45}$$

Durch Subtraktion der zweiten Gleichung von der ersten erhalten wir

$$0 = (F_n - F_m) \int \psi_m^* \psi_n \, d\tau.$$

Wir nahmen an, daß die Eigenwerte verschieden sind, d.h. $F_n - F_m \neq 0$; dann ist

$$\int \psi_m^* \psi_n \, d\tau = 0. \tag{2.46}$$

Dieser Ausdruck wird Orthogonalitätsbedingung genannt. Die Eigenfunktionen eines linearen selbstadjungierten Operators sind also orthogonal.

Man kann die Bedingungen (2.25) und (2.46) zusammenfassen zu

$$\int \psi_m^* \psi_n d\tau = \delta_{mn}. \tag{2.47}$$

Wellenfunktionen, die dieser Bedingung genügen, heißen orthonormiert.

2.5.5. *Entwicklung von Wellenfunktionen*

Wir haben gezeigt, daß verschiedenen Eigenwerten eines Operators verschiedene Eigenfunktionen entsprechen. Verschiedenen Funktionen wiederum entsprechen verschiedene Zustände. Kehren wir zurück zum Durchgang eines polarisierten Lichtstrahls durch eine Turmalinscheibe, dann können wir sagen, daß es zwei Grenzzustände $\psi_{\parallel}$ und $\psi_{\perp}$ gibt, wenn nämlich der elektrische Vektor der Lichtwelle parallel bzw. senkrecht zur optischen Achse des Turmalinkristalls liegt. Ist das Licht im Winkel α zur optischen Achse polarisiert, wird der Zustand durch die Funktion

$$\psi = c_1\psi_{\parallel} + c_2\psi_{\perp}$$

ausgedrückt.

Ganz allgemein wird der Zustand eines Systems durch eine Wellenfunktion beschrieben, die eine Superposition von solchen Wellenfunktionen ist, die Zuständen mit bestimmten Werten F_n irgendeiner physikalischen Größe

F entsprechen[1]), d. h.

$$\psi = \sum_n c_n \psi_n. \tag{2.48}$$

Der Koeffizient c_n gibt den Beitrag des Zustandes ψ_n zum Zustand ψ an. Sind die ψ_n orthonormiert gemäß (2.47), dann wird

$$\int \psi^* \psi \, d\tau = \int \sum_m c_m^* \psi_m^* \sum_n c_n \psi_n \, d\tau = \sum_{n,m} c_m^* c_n \int \psi_m^* \psi_n \, d\tau =$$
$$= \sum_{n,m} c_m^* c_n \delta_{mn} = \sum_n |c_n|^2.$$

Die Wahrscheinlichkeit, daß bei einer Messung der physikalischen Größe F am System im Zustand ψ der Wert F_n gefunden wird, ist $|c_n|^2$. Tatsächlich gilt

$$\hat{F}\psi_n = F_n \psi_n,$$
$$\hat{F}\psi = \hat{F} \sum_n c_n \psi_n = \sum_n c_n F_n \psi_n,$$
$$\langle \bar{F} \rangle = \int \psi^* \hat{F} \psi \, d\tau = \sum_{n,m} \int c_m^* \psi_m^* c_n F_n \psi_n \, d\tau = \sum_m |c_m|^2 F_m.$$

Andererseits wissen wir, daß man bei Messungen irgendeiner dynamischen Variablen (z. B. F) an einem System im Zustand ψ jedesmal ein anderes Resultat — nämlich einen der Eigenwerte F_n — erhalten kann. Der Mittelwert dieser Meßwerte ist

$$\langle \bar{F} \rangle = p_1 F_1 + p_2 F_2 + p_3 F_3 + \ldots = \sum_k p_k F_k,$$

wobei p_k die Wahrscheinlichkeit ist, bei der Messung von F den Wert F_k zu erhalten. Durch Vergleich der beiden letzten Ausdrücke erkennen wir, daß $|c_k|^2$ die Wahrscheinlichkeit dafür ist, bei einer Messung der Größe F an einem System im Zustand ψ den Wert F_k zu erhalten.

2.5.6. *Die geometrische Interpretation der Wellenfunktion*

Die Entwicklung (2.48) einer Wellenfunktion nach den Eigenfunktionen des Operators $\hat{F}$

$$\psi = \sum_k c_k \psi_k$$

ist der Zerlegung eines Vektors ähnlich. Tatsächlich gilt doch für die Basiszerlegung eines Vektors $\boldsymbol{A}$ in einem rechtwinkligen Koordinatensystem

$$\boldsymbol{A} = \sum_k x_k \boldsymbol{i}_k,$$

[1]) Man sagt, der Zustand ψ läßt sich nach den Eigenzuständen ψ_n des Operators $\hat{F}$ entwickeln.

Dabei sind die $\boldsymbol{i}_k$ Einheitsvektoren in Richtung der Koordinatenachsen und die x_k die Längen der Projektionen auf die entsprechenden Achsen (die Komponenten des Vektors $\boldsymbol{A}$). Wegen der formalen Ähnlichkeit der beiden Ausdrücke kann man die Entwicklung (2.48) auffassen als Zerlegung der Funktion ψ in die orthogonalen Basisfunktionen ψ_k. Diese Analogie kann man weiterführen:

1. Die Einheitsvektoren sind orthonormal:

$$(\boldsymbol{i}_k \boldsymbol{i}_l) = \delta_{kl}.$$

Die Eigenfunktionen sind orthonormal:

$$\int \psi_k^* \psi_l d\tau = \delta_{kl}.$$

2. Die Bestimmung der Komponenten x_l erfolgt nach

$$\boldsymbol{i}_l \boldsymbol{A} = \boldsymbol{i}_l[x_1 \boldsymbol{i}_1 + x_2 \boldsymbol{i}_2 + \cdots x_l \boldsymbol{i}_l + \cdots + x_n \boldsymbol{i}_n] = x_l(\boldsymbol{i}_l \boldsymbol{i}_l) = x_l.$$

Die Bestimmung der Koeffizienten c_l erfolgt nach

$$\int \psi_l^* \psi d\tau = \int \psi_l^*[c_1\psi_1 + c_2\psi_2 + \cdots + c_l\psi_l + \cdots] d\tau = \int \psi_l^* c_l \psi_l d\tau = c_l.$$

3. Beim Übergang zu einem neuen Koordinatensystem (etwa bei einer Drehung des alten Systems) gilt $x_k \to x_k'$ und $\boldsymbol{i}_k \to \boldsymbol{i}_k'$. Die neuen Komponenten können durch die alten ausgedrückt werden:

$$\begin{aligned} x_1' &= a_{11}x_1 + a_{12}x_2 + \cdots + a_{1n}x_n, \\ x_2' &= a_{21}x_1 + a_{22}x_2 + \cdots + a_{2n}x_n, \\ &\cdots\cdots\cdots\cdots \\ x_n' &= a_{n1}x_1 + a_{n2}x_2 + \cdots + a_{nn}x_n. \end{aligned}$$

Für den Vektor $\boldsymbol{A}$ gilt im neuen Koordinatensystem

$$\boldsymbol{A} = \sum_k x_k' \boldsymbol{i}_k'.$$

Die ψ_n waren Eigenfunktionen des Operators $\hat{F}$. Es kann jedoch im gleichen Raum ein Operator $\hat{\Phi}$ definiert werden, dessen Eigenfunktionen φ_n sind. Die Gesamtheit der φ_n ist ein neues Basissystem, in dem dieselbe Funktion ausgedrückt werden kann:

$$\psi = \sum_k b_k \varphi_k.$$

Die Operationen, die wir mit Wellenfunktionen durchgeführt haben, sind also denen für Vektoren analog. Die Wellenfunktionen sind Vektoren eines Funktionenraumes, die Eigenfunktionen der linearen selbstadjungierten Operatoren sind Basissysteme in diesem Raum.

2.6. Matrizen

Im vorangegangenen Abschnitt wurde angeführt, daß beim Übergang von einem Koordinatensystem zu einem anderen, etwa durch Drehung des alten Systems, der Ausdruck für die Komponenten des Vektors $\boldsymbol{A}$ im neuen System die Form

$$x_i' = \sum_k a_{ik} x_k \tag{2.49}$$

hat. Es wäre auch möglich, nicht zu einem neuen Koordinatensystem überzugehen, sondern den Vektor $\boldsymbol{A}$ um einen bestimmten Winkel zu drehen, um dasselbe Ergebnis zu erzielen. In diesem Fall könnte man von der Anwendung eines Rotationsoperators auf A sprechen. Die Wirkung eines solchen Rotationsoperators besteht darin, den Vektor A mit den Komponenten $x_1, x_2, \ldots, x_n$ in einer bestimmten Ebene um einen Winkel zu drehen; nach der Drehung werden die Komponenten bezüglich der gleichen Koordinatenachsen $x_1', x_2', \ldots, x_n'$ sein.

Offensichtlich kann man sich auch Operatoren vorstellen, die einen Vektor A um einen bestimmten Winkel drehen und gleichzeitig seine Länge ändern. Man sagt allgemein, daß der Vektor A durch eine solche Abbildung in den Vektor $\boldsymbol{B}$ überführt wird. Eine spezielle Form der Abbildung ist die lineare Transformation. Dabei erhält man die neuen Komponenten aus den alten gemäß (2.49), d. h.

$$\begin{aligned} x_1' &= a_{11}x_1 + a_{12}x_2 + \cdots + a_{1n}x_n, \\ x_2' &= a_{21}x_1 + a_{22}x_2 + \cdots + a_{2n}x_n, \\ &\cdots\cdots\cdots\cdots\cdots\cdots \\ x_n' &= a_{n1}x_1 + a_{n2}x_2 + \cdots + a_{nn}x_n. \end{aligned} \tag{2.50}$$

Die Matrix einer solchen Transformation ist ein quadratisches Schema

$$\left| \begin{matrix} a_{11}a_{12} \cdots a_{1n} \\ a_{21}a_{22} \cdots a_{2n} \\ \cdots\cdots \\ a_{n1}a_{n2} \cdots a_{nn} \end{matrix} \right| \tag{2.51}$$

Die Größen a_{ik} heißen Matrixelemente. Sie haben zwei Indizes: der erste Index bezeichnet die Nummer der Zeile, der zweite die der Spalte. Als Kurzbezeichnung für eine Matrix verwenden wir $\|a\|$.

Den Operatoren der linearen Transformationen können also quadratische Matrizen zugeordnet werden.

2.6.1. Quantenmechanische Operatoren und Matrizen

Wir betrachten ein System mit der Wellenfunktion

$$\psi = \sum_k c_k \psi_k.$$

Für den Mittelwert einer Größe f in diesem Zustand erhalten wir

$$\begin{aligned} \langle \bar{f} \rangle &= \int \psi^* \hat{f} \psi \, d\tau = \int \sum_k c_k^* \psi_k^* \hat{f} \sum_l c_l \psi_l \, d\tau = \\ &= \sum_k \sum_l c_k^* c_l \int \psi_k^* \hat{f} \psi_l \, d\tau = \sum_k \sum_l c_k^* c_l f_{kl}, \end{aligned} \tag{2.52}$$

mit

$$f_{kl} = \int \psi_k^* \hat{f} \psi_l \, d\tau.$$

Die Gesamtheit der f_{kl} mit allen möglichen k und l heißt Matrix der Größe f; die f_{kl} sind ihre Matrixelemente. f_{kl} beschreibt den Übergang aus dem Zustand ψ_k in den Zustand ψ_l.

$\hat{R}$ sei ein Operator, der die Wellenfunktion ψ in die Funktion φ überführt, d. h.

$$\hat{R}\psi(q) = \varphi(q). \tag{2.53}$$

Nehmen wir an, daß beide Funktionen nach Eigenfunktionen ψ_n des Operators $\hat{f}$ entwickelt werden können:

$$\psi = \sum_n c_n\psi_n,$$
$$\varphi = \sum_m d_m\psi_m. \tag{2.54}$$

Durch Einsetzen dieser Entwicklungen in (2.53) erhalten wir

$$\hat{R}\sum_n c_n\psi_n = \sum_m d_m\psi_m. \tag{2.55}$$

Wir multiplizieren diesen Ausdruck von links mit ψ_l^* und integrieren:

$$\sum_n c_n \int \psi_l^*\hat{R}\psi_n\,d\tau = \sum_m d_m \int \psi_l^*\psi_m\,d\tau = \sum_m d_m\delta_{lm}. \tag{2.56}$$

Damit ergeben sich die Entwicklungskoeffizienten der transformierten Funktion φ aus denen der Ausgangsfunktion ψ bei gleicher Basis ψ_n als

$$d_l = \sum_n c_n \int \psi_l^*\hat{R}\psi_n\,d\tau = \sum_n c_n R_{ln},$$

mit

$$R_{ln} = \int \psi_l^*\hat{R}\psi_n\,d\tau.$$

Gehen wir jetzt aber von der durch die Eigenfunktionen ψ_n des Operators $\hat{f}$ gebildeten Basis zu einer neuen, durch die Eigenfunktionen χ_n des Operators $\hat{R}$ gebildeten Basis über. Wir haben also

$$\hat{R}\chi_n = R_n\chi_n,$$

wobei die R_n die Eigenwerte des Operators $\hat{R}$ sind. Die Eigenfunktionen χ_n sollen orthonormiert sein. Die Funktion ψ kann nach den χ_n entwickelt werden:

$$\psi = \sum_n a_n\chi_n.$$

Der Mittelwert von R ist dann

$$\langle\overline{R}\rangle = \sum_k\sum_l a_k^*a_l \int \chi_k^*\hat{R}\chi_l d\tau = \sum_k\sum_l a_k^*a_l \cdot R_l\delta_{kl} = \sum_k a_k^2 R_k.$$

Bei Verwendung der Basis χ_n werden also nur die Diagonalelemente $R_{kk} = R_k$ der Matrix $\|R\|$ von Null verschieden sein:

$$\|R\| = \begin{vmatrix} R_{11} & 0 & 0 \cdots 0 \\ 0 & R_{22} & 0 \cdots 0 \\ \cdot & \cdot\cdot\cdot\cdot & \cdot\cdot\cdot\cdot\cdot \\ 0 & 0 & 0 \quad R_{nn} \end{vmatrix}$$

Solche Matrizen heißen Diagonalmatrizen. Also wird ein beliebiger Operator in seiner Eigendarstellung (d. h. bei Verwendung einer Basis, die aus seinen Eigenfunktionen gebildet wird) durch eine Diagonalmatrix dargestellt. Die Diagonalelemente einer solchen Matrix sind die Eigenwerte des Operators.

Im Abschnitt 2.5. zeigten wir, daß Operatoren, die dynamischen Variablen entsprechen, selbstadjungiert sein müssen. Für sie gilt

$$\begin{aligned} &\int \psi_m{}^* \hat{R} \psi_l \, d\tau = \int \psi_l \hat{R}^* \psi_m{}^* \, d\tau, \\ &\int \psi_m{}^* \hat{R} \psi_l \, d\tau = R_{ml}, \\ &\int \psi_l \hat{R}^* \psi_m{}^* \, d\tau = R_{lm}^*. \end{aligned} \tag{2.57}$$

Folglich entsprechen den selbstadjungierten Operatoren Matrizen, für die $R_{ml} = R_{lm}^*$ ist. Solche Matrizen heißen ebenfalls selbstadjungiert.

2.6.2. Terminologie und Bezeichnungen

Die eingeführte Schreibweise eines Operators in Matrixform stellt ein quadratisches Schema mit n^2 Elementen dar. Das ist jedoch nur ein spezieller Typ von Matrizen. Allgemein kann eine Matrix aus k Zeilen und l Spalten bestehen; sie wird dann als Matrix der Ordnung $k \times l$ oder (kl)-Matrix bezeichnet.

Eine Matrix, die aus k Elementen besteht, die in einer Spalte angeordnet sind, d. h. eine $(k1)$-Matrix, heißt Spaltenmatrix; z. B.:

$$\|A\| = \begin{vmatrix} a_1 \\ a_2 \\ a_3 \end{vmatrix} \qquad \|\Psi\| = \begin{vmatrix} \psi_1 \\ \psi_2 \\ \psi_3 \end{vmatrix} \tag{2.58}$$

Eine Matrix aus k Elementen in einer Zeile heißt Zeilen- oder $(1k)$-Matrix:

$$\|B\| = |b_1 b_2 b_3|.$$

Ist in einer (kl)-Matrix $k = l$, dann liegt eine quadratische Matrix k-ter Ordnung vor; sind in einer solchen Matrix alle Elemente außerhalb der

Hauptdiagonalen Null, so heißt die Matrix Diagonalmatrix. Zum Beispiel hat eine Diagonalmatrix dritter Ordnung die Form

$$\|F\| = \begin{vmatrix} f_{11} & 0 & 0 \\ 0 & f_{22} & 0 \\ 0 & 0 & f_{33} \end{vmatrix} \tag{2.59}$$

Als Einheitsmatrix wird eine Diagonalmatrix bezeichnet, in der alle Diagonalelemente gleich Eins sind. Die Einheitsmatrix dritter Ordnung ist also

$$\|1\| = \|E\| = \begin{vmatrix} 1 & 0 & 0 \\ 0 & 1 & 0 \\ 0 & 0 & 1 \end{vmatrix} \tag{2.60}$$

Eine Matrix, in der alle Elemente Null sind, wird Nullmatrix genannt und mit $\|0\|$ abgekürzt.

Wir weisen darauf hin, daß eine Matrix nicht mit einer Determinante verwechselt werden darf, eine Matrix ist ein Zahlenschema, eine Determinante jedoch eine Zahl.

2.6.3. Matrizenalgebra

Matrizen, die die gleiche Ordnung haben, können addiert werden, wobei die Summenbildung kommutativ ist:

$$\|A\| + \|B\| = \|B\| + \|A\| = \|C\|, \tag{2.61}$$

mit

$$C_{kl} = A_{kl} + B_{kl} = B_{kl} + A_{kl}. \tag{2.62}$$

Zwei Matrizen sind einander gleich, wenn die entsprechenden Matrixelemente gleich sind:

$$\|A\| = \|B\|, \text{ wenn } A_{kl} = B_{kl}. \tag{2.63}$$

Die Multiplikation einer Matrix mit einer Zahl entspricht der Multiplikation aller Matrixelemente mit dieser Zahl:

$$C\|A\| = \|B\|, \text{ mit } B_{kl} = CA_{kl}. \tag{2.64}$$

Die Multiplikation zweier Matrizen $\|A\|$ und $\|B\|$ ist nur dann möglich, wenn die Spaltenzahl der Matrix $\|A\|$ gleich der Zeilenzahl der Matrix $\|B\|$ ist. Wenn $\|A\|$ eine (qn)-Matrix ist und $\|B\|$ eine (np)-Matrix, so ist ihr Produkt

$$\|A\| \cdot \|B\| = \|C\|,$$

eine (qp)-Matrix mit den Elementen

$$C_{ik} = \sum_l A_{il} B_{lk}. \tag{2.65}$$

Betrachten wir speziell die Multiplikation der Matrizen, die Operatoren entsprechen. Ist durch die Funktionen $\psi_1, \psi_2, \ldots, \psi_n$ ein Basissystem gegeben, so kann jede beliebige Zustandsfunktion ψ nach diesen Basisfunktionen entwickelt werden:

$$\psi = \sum_k c_k \psi_k.$$

Wir entwickeln auch die Funktionen $\varphi_k = \hat{f}\psi_k$ nach dieser Basis:

$$\hat{f}\psi_k = \sum_i b_i \psi_i. \tag{2.66}$$

Wir multiplizieren diesen Ausdruck von links mit ψ_l^* und integrieren:

$$\int \psi_l^* \hat{f} \psi_k \, d\tau = \int \psi_l^* \sum_i b_i \psi_i \, d\tau = \sum_i b_i \int \psi_l^* \psi_i \, d\tau.$$

Sind die Basisfunktionen orthonormiert, d. h. gilt

$$\int \psi_l^* \psi_i \, d\tau = \delta_{li},$$

dann erhalten wir

$$b_l = \int \psi_l^* \hat{f} \psi_k \, d\tau = f_{lk}.$$

Durch Umbenennung von l in i wird so aus (2.66)

$$\hat{f}\psi_k = \sum_i f_{ik} \psi_i. \tag{2.67}$$

Wir verwenden diesen Ausdruck für die Beschreibung der Anwendung des Produkts zweier Operatoren auf die Funktion ψ_k. In Übereinstimmung mit (2.67) formulieren wir

$$\hat{f}\hat{g}\psi_k = \sum_i (fg)_{ik} \psi_i. \tag{2.68}$$

Andererseits gilt aber

$$\hat{f}\hat{g}\psi_k = \hat{f}(\hat{g}\psi_k) = \hat{f} \sum_l g_{lk}\psi_l = \sum_l g_{lk} \hat{f}\psi_l = \sum_l g_{lk} \sum_i f_{il}\psi_i = \sum_i \sum_l f_{il} g_{lk} \psi_i. \tag{2.69}$$

Durch Vergleich von (2.68) und (2.69) erkennen wir, daß die Matrixelemente des Produkts der beiden Operatoren — analog zu (2.65) — gegeben sind durch

$$(fg)_{ik} = \sum_l f_{il} g_{lk}.$$

Das Produkt von Matrizen ist — wie das Produkt von Operatoren — im allgemeinen nicht kommutativ, d. h.

$$\|A\| \cdot \|B\| \neq \|B\| \cdot \|A\|. \tag{2.70}$$

Ausnahmen sind die Multiplikation mit der Einheits- und der Nullmatrix:

$$\|0\| \cdot \|A\| = \|A\| \cdot \|0\| = \|0\|,$$

$$\|1\| \cdot \|A\| = \|A\| \cdot \|1\| = \|A\|.$$

Die Summe der Diagonalelemente einer quadratischen Matrix heißt Spur und wird mit

$$Sp\|A\| = \sum_k A_{kk} \tag{2.71}$$

bezeichnet.

Wir betrachten nun einige aus der quadratischen Matrix $\|A\|$ abgeleitete Matrizen. Die Matrix $\|A^{-1}\|$ heißt invers zu $\|A\|$, wenn

$$\|A^{-1}\| \cdot \|A\| = \|1\|, \tag{2.72}$$

d. h.

$$\sum_n A^{-1}_{mn} A_{nk} = \delta_{mk}.$$

Die Bedeutung der inversen Matrix besteht darin, daß die lineare Transformation, die durch die Matrix $\|A^{-1}\|$ bewirkt wird, die Transformation, die durch die Matrix $\|A\|$ erfolgte, wieder rückgängig macht, d. h. wenn

$$\|A\| \cdot \|B\| = \|B'\|, \tag{2.73}$$

dann ist

$$\|A^{-1}\| \cdot \|B'\| = \|A^{-1}\| \cdot \|A\| \cdot \|B\| = \|1\| \cdot \|B\| = \|B\|.$$

Der Ausdruck (2.73) ist nichts anderes, als die Kurzschreibweise eines Systems von Gleichungen

$$\begin{aligned}
b_1' &= a_{11}b_1 + a_{12}b_2 + \cdots + a_{1n}b_n, \\
b_2' &= a_{21}b_1 + a_{22}b_2 + \cdots + a_{2n}b_n, \\
&\cdots\cdots\cdots\cdots\cdots\cdots \\
b_n' &= a_{n1}b_1 + a_{n2}b_2 + \cdots + a_{nn}b_n.
\end{aligned} \tag{2.74}$$

Das kann man nämlich in der Matrixform

$$\begin{vmatrix} b_1' \\ b_2' \\ \vdots \\ b_n' \end{vmatrix} = \begin{vmatrix} a_{11} & a_{12} & \cdots & a_{1n} \\ a_{21} & a_{22} & \cdots & a_{2n} \\ \cdot & \cdot & \cdot & \cdot \\ a_{n1} & a_{n2} & \cdots & a_{nn} \end{vmatrix} \cdot \begin{vmatrix} b_1 \\ b_2 \\ \vdots \\ b_n \end{vmatrix} \tag{2.75}$$

schreiben, und mit

$$\|B\| = \begin{vmatrix} b_1 \\ b_2 \\ \vdots \\ b_n \end{vmatrix} \qquad \|A\| = \begin{vmatrix} a_{11} & a_{12} & \cdots & a_{1n} \\ a_{21} & a_{22} & \cdots & a_{2n} \\ \cdot & \cdot & \cdot & \cdot \\ a_{n1} & a_{n2} & \cdots & a_{nn} \end{vmatrix} \qquad \|B'\| = \begin{vmatrix} b_1' \\ b_2' \\ \vdots \\ b_n' \end{vmatrix}$$

erhält man (2.73). Das Gleichungssystem (2.74) hat eine Lösung (d. h. jedes b_i kann durch die b_i' ausgedrückt werden, was der inversen Transformation entspricht) nur dann, wenn die Determinante der Matrix $\|A\|$ von Null verschieden ist. Verschwindet die Determinante, dann hat das System keine Lösung, und es hat keinen Sinn, von einer inversen Transformation zu sprechen. Inverse Matrizen existieren also nur zu solchen Matrizen, deren Determinante ungleich Null ist; solche Matrizen heißen nichtsingulär oder regulär.

Die Matrix $\|\tilde{A}\|$, die man aus $\|A\|$ durch Spiegelung aller Elemente an der Hauptdiagonalen erhält, heißt transponierte Matrix. Für die Matrixelemente dieser Matrix gilt

$$\tilde{a}_{ij} = a_{ji}.$$

Die konjugiert komplexe transponierte Matrix zu $\|A\|$ wird als adjungierte Matrix $\|A^+\|$ bezeichnet; für ihre Matrixelemente gilt

$$a_{ij}^+ = a_{ji}^*.$$

Ist $\|A^+\| = \|A\|$, d. h. $a_{ji}^* = a_{ij}$, so heißt die Matrix $\|A\|$ selbstadjungiert oder hermitesch. Die Hermitezitätsbedingung war uns bereits in (2.57) begegnet.

Eine Matrix heißt unitär, wenn die adjungierte Matrix gleich der inversen ist, d. h. $\|A\|$ ist unitär, wenn

$$\|A^+\| = \|A^{-1}\|. \tag{2.76}$$

Da ja

$$\|A^{-1}\| \cdot \|A\| = \|A\| \cdot \|A^{-1}\| = \|1\|,$$

so gilt für unitäre Matrizen

$$\|A^+\| \cdot \|A\| = \|A\| \cdot \|A^+\| = \|1\|.$$

2.6.4. Die Diagonalisierung von Matrizen

Wir betrachten die Transformation einer quadratischen Matrix $\|A\|$ mit Hilfe der nichtsingulären Matrix $\|S\|$:

$$\|S\| \cdot \|A\| \cdot \|S^{-1}\| = \|A'\|. \tag{2.77}$$

Es läßt sich immer eine solche Matrix $\|S\|$ finden, daß die transformierte Matrix $\|A'\|$ eine Diagonalmatrix wird, d. h. daß $A'_{kl} = A_k'\delta_{kl}$. Man sagt dann, daß die Matrix $\|S\|$ die Matrix $\|A\|$ diagonalisiert.

Zur Bestimmung der diagonalisierten Matrix $\|A'\|$ multiplizieren wir (2.77) von rechts mit $\|S\|$:

$$\|S\| \cdot \|A\| \cdot \|S^{-1}\| \cdot \|S\| = \|A'\| \cdot \|S\|,$$

$$\|S\| \cdot \|A\| = \|A'\| \cdot \|S\|.$$

Nach den Multiplikationsregeln für Matrizen bilden wir auf beiden Seiten das kl-Element des Produkts:

$$\sum_i S_{ki}A_{il} = \sum_i A'_{ki}S_{il}.$$

Da aber $A'_{ki} = A_k'\delta_{ki}$ sein soll, bleibt auf der rechten Seite nur das Glied $i = k$ übrig; wegen $\delta_{ki}S_{il} = S_{kl}$ ist also

$$\sum_i S_{ki}A_{il} = A_k'S_{kl}. \tag{2.78}$$

Das Matrixelement S_{kl} kann in der Form

$$S_{kl} = \sum_i S_{ki}\delta_{il}$$

geschrieben werden; setzen wir das in (2.78) ein, so erhalten wir

$$\sum_i S_{ki}(A_{il} - A_k'\delta_{il}) = 0. \tag{2.79}$$

Der Ausdruck (2.79) stellt n Stück (wegen $k = 1, 2, \ldots, n$) lineare Gleichungssysteme n-ten Grades zur Bestimmung der Elemente S_{ki} der Transformationsmatrix $\|S\|$ dar.

Betrachten wir ein festes k, so haben wir ein System von n Gleichungen, aus denen die S_{ki} (i $= 1, 2, \ldots, n$) bestimmt werden können. Dieses Gleichungssytem hat nur dann eine nichttriviale Lösung, wenn die Koeffizientendeterminante Null ist:

$$\det |A_{il} - A_k'\delta_{il}| = 0. \tag{2.80}$$

Die Determinante stellt eine Gleichung n-ten Grades mit n Wurzeln A_k' dar. Diese Werte A_k' werden Eigenwerte der Matrix $\|A\|$ genannt.

Wir schreiben den Ausdruck (2.80) in der ausführlichen Form

$$\begin{vmatrix} (A_{11} - A_k') & A_{21} & A_{31} & \ldots & A_{n1} \\ A_{12} & (A_{22} - A_k') & A_{32} & \ldots & A_{n2} \\ A_{13} & A_{23} & (A_{33} - A_k') & \ldots & A_{n3} \\ \ldots & \ldots & \ldots & \ldots & \ldots \\ A_{1n} & A_{2n} & A_{3n} & \ldots & (A_{nn} - A_k') \end{vmatrix} = 0. \quad (2.81)$$

Variieren wir k, so erhalten wir Determinanten, in denen alle Glieder mit Ausnahme der A_k' unverändert bleiben. Wenn wir zunächst $k = 1$ setzen, dann erhalten wir als Lösung der Determinante n Werte A_1'. Für $k = 2$ finden wir n Werte A_2', die mit den A_1' übereinstimmen, da wir identische Determinanten gelöst haben. Die Variation von k bewirkt also lediglich eine Umbenennung der Variablen (die Gleichungen $x^2 + x = a$ und $y^2 + y = a$ haben die gleichen Lösungen). Aus (2.81) erhalten wir also mit einem Male alle n Werte A_k'.

Um die Bedeutung der Diagonalisierung von Matrizen zu verstehen, betrachten wir ein Beispiel. Wir suchen die Eigenwerte eines selbstadjungierten Operators $\hat{A}$. Nehmen wir an, daß Basisfunktionen ψ_i gegeben sind sowie eine Wellenfunktion ψ, die den Zustand eines Systems beschreibt:

$$\psi = \sum_i c_i \psi_i.$$

Die Funktionen ψ_i sollen orthonormiert sein, d. h.

$$\int \psi_m^* \psi_n \, d\tau = \delta_{mn},$$

und außerdem Eigenfunktionen des Operators $\hat{A}$:

$$\hat{A}\psi_n = A_n \psi_n.$$

Wir multiplizieren den Ausdruck $\hat{A}\psi$ von links mit ψ_m^* und integrieren:

$$\int \psi_m^* \hat{A} \psi \, d\tau = \int \psi_m^* \hat{A} \sum_i c_i \psi_i \, d\tau$$

$$\sum_i c_i \int \psi_m^* \, \hat{A} \psi_i \, d\tau = \sum_i c_i \int \psi_m^* A_i \psi_i \, d\tau = \sum_i c_i A_i \int \psi_m^* \psi_i \, d\tau =$$

$$= \sum_i c_i A_i \delta_{mi}.$$

Andererseits gilt mit der Definition der Matrixelemente des Operators $\hat{A}$

$$\sum_i c_i \int \psi_m{}^* \hat{A} \psi_i \, d\tau = \sum_i c_i A_{mi}.$$

Durch Vergleich der beiden letzten Ausdrücke erhalten wir

$$\sum_i c_i A_{mi} = \sum_i c_i A_i \delta_{mi}. \tag{2.82}$$

Diese Beziehung kann in Matrixform geschrieben werden, da die Gesamtheit der Elemente A_{mi} den Operator $\hat{A}$ als Matrix bezüglich der Basis ψ_i angibt und rechts die Elemente $A_i\delta_{mi}$ einer Diagonalmatrix stehen. Wir schreiben (2.82) zunächst in der Form

$$\begin{aligned}
m &= 1, \quad c_1A_{11} + c_2A_{12} + c_3A_{13} + \cdots + c_nA_{1n} = c_1A_1, \\
m &= 2, \quad c_1A_{21} + c_2A_{22} + c_3A_{23} + \cdots + c_nA_{2n} = c_2A_2, \\
&\cdots\cdots\cdots\cdots\cdots\cdots\cdots\cdots\cdots\cdots \\
m &= n, \quad c_1A_{n1} + c_2A_{n2} + c_3A_{n3} + \cdots + c_nA_{nn} = c_nA_n.
\end{aligned} \tag{2.83}$$

Nun übertragen wir die rechten Seiten nach links:

$$\begin{aligned}
&(A_{11} - A_1)c_1 + A_{12}c_2 + A_{13}c_3 + \cdots + A_{1n}c_n = 0, \\
&A_{21}c_1 + (A_{22} - A_2)c_2 + A_{23}c_3 + \cdots + A_{2n}c_n = 0, \\
&\cdots\cdots\cdots\cdots\cdots\cdots\cdots\cdots\cdots\cdots \\
&A_{n1}c_1 + A_{n2}c_2 + A_{n3}c_3 + \cdots + (A_{nn}c_n - A_n) = 0.
\end{aligned} \tag{2.84}$$

Nichttriviale Lösungen c_i erhalten wir nur dann, wenn die Determinante des Gleichungssystems verschwindet:

$$\begin{vmatrix}
A_{11} - A_1 & A_{12} & A_{13} \ldots & A_{1n} \\
A_{21} & A_{22} - A_2 & A_{23} \ldots & A_{2n} \\
\cdots & \cdots & \cdots & \cdots \\
A_{n1} & A_{n2} & A_{n3} \ldots & \mathrm{A}_{nn} - A_n
\end{vmatrix} = 0. \tag{2.85}$$

Das entspricht der Bedingung (2.81) bei der Diagonalisierung der Matrix $\|A\|$. Die Bestimmung der Eigenwerte eines Operators $\hat{A}$ führt also auf die Diagonalisierung der zum Operator gehörenden Matrix.

3 Die Schrödinger-Gleichung für einfache Systeme

3.1. Stationäre und nichtstationäre Schrödinger-Gleichung

Im Abschnitt 2.1. erhielten wir die SCHRÖDINGER-Gleichung (2.12) für ein freies Teilchen der Masse m, das sich entlang der x-Achse bewegt:

$$i\hbar \frac{\partial}{\partial t} \psi = -\frac{\hbar^2}{2m} \frac{\partial^2}{\partial x^2} \psi. \tag{3.1}$$

Sie entspricht, wie im Abschnitt 2.2. gezeigt wurde, dem klassischen Ausdruck $E = p_x^2/2m$. Für ein Teilchen, das sich in einem Kraftfeld mit dem Potential U bewegt, ist die klassische Energie

$$E = \frac{1}{2m} p^2 + U.$$

Beim Übergang zur Quantenmechanik muß diese Beziehung durch einen Ausdruck ersetzt werden, in dem anstelle der dynamischen Variablen die ihnen zugeordneten Operatoren stehen. Da U eine Funktion der Koordinaten ist und zu den Koordinaten multiplikative Operatoren gehören, wird dem Operator der potentiellen Energie $\hat{U}$ die Multiplikation der Funktion ψ mit U entsprechen. Folglich ist die SCHRÖDINGER-Gleichung für ein Teilchen der Masse m, das sich in einem Feld U bewegt,

$$i\hbar \frac{\partial}{\partial t} \psi = -\frac{\hbar^2}{2m} \frac{\partial^2}{\partial x^2} \psi + U(x, t)\psi. \tag{3.2}$$

Für den dreidimensionalen Fall haben wir dann

$$i\hbar \frac{\partial}{\partial t} \psi = -\frac{\hbar^2}{2m} \nabla^2\psi + U(\boldsymbol{r}, t)\psi. \tag{3.3}$$

Wenn die potentielle Energie $U(\boldsymbol{r})$ zeitunabhängig ist, wird die Lösung der SCHRÖDINGER-Gleichung wesentlich vereinfacht. Dann kann nämlich

ψ in der separierten Form

$$\psi(\boldsymbol{r}, t) = \varphi(\boldsymbol{r})\,\theta(t) \tag{3.4}$$

angesetzt werden. Setzen wir die Funktion (3.4) und ihre Ableitungen

$$\frac{\partial}{\partial t}\psi = \varphi(\boldsymbol{r})\,\frac{\partial}{\partial t}\theta(t),$$
$$\nabla^2\psi = \theta(t)\,\nabla^2\varphi(\boldsymbol{r})$$

in die Gleichung (3.3) ein, so erhalten wir

$$i\hbar\,\varphi(\boldsymbol{r})\,\frac{\partial}{\partial t}\theta(t) = -\frac{\hbar^2}{2m}\,\theta(t)\,\nabla^2\varphi(\boldsymbol{r}) + U\varphi(\boldsymbol{r})\theta(t).$$

Division durch $\varphi(\boldsymbol{r})\,\theta(t)$ ergibt

$$i\hbar\,\frac{1}{\theta(t)}\,\frac{\partial}{\partial t}\theta(t) = \frac{1}{\varphi(\boldsymbol{r})}\left[-\frac{\hbar^2}{2m}\,\nabla^2\varphi(\boldsymbol{r}) + U\varphi(\boldsymbol{r})\right]$$
$$= \frac{1}{\varphi(\boldsymbol{r})}\left[-\frac{\hbar^2}{2m}\,\nabla^2 + U\right]\varphi(\boldsymbol{r}). \tag{3.5}$$

Die linke Seite dieser Gleichung hängt nur von t, die rechte nur von $\boldsymbol{r}$ ab, deshalb müssen beide Seiten gleich einer Konstanten c sein. (3.5) kann also in zwei Teile zerlegt werden:

$$i\hbar\,\frac{1}{\theta(t)}\,\frac{\partial}{\partial t}\theta(t) = c \tag{3.6}$$

und

$$\frac{1}{\varphi(\boldsymbol{r})}\left[-\frac{\hbar^2}{2m}\,\nabla^2 + U\right]\varphi(\boldsymbol{r}) = c. \tag{3.7}$$

Durch Integration von (3.6) erhalten wir

$$\theta(t) = A e^{\frac{-ict}{\hbar}}, \tag{3.8}$$

wobei A eine Integrationskonstante ist. Die Gleichung (3.7) heißt stationäre SCHRÖDINGER-Gleichung. Wenn die Potentialfunktion U vorgegeben ist, kann die Funktion $\varphi(\boldsymbol{r})$ im Prinzip bestimmt werden. Gemäß (3.4) ist die Lösung der SCHRÖDINGER-Gleichung (3.3) mit zeitunabhängigem Potential also das Produkt der Lösungen von (3.6) und (3.7):

$$\psi(\boldsymbol{r}, t) = \varphi(\boldsymbol{r}) e^{-i\frac{ct}{\hbar}}. \tag{3.9}$$

Wir wollen nun die physikalische Bedeutung der Konstanten c untersuchen. Offensichtlich hat c die Dimension einer Energie, da der Exponent eine dimensionslose Größe sein muß. Wir wissen, daß in der Quantenmechanik zur Bestimmung der möglichen Werte einer dynamischen Variablen f die Eigenwertgleichung

$$\hat{f}\psi = f\psi$$

gelöst werden muß. Speziell für den Energieoperator, den sog. HAMILTON-Operator $\hat{H}$, gilt

$$\hat{H}\psi = E\psi$$

und mit (2.16)

$$i\hbar \frac{\partial}{\partial t} \psi = E\psi. \tag{3.10}$$

Die Anwendung des Operators $i\hbar\partial/\partial t$ auf die Funktion (3.9) ergibt

$$i\hbar \frac{\partial}{\partial t} \psi = i\hbar \left(-\frac{ic}{\hbar}\right) \varphi(\boldsymbol{r}) e^{-i\frac{ct}{\hbar}} = c\psi. \tag{3.11}$$

Der Vergleich von (3.11) mit (3.10) zeigt, daß $c = E$, d. h. die Separationskonstante ist die Teilchenenergie. Es ist also

$$\psi(\boldsymbol{r}, t) = \varphi(\boldsymbol{r}) e^{-\frac{iEt}{\hbar}}. \tag{3.12}$$

Der zeitabhängige Teil der Wellenfunktion wird bestimmt durch die Energiewerte, die aus der stationären SCHRÖDINGER-Gleichung gefunden werden.

Betrachten wir den speziellen Fall, daß sich das Teilchen im Zustand mit der Energie E_n befindet. Dann gilt

$$\psi_n = \varphi_n(\boldsymbol{r}) e^{-\frac{iE_n t}{\hbar}}.$$

Mit der konjugiert komplexen Funktion

$$\psi_n^* = \varphi_n^*(\boldsymbol{r}) e^{\frac{iE_n t}{\hbar}}$$

bilden wir das Produkt

$$\psi_n^*(\boldsymbol{r}, t)\psi_n(\boldsymbol{r}, t) = \varphi_n^*(\boldsymbol{r})\varphi_n(\boldsymbol{r}),$$

das nach Abschnitt 2.4. Aussagen über die Aufenthaltswahrscheinlichkeit des Teilchens liefert. Wir sehen also, daß die Wahrscheinlichkeit, das Teilchen an einem bestimmten Ort zu finden, nicht von der Zeit abhängt. Zeitunabhängig sind auch die Mittelwerte der dynamischen Variablen; an Hand der Definitionen in Abschnitt 2.5. ist das leicht zu sehen.

Die Wellenfunktion selbst hängt aber — gemäß (3.12) — auch bei stationären Zuständen von der Zeit ab, wobei diese Abhängigkeit periodischer Natur ist. Die Werte der Wellenfunktion wiederholen sich mit der Periode

$$\frac{iET}{\hbar} = 2\pi i, \quad T = \frac{h}{E}.$$

Die Periodizität der Wellenfunktion hängt damit zusammen, daß der stationäre Zustand unendlich lange existieren kann. Zu diesem Schluß kann man mit Hilfe der Unschärferelation

$$\Delta E \Delta t \geqq h$$

kommen. Da für den stationären Zustand $\Delta E = 0$ ist, wird $\Delta t \to \infty$.

Wir werden im weiteren nur solche Fälle betrachten, bei denen die potentielle Energie nicht von der Zeit abhängt, d. h. wir werden uns mit stationären Zuständen beschäftigen, bei denen sich die physikalisch meßbaren Größen mit der Zeit nicht ändern. Unsere Aufgabe wird es sein, die Lösungen $\varphi(\boldsymbol{r})$ bzw. $\psi(\boldsymbol{r})$ der Gleichung

$$\left[-\frac{\hbar^2}{2m}\nabla^2 + U\right]\psi(\boldsymbol{r}) = E\psi(\boldsymbol{r}) \tag{3.13}$$

für einige konkrete Potentiale $U(\boldsymbol{r})$ zu studieren. Als erstes betrachten wir den einfachsten Fall, die Bewegung eines freien Teilchens.

3.2. Die Bewegung eines freien Teilchens

Für ein freies Teilchen ist $U = 0$, deshalb vereinfacht sich die SCHRÖDINGER-Gleichung (3.13) zu

$$-\frac{\hbar^2}{2m}\nabla^2\psi = E\psi. \tag{3.14}$$

Wir beschränken uns auf den eindimensionalen Fall:

$$\psi = \psi(x).$$

Dann nimmt (3.14) die Form

$$-\frac{\hbar^2}{2m}\frac{d^2}{dx^2}\psi = E\psi \tag{3.15}$$

an. Wenn wir die Abkürzung $\alpha = \sqrt{2mE/\hbar^2}$ einführen, erhalten wir

$$\frac{d^2}{dx^2}\psi = -\alpha^2\psi.$$

Spezielle Lösungen dieser Gleichung sind $\psi_A = \sin \alpha x$ und $\psi_B = \cos \alpha x$, wie man sich durch Einsetzen leicht überzeugen kann. Die allgemeine Lösung ist

$$\psi = A\psi_A + B\psi_B = A \sin \alpha x + B \cos \alpha x. \tag{3.16}$$

Es resultieren keine Beschränkungen für die Energiewerte E. Alle $E \geqq 0$ sowie alle beliebigen Werte für die Koeffizienten A und B ergeben Funktionen ψ, die (3.15) genügen. Die Energie eines freien Teilchens kann also beliebige Werte annehmen.

Im Abschnitt 3.1. hatten wir gezeigt, daß die Wellenfunktion für einen stationären Zustand periodisch mit der Zeit ist. Jetzt können wir uns überzeugen, daß sie für ein freies Teilchen auch periodisch bezüglich des Raums ist. Dazu betrachten wir die Funktionswerte in den Raumpunkten x und $x + \lambda$, für die $\sin \alpha x = \sin \alpha(x + \lambda)$ sowie $\cos \alpha x = \cos \alpha(x + \lambda)$ ist. Diese Bedingungen sind erfüllt, wenn $\alpha\lambda = 2\pi$, d. h. wenn

$$\lambda = \frac{h}{(2mE)^{1/2}} = \frac{h}{p}. \tag{3.17}$$

Die Wellenfunktion ist also periodisch längs der x-Achse, die Wellenlänge $\lambda = h/p$ ist gerade die Länge der DE-BROGLIE-Welle des Teilchens.[1])

Wir leiten noch ein weiteres wichtiges Ergebnis ab. Dazu ermitteln wir zunächst den Impuls des Teilchens und danach seine Energie. Die Impulseigenwertgleichung $\hat{P}\psi = P_x\psi$ ist

$$-i\hbar\frac{d}{dx}\psi = P_x\psi. \tag{3.18}$$

[1]) Die Wellenfunktionen für freie Teilchen sind also nicht normierbar im Sinne von (2.25). Das trifft auch auf die Funktionen der nächsten beiden Abschnitte zu, da sich die Teilchen auch dort bis ins Unendliche bewegen können.

Durch Umstellung

$$\frac{d\psi}{\psi} = \frac{iP_x}{\hbar} dx$$

erhält man die Impulseigenfunktionen

$$\psi = ce^{-iP_x x/\hbar}. \tag{3.19}$$

Offensichtlich kann der Impuls P_x beliebige Absolutwerte annehmen und sowohl positiv als auch negativ sein. Ein negativer Impuls entspricht einer Bewegung in Richtung kleinerer x-Werte. Wir schreiben die Wellenfunktion, die einem positiven Impuls entspricht, in der Form

$$\psi_P = ce^{iP_x x/\hbar}$$

und die für einen negativen Impuls als

$$\psi_{-P} = ce^{-iP_x x/\hbar}.$$

Die Funktion ψ_{-P} fällt mit $\psi_P{}^*$ zusammen, und da $\psi_P{}^*$ den gleichen Zustand wie ψ_P beschreibt, sind die Zustände ψ_P und ψ_{-P} physikalisch nicht unterscheidbar. Die Energie hängt vom Quadrat des Impulses ab, daher haben beide Zustände die gleiche Energie. Solche Zustände gleicher Energie werden als entartet bezeichnet. Ursache für die Entartung im vorliegenden Fall ist die physikalische Gleichwertigkeit der Bewegung des Teilchens in positiver oder negativer Richtung entlang der x-Achse.

3.3. Der Durchgang von Teilchen durch eine Potentialschwelle

Wir betrachten das Verhalten eines Teilchens an der Grenze zweier Gebiete, an der sich das Potential u sprungartig ändert (Abb. 5). Im Gebiet I sei

$$u = 0 \; (-\infty < x \leqq 0) \tag{3.20}$$

und im Gebiet II

$$u = U (0 \leqq x < \infty). \tag{3.21}$$

Die eindimensionale SCHRÖDINGER-Gleichung für Gebiet I ist

$$\frac{\hbar^2}{2m} \frac{d^2}{dx^2} \psi_1 + E\psi_1 = 0 \tag{3.22}$$

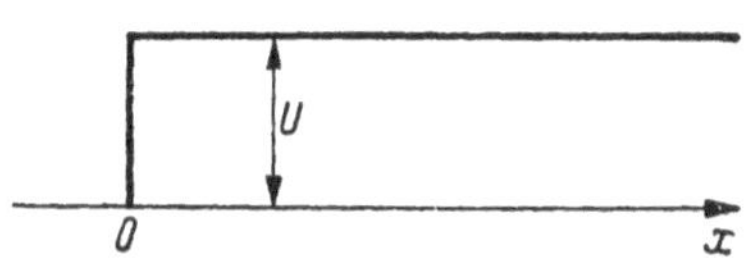

Abb. 5: Senkrechte Potentialschwelle

und für Gebiet *II*

$$\frac{\hbar^2}{2m}\frac{d^2}{dx^2}\psi_2 + (E - U)\psi_2 = 0. \tag{3.23}$$

Mit den Abkürzungen

$$\alpha_1 = \sqrt{\frac{2mE}{\hbar^2}}, \quad \alpha_2 = \sqrt{\frac{2m(E-U)}{\hbar^2}} \tag{3.24}$$

schreiben sich (3.22) und (3.23) in der Form

$$\frac{d^2}{dx^2}\psi_1 + \alpha_1^2\psi_1 = 0, \tag{3.22a}$$

$$\frac{d^2}{dx^2}\psi_2 + \alpha_2^2\psi_2 = 0. \tag{3.23a}$$

Spezielle Lösungen dieser Gleichungen sind $e^{\pm i\alpha_1 x}$ bzw. $e^{\pm i\alpha_2 x}$. Die allgemeinen Lösungen sind

$$\psi_1 = A_1 e^{i\alpha_1 x} + B_1 e^{-i\alpha_1 x}, \tag{3.25}$$

$$\psi_2 = A_2 e^{i\alpha_2 x} + B_2 e^{-i\alpha_2 x}. \tag{3.26}$$

Die speziellen Lösungen $e^{i\alpha x}$ und $e^{-i\alpha x}$ entsprechen der Bewegung des Teilchens in positiver bzw. negativer x-Richtung. Tatsächlich gilt für das Gebiet *I*

$$\alpha_1 = \sqrt{\frac{2mE}{\hbar^2}} = \frac{p_1}{\hbar}$$

und folglich

$$e^{ip_1x/\hbar} = \psi_{p_1}, \quad e^{-ip_1x/\hbar} = \psi_{-p_1}.$$

Das gleiche trifft für das Gebiet *II* zu:

$$\alpha_2 = \sqrt{\frac{2m(E-U)}{\hbar^2}} = \frac{p_2}{\hbar}$$

$$\psi_{p_2} = e^{ip_2x/\hbar}, \quad \psi_{-p_2} = e^{-ip_2x/\hbar}.$$

Die allgemeinen Lösungen (3.25) und (3.26) kann man dann als

$$\psi_1 = A_1 e^{ip_1x/\hbar} + B_1 e^{-ip_1x/\hbar}, \tag{3.25a}$$

$$\psi_2 = A_2 e^{ip_2x/\hbar} + B_2 e^{-ip_2x/\hbar} \tag{3.26a}$$

schreiben.

Sehen wir uns nun an, wie die Bewegung des Teilchens beim Übergang vom Gebiet I in das Gebiet II verläuft. An der Grenze zwischen I und II, wo die sprunghafte Änderung des Potentials eintritt, wird das Teilchen entweder reflektiert (d. h. in der Lösung ψ_1 wird der Koeffizient $B_1 \neq 0$) oder es tritt in den Bereich II ein (dann ist $A_2 \neq 0$). Im Gebiet I gibt es also sowohl direkte Wellen ($\psi_{p_1} = e^{ip_1x/\hbar}$) als auch reflektierte Wellen ($\psi_{-p_1} = e^{-ip_1x/\hbar}$). Das bedeutet, daß in I die Lösung ψ_1 in der Form (3.25a) angesetzt werden muß. Die Größe $A_1{}^2$ beschreibt die Anzahl der Teilchen, die sich in positiver x-Richtung bewegen, und $B_1{}^2$ die Anzahl der Teilchen die an der Potentialschwelle reflektiert werden. Im Gebiet II bewegen sich in positiver Richtung die durch die Schwelle hindurchgegangenen Teilchen. Daher hat die Lösung ψ_2 die Form

$$\psi_2 = A_2 e^{ip_2x/\hbar}. \tag{3.27}$$

Wenn die Anzahl der sich im Raum I auf die Barriere zubewegenden Teilchen (A_1) bekannt ist, kann die Zahl der reflektierten Teilchen (B_1) und die der in das Gebiet II übergegangenen Teilchen (A_2) bestimmt werden. Für die Berechnung der zwei Unbekannten B_1 und A_2 benötigen wir zwei Gleichungen. Sie werden uns durch die Randbedingungen des Systems geliefert.

Die erste Bedingung ist die Stetigkeit der Wellenfunktion an der Grenze der beiden Gebiete:

$$\psi_1(x)\,|_{x=0} = \psi_2(x)\,|_{x=0}. \tag{3.28}$$

Die zweite Bedingung ist die Stetigkeit ihrer ersten Ableitung. Die Notwendigkeit dieser Bedingung machen wir uns an einem Beispiel verständlich. Nehmen wir an, daß die Schwelle nicht eine rechtwinklige Stufe darstellt, sondern eine Neigung aufweist (Abb. 6). Die Breite des Übergangsgebietes betrage $2l$. Dann können die Gleichungen (3.22a) und (3.23a) in der Form

$$\frac{d^2\psi}{dx^2} = -(\alpha')^2\psi \tag{3.29}$$

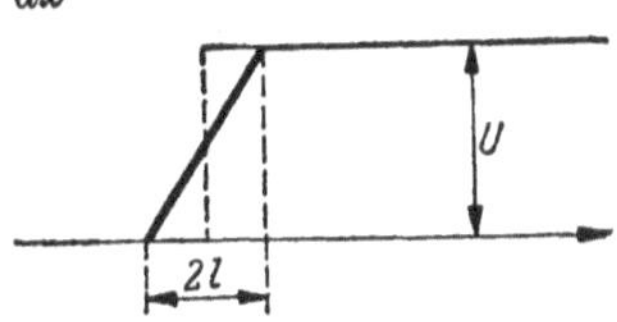

Abb. 6: Geneigte Potentialschwelle

geschrieben werden, wobei sich der Koeffizient α' im Grenzgebiet $-l \leq x \leq l$ stetig von $\alpha' = \alpha_1$ bis $\alpha' = \alpha_2$ ändert. Integration der linken Seite von (3.29) liefert

$$\int_{-l}^{l} \frac{d^2\psi}{dx^2}\,dx = \left(\frac{d\psi}{dx}\right)\bigg|_{x=l} - \left(\frac{d\psi}{dx}\right)\bigg|_{x=-l}. \tag{3.30}$$

Für die rechte Seite folgt aus dem Mittelwertsatz

$$\int_{-l}^{l} (\alpha')^2 \psi \, dx = -\overline{[(\alpha')^2 \psi]} 2l. \tag{3.31}$$

Im Falle einer rechtwinkligen Barriere ist $l = 0$ und

$$\lim_{l \to 0} \left(\left.\frac{d\psi}{dx}\right|_{x=l} - \left.\frac{d\psi}{dx}\right|_{x=-l} \right) = -\lim_{l \to 0} \overline{[(\alpha')^2 \psi]} 2l = 0.$$

Damit wird

$$\left.\frac{d\psi_1}{dx}\right|_{x=0} = \left.\frac{d\psi_2}{dx}\right|_{x=0} \tag{3.32}$$

Die Bedingungen (3.28) und (3.32) sind ausreichend zur Bestimmung der Koeffizienten B_1 und A_2. Aus der Stetigkeitsbedingung für die Wellenfunktionen folgt

$$A_1 + B_1 = A_2 \tag{3.33}$$

und aus der für ihre ersten Ableitungen

$$ip_1 A_1 - ip_1 B_1 = ip_2 A_2,$$

$$A_1 - B_1 = \frac{p_2}{p_1} A_2. \tag{3.34}$$

Durch Lösen der Gleichungen (3.33) und (3.34) erhalten wir

$$A_2 = \frac{2}{\left(1 + \frac{p_2}{p_1}\right)} A_1, \tag{2.35}$$

$$B_1 = \frac{\left(1 - \frac{p_2}{p_1}\right)}{\left(1 + \frac{p_2}{p_1}\right)} A_1. \tag{3.36}$$

Da der Bewegung des Teilchens eine Wellenbewegung äquivalent ist, können wir in Analogie zu der in der Optik gebräuchlichen Terminologie den Begriff des Reflexionskoeffizienten und des Durchgangskoeffizienten einführen. Der Reflexionskoeffizient ist das Verhältnis der Amplitudenquadrate der reflektierten und der einlaufenden Welle (B_1^2/A_1^2), und der Durchgangskoeffizient das Verhältnis der Amplitudenquadrate der durchgelassenen und der einlaufenden Welle (A_2^2/A_1^2). Für ein Teilchen ist offensichtlich der Reflexionskoeffizient die Wahrscheinlichkeit seiner Reflexion an der Potentialschwelle und der Durchgangskoeffizient die Wahrscheinlichkeit, die Barriere zu durchdringen und in das Gebiet *II* überzugehen.

Wir berechnen den Reflexions- und den Durchgangskoeffizienten für verschiedenen Werte des Verhältnisses E/U. Der Reflexionskoeffizient R ist

$$R = \frac{(1 - p_2/p_1)^2}{(1 + p_2/p_1)^2} = \frac{(p_1 - p_2)^2}{(p_1 + p_2)^2}.$$

Den Zähler formen wir um zu

$$(p_1 - p_2)^2 = \left[\sqrt{2mE} - \sqrt{2m(E - U)}\right]^2$$
$$= 2mE\left[1 - \sqrt{1 - U/E}\right]^2.$$

Durch analoge Umformung des Nenners erhalten wir schließlich

$$R = \frac{\left(1 - \sqrt{1 - U/E}\right)^2}{\left(1 + \sqrt{1 - U/E}\right)^2}. \tag{3.37}$$

An der Potentialschwelle wird das Teilchen entweder reflektiert oder in das Gebiet *II* durchgelassen. Folglich ist der Durchgangskoeffizient

$$D = 1 - R = \frac{4\sqrt{1 - U/E}}{\left(1 + \sqrt{1 - U/E}\right)^2}. \tag{3.38}$$

Wir betrachten zwei Spezialfälle:

Fall 1: Die Gesamtenergie des Teilchens E ist größer als die potentielle Energie U im Gebiet $II (E \geqq U)$. Klassisch muß das Teilchen in diesem Fall aus *I* in *II* übergehen. Quantenmechanisch gibt es diese Bedingung nicht, und man kann mit (3.37) und (3.38) die Koeffizienten R und D für

Tabelle 2: Reflexionskoeffizient R und Durchgangskoeffizient D für verschiedene Verhältnisse E/U bei $E \geqq U$

E/U	R	D
10	$7 \cdot 10^{-4}$	0,9993
2	$2{,}95 \cdot 10^{-2}$	0,9704
1,25	$1{,}49 \cdot 10^{-1}$	0,8541
1	1	0,000

verschiedene Verhältnisse E/U berechnen. In Tab. 2 sind einige Werte angegeben. Aus der Tabelle ist zu entnehmen, daß die Reflexionswahrscheinlichkeit bereits bei einer Teilchenenergie $E = 2U$ rund $3 \cdot 10^{-2}$ ist, und daß bei $E = U$ ein Übergang in das Gebiet II unmöglich wird.

Fall 2: Die Gesamtenergie ist kleiner als die Höhe der Potentialbarriere ($E < U$). Im klassischen Fall ist ein Übergang von I nach II unmöglich. Wir berechnen wieder die Koeffizienten R und D. Wegen $E < U$ wird p_2 imaginär:

$$p_2 = \sqrt{2m\,(E-U)} = i\sqrt{2m(U-E)} = ip.$$

Daher muß bei der Berechnung von R nach Gleichung (3.37) anstelle der Quadrierung eine Multiplikation mit der konjugiert komplexen Größe vorgenommen werden. Das bedeutet

$$R = \left|\frac{p_1 - ip}{p_1 + ip}\right|^2 = \frac{(p_1 - ip)\,(p_1 + ip)}{(p_1 + ip)\,(p_1 - ip)} = 1.$$

Der Durchgangskoeffizient ist dann

$$D = 1 - R = 0.$$

Die Reflexion ist also für den Fall $E < U$ vollständig. Trotzdem gibt es eine gewisse Wahrscheinlichkeit, das Teilchen im Gebiet II vorzufinden. Physikalisch bedeutet das, daß die Reflexion zwar vollständig ist, aber nicht unbedingt an der Phasengrenze $x = 0$ erfolgen muß. Das Teilchen gelangt mit einer gewissen Wahrscheinlichkeit in das Gebiet II, kehrt dann aber nach I zurück. Tatsächlich ist bei $E < U$ wegen $p_2 = ip$ die Lösung für Gebiet II

$$\psi_2 = A_2 e^{ip_2 x/\hbar} = A_2 e^{i(ip)x/\hbar} = A_2 e^{-px/\hbar}, \tag{3.39}$$

und die Wahrscheinlichkeit, das Teilchen in einer Entfernung x von der Grenze zu finden, ist

$$\psi_2^*\psi_2 = A_2^2 e^{-2px/\hbar} = A_2^2 e^{-2\sqrt{2m(U-E)}\,x/\hbar}. \tag{3.40}$$

Als Beispiel betrachten wir die Bewegung eines Elektrons. Setzen wir in (3.40) die Elektronenmasse ($9 \cdot 10^{-28}$ g) und das PLANCKsche Wirkungsquantum ($1{,}05 \cdot 10^{-27}$ erg · s) ein, so erhalten wir

$$\psi_2^*\psi_2 = A_2^2 e^{-0.83 \cdot 10^{14}\sqrt{U-E}\,x}. \tag{3.41}$$

Die damit berechneten Wahrscheinlichkeiten, das Elektron in einer Entfernung von 0,1, 1 und 10 Å von der Grenze im Gebiet II zu finden,

Tabelle 3: Wahrscheinlichkeit des Eindringens eines Teilchens bis zur Tiefe x in den „verbotenen" Potentialbereich für verschiedene Differenzen $U - E$ bei $U > E$

$(U-E)$ [eV]	x [$Å$]	$\psi_2^*\psi_2 \frac{1}{A_2^2}$	$(U-E)$ [eV]	x [$Å$]	$\psi_2^*\psi_2 \frac{1}{A_2^2}$
0,5	0,1	0.93	2	0,1	0,86
	1,0	0,47		1,0	0,23
	10	$5{,}5 \cdot 10^{-4}$		10	$0{,}9 \cdot 10^{-5}$
1,0	0,1	0,90	4	0,1	0,81
	1,0	0,34		1,0	0,12
	10	$1{,}5 \cdot 10^{-5}$		10	$0{,}5 \cdot 10^{-5}$

sind für verschiedene Differenzen $U - E$ in Tab. 3 wiedergegeben. Man sieht, daß die Wahrscheinlichkeit, das Elektron in einem Abstand 1 Å von der Grenze zu finden, durchaus merklich ist.

3.4. Der Durchgang von Teilchen durch eine Potentialschwelle endlicher Breite

Ein Teilchen bewege sich von links nach rechts (in positiver x-Richtung) in einem Feld, dessen Potential in den drei Gebieten *I*, *II* und *III* gegeben ist durch

$$\begin{aligned} u &= 0 && (-\infty < x \leqq 0), \\ u &= U && (0 \leqq x \leqq d), \\ u &= 0 && (d \leqq x < \infty). \end{aligned} \tag{3.42}$$

Die Schrödinger-Gleichung

$$-\frac{\hbar^2}{2m}\frac{d^2}{dx^2}\psi + U\psi = E\psi \tag{3.43}$$

ist für die Gebiete *I* und *III*

$$-\frac{\hbar^2}{2m}\frac{d^2}{dx^2}\psi = E\psi \tag{3.44}$$

und für das Gebiet *II*

$$-\frac{\hbar^2}{2m}\frac{d^2}{dx^2}\psi = (E - U)\psi. \tag{3.45}$$

Die Lösungen dieser Gleichungen haben, wie wir im vorangegangenen Abschnitt gesehen haben, die Form

$$\psi_1 = A_1 e^{ip_1x/\hbar} + B_1 e^{-ip_1x/\hbar}, \; p_1 = \sqrt{2mE};$$

$$\psi_2 = A_2 e^{ip_2x/\hbar} + B_2 e^{-ip_2x/\hbar}, \; p_2 = \sqrt{2m(E-U)};$$

$$\psi_3 = A_3 e^{ip_3x/\hbar} + B_3 e^{-ip_3x/\hbar} = A_3 e^{ip_1x/\hbar} + B_3 e^{-ip_1x/\hbar};$$

$$p_3 = \sqrt{2mE} = p_1. \tag{3.46}$$

Aus dem physikalischen Zusammenhang folgt, daß sich das Teilchen in den Gebieten *I* und *II* sowohl in positiver als auch in negativer Richtung bewegen kann (d. h. die Koeffizienten A_1, B_1, A_2 und B_2 sind verschieden von Null), während die Bewegung in *III* nur in positiver Richtung möglich ist (d. h. $B_3 = 0$).

Zur Bestimmung der Koeffizienten B_1, A_2, B_2 und A_3 ziehen wir wieder die Stetigkeitsbedingung der Wellenfunktionen und ihrer ersten Ableitungen an den Trennungslinien heran:

$$\psi_1\big|_{x=0} = \psi_2\big|_{x=0}, \quad \left.\frac{d\psi_1}{dx}\right|_{x=0} = \left.\frac{d\psi_2}{dx}\right|_{x=0};$$

$$\psi_2\big|_{x=d} = \psi_3\big|_{x=d}, \quad \left.\frac{d\psi_2}{dx}\right|_{x=d} = \left.\frac{d\psi_3}{dx}\right|_{x=d}. \tag{3.47}$$

Daraus erhalten wir die vier Gleichungen

$$A_1 + B_1 = A_2 + B_2, \tag{3.48a}$$

$$A_1p_1 - B_1p_1 = A_2p_2 - B_2p_2, \tag{3.48b}$$

$$A_2 e^{ip_2d/\hbar} - B_2 e^{-ip_2d/\hbar} = A_3 e^{ip_1d/\hbar}, \tag{3.48c}$$

$$p_2(A_2 e^{ip_2d/\hbar} - B_2 e^{-ip_2d/\hbar}) = p_1 A_3 e^{ip_1d/\hbar}. \tag{3.48d}$$

Wir sind speziell am Durchgangskoeffizienten D der Potentialbarriere interessiert. Dazu benötigen wir das Verhältnis von A_3 zu A_1. Zunächst multiplizieren wir (3.48a) mit p_1/p_2 und (3.48b) mit $1/p_2$ und addieren:

$$\frac{2p_1}{p_2} A_1 = \left(1 + \frac{p_1}{p_2}\right) A_2 - \left(1 - \frac{p_1}{p_2}\right) B_2. \tag{3.49}$$

Entsprechend erhalten wir aus (3.48c) und (3.48d)

$$2A_2 e^{ip_2 d/\hbar} = \left(1 + \frac{p_1}{p_2}\right) A_3 e^{ip_1 d/\hbar}, \; A_2 = \frac{1}{2}\left(1 + \frac{p_1}{p_2}\right) e^{i(p_1 - p_2)d/\hbar} A_3;$$

$$2B_2 e^{-ip_2 d/\hbar} = \left(1 - \frac{p_1}{p_2}\right) A_3 e^{ip_1 d/\hbar}, \; B_2 = \frac{1}{2}\left(1 - \frac{p_1}{p_2}\right) e^{i(p_1 + p_2)d/\hbar} A_3.$$

Setzen wir das in (3.49) ein, dann erhalten wir

$$2\frac{p_1}{p_2} A_1 = \left[\left(1 + \frac{p_1}{p_2}\right)\frac{1}{2}\left(1 + \frac{p_1}{p_2}\right) e^{i(p_1 - p_2)d/\hbar} - \left(1 - \frac{p_1}{p_2}\right)\frac{1}{2}\left(1 - \frac{p_1}{p_2}\right) e^{i(p_1 + p_2)d/\hbar}\right] A_3,$$

$$A_3 = \frac{4p_1/p_2}{\left(1 + \frac{p_1}{p_2}\right)^2 e^{i(p_1 - p_2)d/\hbar} - \left(1 - \frac{p_1}{p_2}\right)^2 e^{i(p_1 + p_2)d/\hbar}} A_1$$

$$= \frac{4p_1 p_2 \, e^{-ip_1 d/\hbar}}{(p_1 + p_2)^2 \, e^{-ip_2 d/\hbar} - (p_2 - p_1)^2 \, e^{ip_2 d/\hbar}} A_1.$$

Das Verhältnis A_3/A_1 bezeichnen wir mit a_3:

$$\frac{A_3}{A_1} = a_3 = \frac{4p_1 p_2 \, e^{-ip_1 d/\hbar}}{(p_1 + p_2)^2 \, e^{-ip_2 d/\hbar} - (p_2 - p_1)^2 \, e^{ip_2 d/\hbar}}. \tag{3.50}$$

Da a_3 komplex ist, muß der Durchgangskoeffizient D als $a_3^* a_3$ bestimmt werden.

Nehmen wir nun an, daß die Gesamtenergie des Teilchens geringer ist als die Potentialhöhe im Gebiet II, d. h. $E < U$. Mit

$$p_1 = \sqrt{2mE}$$

und

$$p_2 = \sqrt{2m(E - U)} = i\sqrt{2m(U - E)} = ip$$

erhalten wir

$$a_3 = \frac{i4p_1 p \, e^{-ip_1 d/\hbar}}{(p_1 + ip)^2 \, e^{pd/\hbar} - (ip - p_1)^2 \, e^{-pd/\hbar}}$$

und

$$a_3^* = \frac{-i4p_1 p \, e^{ip_1 d/\hbar}}{(p_1 - ip)^2 \, e^{pd/\hbar} + (p_1 + ip)^2 \, e^{-pd/\hbar}}.$$

Einführung der hyperbolischen Funktionen

$$\operatorname{ch} x = \frac{e^x + e^{-x}}{2} \text{ und } \operatorname{sh} x = \frac{e^x - e^{-x}}{2}$$

ergibt

$$a_3 = \frac{i2p_1p\, e^{-ip_1d/\hbar}}{(p_1^2 - p^2)\operatorname{sh}\left(\frac{pd}{\hbar}\right) + 2ip_1p\operatorname{ch}\left(\frac{pd}{\hbar}\right)},$$

$$a_3^* = \frac{-\,i\,2p_1p\, e^{ip_1d/\hbar}}{(p_1^2 - p^2)\operatorname{sh}\left(p\frac{d}{\hbar}\right) - 2ip_1p\operatorname{ch}\left(p\frac{d}{\hbar}\right)}$$

und damit

$$D = a_3^*a_3 = \frac{4p_1^2p^2}{(p_1^2 - p^2)^2\operatorname{sh}^2\left(p\frac{d}{\hbar}\right) + 4p_1^2p^2\operatorname{ch}^2\left(p\frac{d}{\hbar}\right)}. \quad (3.51)$$

Durch Umformung des Nenners erhalten wir daraus

$$D = \frac{4p_1^2p^2}{(p_1^2 + p^2)^2\operatorname{sh}^2\left(p\frac{d}{\hbar}\right) + 4p_1^2p^2}. \quad (3.52)$$

In speziellen Fällen kann der Ausdruck (3.52) für den Durchgangskoeffizienten beträchtlich vereinfacht werden. Ist z. B. $pd \gg \hbar$ bzw. $\lambda = \hbar/p \ll d$, d. h. ist die Länge der DE-BROGLIE-Welle wesentlich kleiner als die Breite der Potentialbarriere, dann gilt in guter Näherung

$$\operatorname{sh}^2\left(\frac{pd}{\hbar}\right) \approx e^{2pd/\hbar},$$

und aus (3.52) ergibt sich

$$D \approx \frac{4}{\left(\frac{p_1}{p} + \frac{p}{p_1}\right)^2 e^{\frac{2pd}{\hbar}} + 4}.$$

Da $e^{2pd/\hbar} \gg 4$ für $pd \gg 1$, kann die 4 im Nenner vernachlässigt werden, und wir erhalten schließlich

$$D \approx 4\left(\frac{p_1}{p} + \frac{p}{p_1}\right)^{-2} e^{-2pd/\hbar} = 4\left(\frac{p_1}{p} + \frac{p}{p_1}\right)^{-2} e^{-\frac{2}{\hbar}\sqrt{2m(U-E)}d}. \quad (3.53)$$

Aus diesem Ausdruck ist ersichtlich, daß die Durchlässigkeit der Barriere von ihrer Höhe $U - E$ und ihrer Breite d abhängt. Wir bemerken, daß der Exponentialausdruck in (3.53) gerade die Wahrscheinlichkeit ist, mit der das Teilchen von I aus bis zur Tiefe $x = d$ in II eindringt (vgl. (3.40)). Die Durchlässigkeit der Potentialbarriere fällt also bis auf einen Vorfaktor mit der Wahrscheinlichkeit zusammen, daß das Teilchen in das „verbotene" Gebiet II bis zu einer Tiefe eindringt, die der Breite der Barriere entspricht. Das Überwinden der Potentialbarriere wird häufig als „Durchtunnelung" bezeichnet.

Nach der Überwindung der Barriere hat das Teilchen die gleiche Geschwindigkeit wie vor ihr, da ja die SCHRÖDINGER-Gleichungen für die Gebiete I und III die gleiche Form hatten, d. h. $p_3 = p_1$.

3.5. Der Potentialtopf. Die Quantisierung der Energie

Wir untersuchen jetzt das Verhalten eines Teilchens in einem Feld, das durch

$$\begin{aligned} u &= \infty \; (-\infty < x \leqq -a), \\ u &= 0 \; (-a \leqq x \leqq a), \\ u &= \infty \; (a \leqq x < \infty) \end{aligned} \tag{3.54}$$

definiert ist. Ein solches Feld wird Potentialtopf (mit unendlich hohen Wänden) genannt. Aus $u = \infty$ außerhalb des Topfes folgt, daß sich das Teilchen nur innerhalb, d. h. im Intervall $-a \leqq x \leqq a$, befinden kann. Außerhalb dieses Intervalls muß die Wellenfunktion des Teilchens verschwinden, und es ergeben sich wegen der Stetigkeitsforderung an die Wellenfunktion die Bedingungen

$$\begin{aligned} \psi(-a) &= 0, \\ \psi(a) &= 0. \end{aligned} \tag{3.55}$$

Die eindimensionale SCHRÖDINGER-Gleichung

$$-\frac{\hbar^2}{2m} \frac{d^2}{dx^2} \psi = E\psi \tag{3.56}$$

hat nach Einführung von $\alpha = \sqrt{2mE/\hbar^2}$ die Form

$$\frac{d^2}{dx^2} \psi + \alpha^2 \psi = 0. \tag{3.57}$$

Spezielle Lösungen dieser Gleichung sind

$$\psi_1 = \sin \alpha x, \quad \psi_2 = \cos \alpha x, \tag{3.58}$$

die allgemeine Lösung setzen wir als Linearkombination an:

$$\psi = A\psi_1 + B\psi_2 = A \sin \alpha x + B \cos \alpha x. \tag{3.59}$$

Zur Bestimmung der Konstanten A und B ziehen wir die Randbedingungen (3.55) heran:

$$\psi(a) = A \sin \alpha a + B \cos \alpha a = 0,$$
$$\psi(-a) = A \sin (-\alpha a) + B \cos (-\alpha a) = 0.$$

Etwa die erste Bedingung ist nur erfüllt, wenn

$$\begin{aligned} A \sin \alpha a &= 0, \\ B \cos \alpha a &= 0. \end{aligned} \tag{3.60}$$

Da $\sin \alpha a$ und $\cos \alpha a$ nicht gleichzeitig Null werden, gibt es zwei Typen von Lösungen:

$$\begin{aligned} &1.\ (A = 0) \quad \cos \alpha a = 0, \\ &2.\ (B = 0) \quad \sin \alpha a = 0. \end{aligned} \tag{3.61}$$

Für den ersten Typ gilt $\alpha a = n\pi/2$ mit n ungerade, für den zweiten $\alpha a = n\pi/2$ mit n gerade. Die Lösungen haben also die Form

$$\begin{aligned} \psi_{ungerade} &= B \cos \frac{n\pi a}{2}, \\ \psi_{gerade} &= A \sin \frac{n\pi a}{2}. \end{aligned} \tag{3.62}$$

Die Energiewerte ergeben sich aus der Bedingung

$$\alpha a = \sqrt{2mE}\, \frac{1}{\hbar}\, a = \frac{n\pi}{2}.$$

Wir erhalten

$$E = \frac{\pi^2 \hbar^2}{8ma^2}\, n^2. \tag{3.63}$$

Im vorliegenden Fall sind also nicht alle denkbaren Energiewerte zulässig. Das Teilchen kann sich nur in solchen Zuständen befinden, für die (3.63) erfüllt ist. Gemäß der beiden Lösungstypen (3.62) sind für n die Werte

1, 2, 3, ... möglich. Es ergeben sich also diskrete Energieniveaus, die Energie ist gequantelt.

Wir wollen abschätzen, mit welcher Genauigkeit die Koordinaten eines Teilchens im Potentialtopf angegeben werden können. Der Impuls des Teilchens ist

$$p = \sqrt{2mE} = \frac{n\pi}{2a}\,\hbar.$$

Im Grundzustand ($n = 1$) ist er $\pi\hbar/2a$. Nehmen wir an, daß die Unbestimmtheit bei der Impulsmessung von dieser Größenordnung ist, d. h. $\Delta p = p$, dann erhalten wir aus der Unbestimmtheitsrelation $\Delta p \Delta x \gtreqq \hbar$ für Δx einen Wert $\gtreqq 2a/\pi$, die Unbestimmtheit der Koordinate ist also von der Größenordnung der Breite des Potentialtopfs.

Wenn die Potentialhöhe an den Wänden des Topfs nicht unendlich hoch ist, werden die Ausdrücke komplizierter. Wir werden sie nicht ableiten, sondern stellen nur fest, daß es dann eine bestimmte Wahrscheinlichkeit gibt, das Teilchen auch außerhalb des Topfs anzutreffen. Aufgaben dieser Art hat man bei der Behandlung der Elektronenemission und ähnlicher Probleme. Man hat auch versucht, das Modell des Potentialtopfs bei der Berechnung der Elektronenzustände in Molekülen zu verwenden (free-electron-Methode, siehe etwa [11, 12]); dabei wird angenommen, daß sich die Elektronen in einem Potentialtopf mit einer Breite von der Größenordnung der Molekülabmessungen befinden.

3.6. Der lineare harmonische Oszillator

Wir betrachten jetzt die Bewegung eines Teilchens, das Schwingungen unter der Einwirkung einer Kraft f durchführt, die der Auslenkung aus der Gleichgewichtslage proportional ist. Nehmen wir an, daß die Bewegung eindimensional ist, dann gilt also

$$f = -kx.$$

Hat die Kraft ein Potential,

$$f = -\frac{\partial U}{\partial x},$$

so ist die potentielle Energie

$$U = \int_0^x f\,dx = \frac{k}{2}\,x^2. \qquad (3.64)$$

Wir lösen die SCHRÖDINGER-Gleichung für diesen Fall:

$$-\frac{\hbar^2}{2m}\frac{d^2\psi}{dx^2} - \left(E - \frac{1}{2}kx^2\right)\psi = 0. \tag{3.65}$$

Zur Vereinfachung führen wir die Bezeichnungen

$$\frac{2mE}{\hbar^2} = \lambda, \quad \frac{km}{\hbar^2} = \beta^2 \tag{3.66}$$

ein, dann nimmt (3.65) folgendes Aussehen an:

$$\frac{d^2\psi}{dx^2} + (\lambda - \beta^2x^2)\psi = 0. \tag{3.67}$$

Die Lösung der Gleichung (3.67) beginnt man zweckmäßig für den Fall $x \to \infty$. In diesem Fall kann man λ im Vergleich zu β^2x^2 vernachlässigen. Es wird also

$$\frac{d^2\psi}{dx^2} \approx \beta^2x^2\psi. \tag{3.68}$$

Die Lösung dieser Gleichung ist

$$\psi = e^{-\frac{\beta}{2}x^2}. \tag{3.69}$$

Tatsächlich ist $d\psi/dx = -\beta x\psi$ und

$$\frac{d^2\psi}{dx^2} = \beta^2x^2\psi - \beta\psi.$$

Da jedoch β eine endliche Größe ist, kann bei $x \to \infty$ das zweite Glied auf der rechten Seite vernachlässigt werden. Das negative Vorzeichen in (3.69) wird verwendet, weil uns nur endliche Wellenfunktionen ψ interessieren.

Wir setzen die exakte Lösung der Gleichung (3.67) in der Form

$$\psi = e^{-\frac{\beta}{2}x^2} H(x) \tag{3.70}$$

mit $H(x) = \sum_i a_i x^i$ an. Die Ableitungen dieser Funktion sind

$$\frac{d\psi}{dx} = -\beta x e^{-\frac{\beta}{2}x^2} H + e^{-\frac{\beta}{2}x^2} H' = e^{-\frac{\beta}{2}x^2}(H' - \beta xH),$$

$$\frac{d^2\psi}{dx^2} = e^{-\frac{\beta}{2}x^2}(H'' - 2\beta xH' - \beta H + \beta^2x^2H). \tag{3.71}$$

Durch Einsetzen von (3.70) und (3.71) in (3.67) erhalten wir für H

$$[H'' - 2\beta x H' + \beta^2 x^2 H - \beta H + \lambda H - \beta^2 x^2 H]\, e^{-\frac{\beta}{2}x^2} = 0$$

und daraus

$$H'' - 2\beta x H' + (\lambda - \beta) H = 0. \tag{3.72}$$

Wir führen nun eine neue Variable $\xi = \sqrt{\beta}\, x$ ein. Dann gilt

$$H'' = \frac{d^2H}{dx^2} = \beta \frac{d^2H}{d\xi^2}, \quad H' = \frac{dH}{dx} = \sqrt{\beta} \frac{dH}{d\xi}$$

und (3.72) geht in die Gleichung

$$\beta \frac{d^2H}{d\xi^2} - 2\beta\xi \frac{dH}{d\xi} + (\lambda - \beta) H = 0$$

über. Wir dividieren durch β:

$$\frac{d^2H}{d\xi^2} - 2\xi \frac{dH}{d\xi} + \left(\frac{\lambda}{\beta} - 1\right) H = 0. \tag{3.73}$$

Für H setzen wir mit der neuen Variablen ξ

$$H = \sum_i a_i x^i = \sum_i b_i \xi^i, \tag{3.74}$$

dann sind die Ableitungen nach ξ

$$H' = \sum_i i b_i \xi^{i-1}, \qquad H'' = \sum_i i(i-1) b_i \xi^{i-2}.$$

Durch Einsetzen dieser Ausdrücke in Gleichung (3.73) und Umgruppierung der Terme erhalten wir

$$\sum_i \left[i(i-1) b_i \xi^{i-2} - 2i b_i \xi^i + \left(\frac{\lambda}{\beta} - 1\right) b_i \xi^i \right] = 0.$$

Diese Beziehung muß gültig sein für beliebige ξ; das ist nur möglich, wenn die Koeffizienten aller Potenzen von ξ Null sind. Setzen wir den Koeffizienten von ξ^i Null, so erhalten wir

$$(i+2)(i+1) b_{i+2} - 2i b_i + \left(\frac{\lambda}{\beta} - 1\right) b_i = 0, \tag{3.75}$$

bzw.

$$(i+2)(i+1) b_{i+2} - \left(2i + 1 - \frac{\lambda}{\beta}\right) b_i = 0. \tag{3.76}$$

Das Verhältnis der Koeffizienten b_{i+2} und b_i ist dann

$$\frac{b_{i+2}}{b_i} = \frac{2i + 1 - \frac{\lambda}{\beta}}{(i + 2)(i + 1)}. \tag{3.77}$$

Für große i wird

$$\frac{2i + 1 - \frac{\lambda}{\beta}}{(i + 2)(i + 1)} \approx \frac{2}{i}.$$

Andererseits ist $\xi^{i+2}/\xi^i = \xi^2$, und bei großem ξ wird dieses Verhältnis größer als $2/i$. Daher fällt die Reihe

$$H(\xi) = b_1\xi^1 + b_2\xi^2 + b_3\xi^3 + \cdots + b_n\xi^n + b_{n+1}\xi^{n+1} + b_{n+2}\xi^{n+2} + \cdots$$

für $\xi \to \infty$ nicht auf Null ab. Vergleichen wir sie mit der Reihenentwicklung für e^{ξ^2}

$$e^{\xi^2} = 1 + \frac{\xi^2}{1!} + \frac{(\xi^2)^2}{2!} + \frac{(\xi^2)^3}{3!} + \cdots$$
$$+ \frac{\xi^n}{\left(\frac{n}{2}\right)!} + \cdots + \frac{\xi^{n+2}}{\left(\frac{n}{2} + 1\right)!} + \cdots$$

so sehen wir, daß das Verhältnis der Koeffizienten des $(n + 2)$-ten und des n-ten Gliedes dieser Reihe

$$\frac{k_{n+2}}{k_n} = \frac{\left(\frac{n}{2}\right)!}{\left(\frac{n}{2} + 1\right)!} = \frac{1}{\frac{n}{2} + 1}$$

bei wachsendem n den Wert $2/n$ erreicht, d. h. den gleichen Wert wie das Verhältnis der Koeffizienten der Reihe $H(\xi)$. Das bedeutet, daß sich $H(\xi)$ bei wachsendem ξ wie e^{ξ^2} verhält. Die Wellenfunktion ψ, die die unendliche Reihe $H(\xi)$ als Faktor enthält, geht also im Unendlichen nicht gegen Null.

Damit die Bedingung $\psi/_{x\to\infty} = 0$ erfüllt wird, muß die Reihe $H(\xi)$ abgebrochen werden. Brechen wir die Reihe etwa beim $(i + 2)$ -ten Glied ab, dann ist $b_{i+2} = 0$, und da b_i im allgemeinen ungleich Null ist, erhalten wir aus (3.77)

$$2i + 1 - \frac{\lambda}{\beta} = 0, \tag{3.78}$$

wobei i eine ganze Zahl ist. Durch Einsetzen von λ und β aus (3.66) wird daraus

$$\frac{\lambda}{\beta} = 2i + 1 = \frac{2E}{\hbar}\sqrt{\frac{m}{k}}. \tag{3.79}$$

Um den Sinn dieses Ausdrucks zu verstehen, betrachten wir die Bewegung eines klassischen Oszillators: Auf einen Massenpunkt mit der Masse m wirkt die Kraft F, die der Auslenkung aus der Ruhelage proportional ist ($F = -kx$). Durch Lösung der NEWTONschen Bewegungsgleichung $m\ddot{x} - - kx = 0$ erhält man

$$x = A \cos \sqrt{\frac{k}{m}}\, t + B \sin \sqrt{\frac{k}{m}}\, t = A \cos \omega t + B \sin \omega t,$$

d. h. $\sqrt{k/m} = \omega$. ω ist die Kreisfrequenz des klassischen Oszillators. Ersetzen wir in (3.79) $\sqrt{k/m}$ durch ω, dann finden wir

$$\frac{2E}{\hbar\omega} = 2i + 1.$$

Gewöhnlich wird n statt i geschrieben, und die Energie wird mit $h = 2\pi\hbar$ und $\omega = 2\pi\nu$

$$E_n = \left(n + \frac{1}{2}\right) h\nu. \tag{3.80}$$

Die SCHRÖDINGER-Gleichung hat also nur dann Lösungen, die im Unendlichen verschwinden, wenn die Energie die diskreten Werte (3.80) mit ganzzahligem n annimmt. Die Energieniveaus des harmonischen Oszillators sind äquidistant.

Für $n = 0$ wird $E_0 = h\nu/2$; dieser Wert wird Nullpunktsenergie genannt. Sie ist mit der Unschärferelation verknüpft (ebenso wie das niedrigste Energieniveau für ein Teilchen im Potentialtopf; Abschnitt 3.5.).

Zum Zustand mit dem Energieeigenwert E_n gehört die Funktion

$$\psi_n = c e^{-\frac{\xi^2}{2}} H_n(\xi), \tag{3.81}$$

wobei c ein Normierungsfaktor und $H_n(\xi)$ ein Polynom n-ten Grades in ξ ist, dessen Koeffizienten nach der Beziehung (3.77) berechnet werden. Unter Berücksichtigung von (3.78) bilden wir das Verhältnis

$$\frac{b_n}{b_{n-2}} = \frac{2(n-2) + 1 - \frac{\lambda}{\beta}}{n(n-1)} = \frac{2(n-2) + 1 - (2n+1)}{n(n-1)} = \frac{-4}{n(n-1)}$$

und erhalten damit

$$b_{n-2} = -\frac{n(n-1)}{4} b_n.$$

Durch die Wiederholung analoger Rekursionen resultiert schließlich folgender Ausdruck für $H_n(\xi)$:

$$H_n(\xi) = b_n \left[\xi^n - \frac{n(n-1)}{2^2} \xi^{n-2} + \frac{n(n-1)(n-2)(n-3)}{1 \cdot 2 \cdot 2^4} \xi^{n-4} - \dots\right]. \tag{3.82}$$

Der Koeffizient b_n in (3.82) ist unbestimmt. In Abhängigkeit von seiner Wahl ändert sich der Normierungsfaktor c in (3.81). Gewöhnlich setzt man $b_n = 2^n$ $(n = 0, 1, 2, 3, \dots)$. Aus (3.82) erhalten wir dann

$$H_0(\xi) = 1, \quad H_1(\xi) = 2\xi, \quad H_2(\xi) = 4\xi^2 - 2 \quad \text{usw.};$$

diese Funktionen heißen HERMITEsche Polynome.

Wir bemerken noch, daß sich die Abbruchbedingung $b_{i+2} = 0$ nur auf die Koeffizienten einer Geradheit bezieht; die Koeffizienten $b_{i-1}, b_{i+1}, \dots$ der anderen Geradheit müssen alle verschwinden.

3.7. Der starre Rotator

Ein Massenpunkt der Masse m bewege sich in einer fest vorgegebenen Entfernung r vom Koordinatenursprung. In diesem Fall erfolgt seine Bewegung auf der Oberfläche einer Kugel, und es ist zweckmäßig, die SCHRÖDINGER-Gleichung in Kugelkoordinaten r, θ, φ zu schreiben. Der LAPLACE-Operator ∇^2 lautet in diesen Koordinaten

$$\nabla^2(r, \theta, \varphi) = \frac{1}{r^2} \frac{\partial}{\partial r}\left(r^2 \frac{\partial}{\partial r}\right) + \frac{1}{r^2 \sin\theta} \frac{\partial}{\partial \theta}\left(\sin\theta \frac{\partial}{\partial \theta}\right) + \frac{1}{r^2 \sin^2\theta} \frac{\partial^2}{\partial \varphi^2}. \tag{3.83}$$

Da die Entfernung vom Koordinatenursprung konstant sein soll, ist $\partial\psi/\partial r = 0$, und in (3.83) verschwindet das erste Glied. Die potentielleEnergie nehmen wir als Null an, da sie bei festem r konstant ist. Die SCHRÖDINGER-Gleichung hat also die Form

$$\frac{1}{r^2}\left[\frac{1}{\sin\theta} \frac{\partial}{\partial \theta}\left(\sin\theta \frac{\partial}{\partial \theta}\right) + \frac{1}{\sin^2\theta} \frac{\partial^2}{\partial \varphi^2}\right]\psi + \frac{2m}{\hbar^2} E\psi = 0. \tag{3.84}$$

Durch Einführung des Trägheitsmoments $I = mr^2$ schreibt sie sich als

$$\left[\frac{1}{\sin\theta}\frac{\partial}{\partial\theta}\left(\sin\theta\,\frac{\partial}{\partial\theta}\right) + \frac{1}{\sin^2\theta}\frac{\partial^2}{\partial\varphi^2}\right]\psi + \frac{2IE}{\hbar^2}\,\psi = 0. \qquad (3.85)$$

Für die Wellenfunktion $\psi(\theta, \varphi)$ wählen wir einen Separationsansatz

$$\psi(\theta, \varphi) = \Theta(\theta)\Phi(\varphi). \qquad (3.86)$$

Aus (3.85) wird mit diesem Ansatz

$$\frac{\Phi}{\sin\theta}\frac{d}{d\theta}\left(\sin\theta\,\frac{d\Theta}{d\theta}\right) + \frac{\Theta}{\sin^2\theta}\frac{d^2\Phi}{d\varphi^2} + \frac{2IE}{\hbar^2}\,\Theta\Phi = 0. \qquad (3.87)$$

Wir multiplizieren diese Gleichung mit $\sin^2\theta$ und ordnen dann alle θ-abhängigen Glieder auf der linken, alle φ-abhängigen Glieder auf der rechten Seite. Schließlich dividieren wir durch $\Theta\Phi$ und erhalten damit

$$\frac{\sin\theta}{\Theta}\frac{d}{d\theta}\left(\sin\theta\,\frac{d\Theta}{d\theta}\right) + \frac{2IE}{\hbar^2}\sin^2\theta = -\frac{1}{\Phi}\frac{d^2\Phi}{d\varphi^2}. \qquad (3.88)$$

Diese Gleichung muß für beliebige Werte von θ und φ erfüllt sein, d. h. beide Seiten müssen gleich einer Konstanten sein. Diese Konstante wird gewöhnlich mit m^2 bezeichnet:

$$\frac{\sin\theta}{\Theta}\frac{d}{d\theta}\left(\sin\theta\,\frac{\partial\Theta}{\partial\theta}\right) + \frac{2IE}{\hbar^2}\sin^2\theta = m^2, \qquad (3.89)$$

$$-\frac{1}{\Phi}\frac{d^2\Phi}{d\varphi^2} = m^2. \qquad (3.90)$$

Gleichungen vom Typ (3.90) haben wir bereits behandelt. Die Lösung ist

$$\Phi = e^{im\varphi}. \qquad (3.91)$$

Da sie eindeutig sein soll, muß m, wie sich leicht zeigen läßt, eine ganze Zahl sein: $m = 0, \pm 1, \pm 2, \ldots$

Wir gehen nun zur Lösung der Gleichung (3.89) über. Dazu multiplizieren wir sie mit $\Theta/\sin^2\theta$ und führen die Bezeichnung $2IE/\hbar^2 = \lambda$ ein:

$$\frac{1}{\sin\theta}\frac{d}{d\theta}\left(\sin\theta\,\frac{d\Theta}{d\theta}\right) + \left(\lambda - \frac{m^2}{\sin^2\theta}\right)\Theta = 0. \qquad (3.92)$$

Durch Einführung einer neuen Variablen $x = \cos\theta$ erhält man

$$\frac{d}{dx}\left[(1 - x^2)\frac{d\theta}{dx}\right] + \left(\lambda - \frac{m^2}{1 - x^2}\right)\Theta = 0. \qquad (3.93)$$

Differenzieren und Umgruppieren der Glieder liefert

$$\frac{d^2\Theta}{dx^2} - \frac{2x}{1-x^2}\frac{d\Theta}{dx} + \left[\frac{\lambda}{1-x^2} - \frac{m}{(1-x^2)^2}\right]\Theta = 0. \tag{3.94}$$

Wir bemerken, daß die Koeffizienten bei $d\Theta/dx$ und bei Θ für $x \to \pm 1$ divergieren.

Wir setzen die Lösung von (3.94) in der Form

$$\Theta = (1-x^2)^{\frac{m}{2}} \sum_k a_k x^k \tag{3.95}$$

an. Die Ableitungen von Θ nach x sind

$$\begin{aligned}\frac{d\Theta}{dx} &= \frac{m}{2}(1-x^2)^{\frac{m}{2}-1}(-2x)\sum_k a_k x^k + (1-x^2)^{\frac{m}{2}}\sum_k k a_k x^{k-1}\\ &= -mx\,(1-x^2)^{\frac{m}{2}-1}\sum_k a_k x^k + (1-x^2)^{\frac{m}{2}}\sum_k k a_k x^{k-1},\\ \frac{d^2\Theta}{dx^2} &= -m\,(1-x^2)^{\frac{m}{2}-1}\sum_k a_k x^k + (-mx)\left(\frac{m}{2}-1\right)\\ &\quad\times(1-x^2)^{\frac{m}{2}-2}(-2x)\sum_k a_k x^k - mx\,(1-x^2)^{\frac{m}{2}-1}\sum_k k a_k x^{k-1}\\ &\quad+\frac{m}{2}(1-x^2)^{\frac{m}{2}-1}(-2x)\sum_k k a_k x^{k-1} + (1-x^2)^{\frac{m}{2}}\\ &\quad\times\sum_k k(k-1)a_k x^{k-2} = (m^2x^2 - mx^2 - m)\,(1-x^2)^{\frac{m}{2}-2}\\ &\quad\times\sum_k a_k x^k - 2mx\,(1-x^2)^{\frac{m}{2}-1}\sum_k k a_k x^{k-1} + (1-x^2)^{\frac{m}{2}}\\ &\quad\times\sum_k k(k-1)a_k x^{k-2}.\end{aligned}$$

Durch Einsetzen dieser Ausdrücke in (3.94) erhalten wir

$$\begin{aligned}&\sum_k [k(k-1)a_k x^{k-2} - k(k-1)a_k x^k - 2(m+1)k a_k x^k\\ &+ (\lambda - m - m^2)a_k x^k] = 0.\end{aligned} \tag{3.96}$$

Diese Gleichung ist für alle x nur dann erfüllt, wenn die Koeffizienten bei allen Potenzen von x Null sind. Etwa für den Koeffizienten bei x^k bedeutet das

$$\begin{aligned}&(k+2)\,(k+1)a_{k+2} - k(k-1)a_k - 2(m+1)k a_k\\ &\quad+ (\lambda - m - m^2)a_k = 0\end{aligned} \tag{3.97}$$

und folglich

$$a_{k+2} = \frac{k(k-1) + 2(m+1)\,k - (\lambda - m - m^2)}{(k+2)\,(k+1)}\, a_k. \qquad (3.98)$$

Bei wachsendem k strebt der Quotient a_{k+2}/a_k gegen 1, d. h. bei $x \to \pm 1$ kann das Polynom $\sum_k a_k x^k$ beliebig große Werte annehmen. Wie eine eingehendere Analyse der Lösung von Gleichung (3.94) mit (3.95) zeigt, strebt bei $x \to \pm 1$ auch Θ gegen Unendlich, unabhängig vom Vorhandensein des Faktors $(1 - x^2)^{m/2}$. Es muß also die Koeffizientenreihe $\ldots, a_k, a_{k+2}, \ldots$ an irgendeinem Glied abgebrochen werden, da die Divergenz der Reihe der Forderung nach einer endlichen Lösung zuwiderläuft. Die Koeffizienten $\ldots, a_{k-1}, a_{k+1}, \ldots$ der anderen Geradheit müssen sämtlich verschwinden.

Wenn wir a_{k+2} Null setzen, dann erhalten wir aus (3.98) die Bedingung

$$k(k-1) + 2(m+1)k - (\lambda - m - m^2) = 0$$

und daraus

$$\begin{aligned} \lambda &= k(k-1) + k(m+1) + k(m+1) + m(m+1) \\ &= k(k-1+m+1) + (m+1)\,(m+k) \\ &= (m+k)\,(m+k+1). \end{aligned}$$

Wir bezeichnen $(m + k)$ mit l. Dann wird

$$\lambda = l(l+1). \qquad (3.99)$$

Mit $\lambda = 2IE/\hbar^2$ erhalten wir daraus

$$E = \frac{\hbar^2}{2I}\, l\,(l+1). \qquad (3.100)$$

Da m und k ganze Zahlen sind, ist auch l eine ganze Zahl; außerdem ist $l \geqq m$.

Die Energieniveaus des Rotators sind also gequantelt und werden durch das Trägheitsmoment I und die Quantenzahl l bestimmt. Die Lösungen (3.95) enthalten die LEGENDREschen Polynome und sind durch zwei Quantenzahlen l und m bestimmt:

$$\Theta_{lm}(x) = P_l^m(x) = (1 - x^2)^{m/2}\, \frac{1}{l!\,2^l}\, \frac{d^{l+m}}{dx^{l+m}}\, (x^2 - 1)^l. \qquad (3.101)$$

Werte $m < -l$ haben keinen Sinn (die Operation d^{-1}/dx^{-1} existiert nicht). Es gilt also $|m| \leqq l$, d. h. bei vorgegebenem l kann m $2l + 1$ Werte annehmen (von $-l$ bis $+l$). Zu jedem möglichen Wertepaar l, m gehört ein stationärer Zustand (3.101) des Rotators. Gemäß (3.100) haben alle Zustände zum gleichen l die gleiche Energie, sind also entartet (m-Entartung).

4 Atome

4.1. Die Schrödinger-Gleichung für wasserstoffähnliche Atome

Das Wasserstoffatom ist ein System aus einem Proton und einem Elektron. Prinzipiell stellen die mehrfach geladenen Ionen He^+, Li^{2+}, ... gleiche Systeme dar; der Unterschied besteht lediglich in der Ladung des Kerns. Deshalb werden wir im weiteren von wasserstoffähnlichen Atomen sprechen, und wir verstehen darunter Systeme aus einem Kern mit der Ladung $+Ze$ und einem Elektron.

Bei der quantenmechanischen Behandlung des Problems trennt man Kern- und Elektronenbewegung. Der Kern wird als unbeweglich und im Koordinatenursprung befindlich angesehen. Man untersucht also das Verhalten des Elektrons im COULOMB-Feld des Kerns. Die potentielle Energie eines Elektrons in diesem Feld ist

$$U = -\frac{Ze^2}{r}, \tag{4.1}$$

wobei r der Abstand zwischen Kern und Elektron ist. Die SCHRÖDINGER-Gleichung ergibt sich damit als

$$-\frac{\hbar^2}{2m}\nabla^2\psi - \frac{Ze^2}{r}\psi = E\psi,$$

bzw.

$$\nabla^2\psi + \frac{2m}{\hbar^2}\left[E + \frac{Ze^2}{r}\right]\psi = 0. \tag{4.2}$$

Gewöhnlich wird bei der Behandlung atomarer Systeme ein solches Maßsystem benutzt, durch das Konstanten wie Masse und Ladung des Elektrons nicht explizit in die Formeln eingehen. Man verwendet sogenannte atomare (oder HARTREE-) Einheiten. Masseneinheit ist die Masse m_0 des ruhenden Elektrons, Ladungseinheit die Ladung e des Elektrons und Längeneinheit der Radius der ersten Bohrschen Atombahn $a_H = \hbar^2/m_0e^2$. In Übereinstimmung damit ergibt sich als Energieeinheit die potentielle

Energie e^2/a_H der Wechselwirkung zweier Elementarladungen im Abstand von einer atomaren Einheit; die Einheit der Wirkung kann aus dem Ausdruck für a_H zu $\hbar = \sqrt{a_H m_0 e^2}$ erhalten werden.

Die SCHRÖDINGER-Gleichung nimmt in atomaren Einheiten ($m_0 = e = \hbar = 1$) die Form

$$\nabla^2\psi + 2\left(E + \frac{Z}{r}\right)\psi = 0 \tag{4.3}$$

an. Zur Lösung werden zweckmäßig Kugelkoordinaten eingeführt. Unter Ausnutzung von (3.83) erhält man

$$\frac{1}{r^2}\frac{\partial}{\partial r}\left(r^2\frac{\partial\psi}{\partial r}\right) + \frac{1}{r^2\sin\theta}\frac{\partial}{\partial\theta}\left(\sin\theta\frac{\partial\psi}{\partial\theta}\right) + \frac{1}{r^2\sin^2\theta}\frac{\partial^2\psi}{\partial\varphi^2} + 2\left(E + \frac{Z}{r}\right)\psi = 0. \tag{4.4}$$

Diese Gleichung kann durch Separation der Variablen gelöst werden. Wir setzen ψ als

$$\psi(r, \theta, \varphi) = R(r)\,\Theta(\theta)\,\Phi(\varphi) \tag{4.5}$$

an und bilden die partiellen Ableitungen

$$\frac{\partial\psi}{\partial r} = \Theta\Phi\frac{\partial R}{\partial r}, \quad \frac{\partial\psi}{\partial\theta} = R\Phi\frac{\partial\Theta}{\partial\theta}, \quad \frac{\partial\psi}{\partial\varphi} = R\Theta\frac{\partial\Phi}{\partial\varphi}.$$

Durch Einsetzen in (4.4) erhalten wir

$$\frac{\Theta\Phi}{r^2}\frac{d}{dr}\left(r^2\frac{dR}{dr}\right) + \frac{R\Phi}{r^2\sin\theta}\frac{d}{d\theta}\left(\sin\theta\frac{d\Theta}{d\theta}\right) + \frac{R\Theta}{r^2\sin^2\theta}\frac{d^2\Phi}{d\varphi^2} + 2\left(E + \frac{Z}{r}\right)R\Theta\Phi = 0. \tag{4.6}$$

Division durch $R\Theta\Phi$ ergibt

$$\frac{1}{Rr^2}\frac{d}{dr}\left(r^2\frac{dR}{dr}\right) + \frac{1}{\Theta r^2\sin\theta}\frac{d}{d\theta}\left(\sin\theta\frac{d\Theta}{d\theta}\right) + \frac{1}{\Phi r^2\sin^2\theta}\frac{d^2\Phi}{d\varphi^2} + 2\left(E + \frac{Z}{r}\right) = 0.$$

Nun multiplizieren wir mit r^2 und ordnen alle r-abhängigen Glieder auf der linken und alle winkelabhängigen Glieder auf der rechten Seite:

$$\frac{1}{R}\frac{d}{dr}\left(r^2\frac{dR}{dr}\right) + 2\,(Er^2 + Zr) = -\frac{1}{\Theta\sin\theta}\frac{d}{d\theta}\left(\sin\theta\frac{d\Theta}{d\theta}\right) - \frac{1}{\Phi\sin^2\theta}\frac{d^2\Phi}{d\varphi^2} \tag{4.7}$$

Diese Gleichung muß für beliebige Werte der unabhängigen Variablen erfüllt sein, d. h. beide Seiten müssen gleich einer Konstanten sein, die wir mit λ bezeichnen wollen. (4.7) zerfällt also in

$$\frac{1}{R}\frac{d}{dr}\left(r^2\frac{dR}{dr}\right) + 2(Er^2 + Zr) = \lambda, \tag{4.8}$$

$$-\frac{1}{\Theta\sin\theta}\frac{d}{d\theta}\left(\sin\theta\frac{d\Theta}{d\theta}\right) - \frac{1}{\Phi\sin^2\theta}\frac{d^2\Phi}{d\varphi^2} = \lambda. \tag{4.9}$$

Die Gleichung (4.9) haben wir bereits beim Rotator behandelt, sie stimmt nämlich für $\lambda = 2IE/\hbar^2$ mit (3.88) überein. Damals ergab sich die Bedingung (3.99), d. h. unsere Separationskonstante λ kann nur die Werte $l(l + 1)$ mit $l = 0, 1, 2, \ldots$ annehmen.

Mit $\lambda = l(l + 1)$ wird (4.8) zu

$$\frac{d}{dr}\left(r^2\frac{dR}{dr}\right) + [2Er^2 + 2Zr - l(l + 1)]\,R = 0.$$

Durch Differenzieren und Division durch r^2 erhalten wir

$$\frac{d^2R}{dr^2} + \frac{2}{r}\frac{dR}{dr} + \left[2E + \frac{2Z}{r} - \frac{l(l+1)}{r^2}\right]R = 0. \tag{4.10}$$

Die potentielle Energie $-Ze^2/r$ ist negativ und geht für $r \to \infty$ gegen Null. Deshalb kann sich ein Elektron mit $E > 0$ auch im Unendlichen aufhalten, d. h. die Wellenfunktion verschwindet nicht für $r \to \infty$. Für stabile Atome muß also $E < 0$ gelten.

Wir suchen zunächst die asymptotische Lösung der Gleichung (4.10). Für $r \to \infty$ reduziert sie sich zu

$$\frac{d^2R}{dr^2} + 2ER \approx 0. \tag{4.11}$$

Die Lösung dieser Gleichung ist (mit $E < 0$)

$$R_{\text{asympt}} = c_1 e^{+\sqrt{-2E}\,r} + c_2 e^{-\sqrt{-2E}\,r}. \tag{4.12}$$

Da R_{asympt} im Unendlichen verschwinden soll, muß $c_1 = 0$ sein. Setzen wir $c_2 = 1$ (wir normieren später), dann wird

$$R_{\text{asympt}} = e^{-\sqrt{-2E}\,r}. \tag{4.13}$$

Wir setzen nun die Lösung der Gleichung (4.10) als

$$R = R_{\text{asympt}}\,L = e^{-\sqrt{-2E}\,r}\,L \tag{4.14}$$

an, wobei $L(r)$ ein Polynom sei. Die Ableitungen sind

$$R' = -\sqrt{-2E}\, e^{-\sqrt{-2E}\, r} L + e^{-\sqrt{-2E}\, r} L' = \left(L' - \sqrt{-2E}\, L\right) e^{-\sqrt{-2E}\, r},$$

$$R'' = \left(L'' - 2\sqrt{-2E}\, L' - 2EL\right) e^{-\sqrt{-2E}\, r}.$$

Durch Einsetzen dieser Ausdrücke in (4.10) erhalten wir unter Verwendung der Abkürzungen $\alpha = \sqrt{-2E}$

$$L'' + 2\left(\frac{1}{r} - \alpha\right) L' + \left[\frac{2}{r}(-\alpha + Z) - \frac{l(l+1)}{r^2}\right] L = 0. \quad (4.15)$$

Diese Gleichung hat bei $r = 0$ eine sogenannte außerwesentliche Singularität. Beim Vorliegen eines solchen Punktes läßt sich die Lösung zwar nicht mehr als einfache Potenzreihe darstellen, doch aber als Produkt einer Potenzreihe mit einer Potenz von r:

$$L = r^{\gamma} \sum_k a_k r^k. \quad (4.16)$$

Der Exponent γ ist so zu bestimmen, daß in der Gleichung (4.15) und in ihren Lösungen alle negativen Potenzen von r verschwinden.

Wir bilden die ersten beiden Ableitungen von L nach r:

$$L' = \gamma r^{\gamma-1} \sum_k a_k r^k + r^{\gamma} \sum_k k a_k r^{k-1} = \sum_k (\gamma + k) a_k r^{\gamma+k-1},$$

$$L'' = \sum_k (\gamma + k)(\gamma + k - 1) a_k r^{\gamma+k-2}.$$

Durch Einsetzen in (4.15) erhalten wir

$$\sum_k (\gamma + k)(\gamma + k - 1) a_k r^{\gamma+k-2} + 2 \sum_k (\gamma + k) a_k r^{\gamma+k-2}$$
$$- 2\alpha \sum_k (\gamma + k) a_k r^{\gamma+k-1} + 2(Z - \alpha) \sum_k a_k r^{\gamma+k-1}$$
$$- l(l+1) \sum_k a_k r^{\gamma+k-2} = 0. \quad (4.17)$$

Gleichung (4.17) ist nur dann erfüllt, wenn die Koeffizienten aller Potenzen von r verschwinden. Zunächst setzen wir den Koeffizienten der niedrigsten Potenz ($\gamma + k - 2$ mit $k = 0$) Null:

$$[\gamma(\gamma - 1) + 2\gamma - l(l+1)] a_0 = 0.$$

Da $a_0 \neq 0$ sein soll (was man durch entsprechende Wahl von γ in dem Faktor r^{γ} in (4.16) immer erreichen kann), ergibt sich für γ die quadratische

Gleichung

$$\gamma^2 + \gamma - l(l+1) = 0.$$

Sie liefert die beiden Werte

$$\gamma_1 = l, \qquad \gamma_2 = -(l+1). \tag{4.18}$$

γ_2 ist physikalisch nicht sinnvoll, da dann (4.16) für $r \to 0$ nicht endlich bliebe.

Um eine Rekursionsformel für die a_k zu erhalten, setzen wir in (4.17) den Koeffizienten von $r^{\gamma+k}$ Null:

$$(\gamma + k + 2)(\gamma + k + 1)a_{k+2} + 2(\gamma + k + 2)a_{k+2}$$
$$- 2\alpha(\gamma + k + 1)a_{k+1} + 2(Z - \alpha)a_{k+1} - l(l+1)a_{k+2} = 0.$$

Umformung dieses Ausdrucks ergibt

$$[(\gamma + k + 2)(\gamma + k + 3) - l(l+1)]\, a_{k+2} -$$
$$- [2\alpha(\gamma + k + 1) - 2(Z - \alpha)]\, a_{k+1} = 0.$$

Für die Koeffizienten a_{k+1} und a_k erhalten wir

$$[(\gamma + k + 1)(\gamma + k + 2) - l(l+1)]\, a_{k+1}$$
$$- [2\alpha(\gamma + k) - 2(Z - \alpha)]\, a_k = 0, \tag{4.19}$$

d. h.

$$a_{k+1} = \frac{2\alpha(\gamma + k) - 2(Z - \alpha)}{[(\gamma + k + 1)(\gamma + k + 2) - l(l+1)]}\, a_k . \tag{4.20}$$

Wie in den Fällen der vorangegangenen beiden Abschnitte ist Voraussetzung für die Endlichkeit der Funktion

$$R = \mathrm{e}^{-\sqrt{-2E}r} \sum_k a_k r^{k+\gamma}$$

der Abbruch der Reihe an irgendeinem Glied. Setzen wir etwa $a_{k+1} = 0$ dann muß also

$$2\alpha(\gamma + k) - 2(Z - \alpha) = 0 \tag{4.21}$$

gelten, und wir erhalten für α die Bedingung

$$\alpha = \frac{Z}{\gamma + k + 1}. \tag{4.22}$$

Mit $\alpha = \sqrt{-2E}$ ergibt sich daraus

$$E = -\frac{Z^2}{2(\gamma + k + 1)^2}. \tag{4.23}$$

Weiter oben hatten wir gefunden, daß $\gamma = l$ sein muß. Damit wird (4.23) zu

$$E = -\frac{Z^2}{2(k + l + 1)^2}. \tag{4.24}$$

Als Lösung (4.14) haben wir die Funktion

$$R = e^{-\frac{Zr}{n^* + l + 1}} \sum_{k=0}^{n^*} a_k r^{l+k}, \tag{4.25}$$

wobei n^* die höchste Potenz von r ist.

4.2. Die Quantenzahlen

Wir haben also im vorangegangenen Abschnitt die SCHRÖDINGER-Gleichung

$$\hat{H}\psi = E\psi \tag{4.26}$$

für wasserstoffähnliche Atome gelöst. Der Separationsansatz

$$\psi = R(r)\Theta(\theta)\Phi(\varphi) \tag{4.27}$$

hatte uns auf die beiden Gleichungen (4.8) und (4.9) geführt:

$$\frac{1}{R}\frac{d}{dr}\left(r^2\frac{dR}{dr}\right) + 2(Er^2 + Zr) = \lambda, \tag{4.28}$$

$$\frac{1}{\Theta \sin\theta}\frac{d}{d\theta}\left(\sin\theta\frac{d\Theta}{d\theta}\right) + \frac{1}{\Phi\sin^2\theta}\frac{d^2\Phi}{d\varphi^2} + \lambda = 0. \tag{4.29}$$

Die Gleichung (4.29) ist uns bereits bei der Behandlung des Rotators in Abschnitt 3.7. begegnet (mit $\lambda = 2IE/\hbar^2$). Damals hatten wir als Lösungen die beiden folgenden Funktionen erhalten:

$$\Phi(\varphi) = e^{im\varphi}$$

mit $m = 0, \pm 1, \pm 2, \pm 3, \ldots$ sowie

$$\Theta(\theta) = (1 - \cos^2\theta^{\frac{m}{2}} \frac{1}{l!2^l} \frac{d^{l+m}}{d(\cos\theta)^{l+m}} (\cos^2\theta - 1)^l$$

mit $l = 0, 1, 2, 3, \ldots$ und $l \geqq |m|$.Die Lösung der radialen Gleichung lautet gemäß (4.25)

$$R(r) = e^{-\frac{Zr}{n^*+l+1}} \sum_{k=0}^{n^*} a_k r^{l+k},$$

mit $n^* = 0, 1, 2, 3, \ldots$

Die Energieniveaus werden durch $n^* + l + 1$ bestimmt. Man setzt $n^* + l + 1 = n$. n heißt Hauptquantenzahl; ihr niedrigster Wert ist 1. Die Energie des Elektrons in einem wasserstoffähnlichen Atom ist also durch

$$E_n = -\frac{Z^2}{2n^2}$$

gegeben. Da n^* die Werte $0, 1, 2, \ldots$ annehmen kann, ist $n \geqq l + 1$. Folglich kann l nicht größer als n sein. Wir stellen zusammen, welche Werte die Quantenzahlen n (Hauptquantenzahl), l (Nebenquantenzahl) und m (magnetische Quantenzahl) annehmen können, und wie sie miteinander verknüpft sind:

$$\begin{aligned} n &= 1, 2, 3, \ldots \\ l &= 0, 1, 2, 3, \ldots, n-1 \\ m &= -l, -l+1, -l+2, \ldots l-1, l. \end{aligned} \tag{4.30}$$

Jeder Zustand ist durch die drei Quantenzahlen n, l, m vollständig charakterisiert:

$$\psi_{nlm} = R_{nl}(r)\, \Theta_{lm}(\theta)\, \Phi_m(\varphi). \tag{4.31}$$

Der winkelabhängige Anteil der Wellenfunktion wird meist mit Y_{lm} bezeichnet:

$$Y_{lm} = \Theta_{lm}(\theta)\, \Phi_m(\varphi). \tag{4.32}$$

Anstelle der l-Werte $0, 1, 2, 3, \ldots$ benutzt man die Symbole $s, p, d, f, g, h, \ldots$. Damit bezeichnet man die Zustände $n = 1$, $l = 0$; $n = 2$, $l = 0$; $n = 2$, $l = 1$; ... kurz mit $1s$, $2s$, $2p, \ldots$, die Wellenfunktionen mit ψ_{1s}, ψ_{2s}, $\psi_{2p}, \ldots$

Zu jedem Wert n gehören $n - 1$ Werte l, und zu jedem l gehören $2l + 1$ Werte m. Deshalb gehören zu jedem n-Wert

$$\sum_{l=0}^{n-1} (2l+1) = \frac{1 + (2n-1)}{2}\, n = n^2$$

Wertepaare l, m. Da die Energie nur durch n bestimmt ist, gehören also zu jedem Energiewert E_n n^2 verschiedene Zustände; die Energieniveaus sind n^2-fach entartet.

4.3. Die Wellenfunktionen wasserstoffähnlicher Atome

Die Wellenfunktionen wasserstoffähnlicher Atome haben die Form

$$\psi_{nlm} = R_{nl}(r) Y_{lm}(\theta, \varphi). \tag{4.33}$$

Die Radialfunktionen $R_{nl}(r)$ sind mit den sogenannten LAGUERREschen Polynomen verknüpft. Das LAGUERREsche Polynom k-ter Ordnung $L_k(r)$ ist definiert als

$$L_k(r) = e^r \frac{d^k}{dr^k} (r^k e^{-r}). \tag{4.34}$$

Das zugeordnete LAGUERREsche Polynom $L_k^i(r)$ ist die i-te Ableitung von $L_k(r)$, d. h.

$$L_k^i(r) = \frac{d^i}{dr^i} L_k(r). \tag{4.35}$$

Abgesehen von einem Normierungsfaktor stellt sich die radiale Wellenfunktion (4.25) in der Form

$$R = e^{-\frac{\varrho}{2}} \varrho^l L_{n+l}^{2l+1} (\varrho) \tag{4.36}$$

dar, wobei

$$\varrho = \frac{2Z}{n} r. \tag{4.37}$$

Wir geben die (normierten) Funktionen für die ersten n-Werte an:

$$\begin{aligned}
n = 1,\ l = 0,\ R_{10} &= 2Z^{\frac{3}{2}} e^{-\frac{\varrho}{2}};\\
n = 2,\ l = 0,\ R_{20} &= \frac{1}{2\sqrt{2}} Z^{\frac{3}{2}} e^{-\frac{\varrho}{2}} (2 - \varrho);\\
l = 1;\ R_{21} &= \frac{1}{2\sqrt{6}} Z^{\frac{3}{2}} e^{-\frac{\varrho}{2}} \varrho;\\
n = 3,\ l = 0,\ R_{30} &= \frac{1}{9\sqrt{3}} Z^{\frac{3}{2}} e^{-\frac{\varrho}{2}} (6 - 6\varrho + \varrho^2);\\
l = 1,\ R_{31} &= \frac{1}{9\sqrt{6}} Z^{\frac{3}{2}} e^{-\frac{\varrho}{2}} \varrho(4 - \varrho);\\
l = 2,\ R_{32} &= \frac{1}{9\sqrt{30}} Z^{\frac{3}{2}} e^{-\frac{\varrho}{2}} \varrho^2.
\end{aligned} \tag{4.38}$$

Der Funktionsverlauf ist in Abb. 7 dargestellt.

Die Winkelfunktionen $Y_{lm}(\theta, \varphi)$ — die sogenannten Kugelflächenfunktionen — enthalten die zugeordneten LEGENDREschen Polynome (3.101):

$$Y_{lm} = P_l^m(\cos\theta)e^{im\varphi}. \tag{4.39}$$

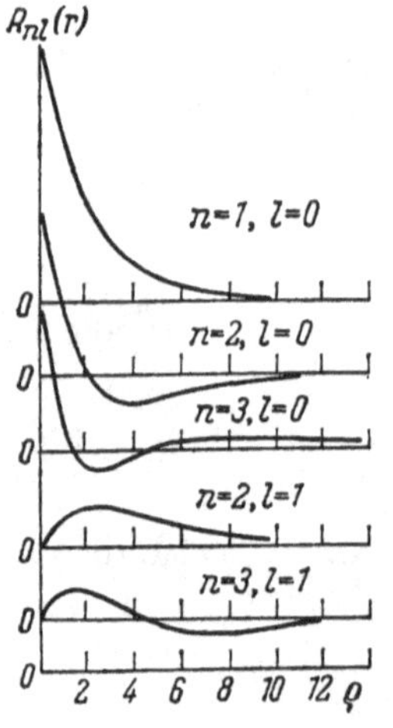

Abb. 7: Die Radialfunktionen $R_{nl}(r)$

Die ersten Kugelflächenfunktionen sind

$$l = 0,\quad m = 0,\quad Y_{00} = \frac{1}{\sqrt{4\pi}};$$

$$l = 1,\quad m = 0,\quad Y_{10} = \sqrt{\frac{3}{4\pi}}\cos\theta;$$

$$l = 1,\quad m = 1,\quad Y_{11} = \sqrt{\frac{3}{8\pi}}\sin\theta\, e^{i\varphi};$$

$$l = 2,\quad m = 0,\quad Y_{20} = \sqrt{\frac{5}{4\pi}}\left(\frac{3}{2}\cos^2\theta - \frac{1}{2}\right);$$

$$l = 2,\quad m = 1,\quad Y_{21} = \sqrt{\frac{25}{8\pi}}\sin\theta\cos\theta\, e^{i\varphi});$$

$$l = 2,\quad m = 2,\quad Y_{22} = \frac{1}{4}\sqrt{\frac{15}{2\pi}}\sin^2\theta\, e^{2i\varphi}). \tag{4.40}$$

Für negative Werte von m gilt die Beziehung

$$Y_{l,-m} = (-1)^m Y_{lm}.$$

Die Y_{lm} sind für $m \neq 0$ komplex. Deshalb bildet man jeweils aus Y_{lm} und $Y_{l,-m}$ zwei reelle Linearkombinationen; in Abb. 8 ist die Gestalt der reellen s-, p- und d-Funktionen dargestellt.

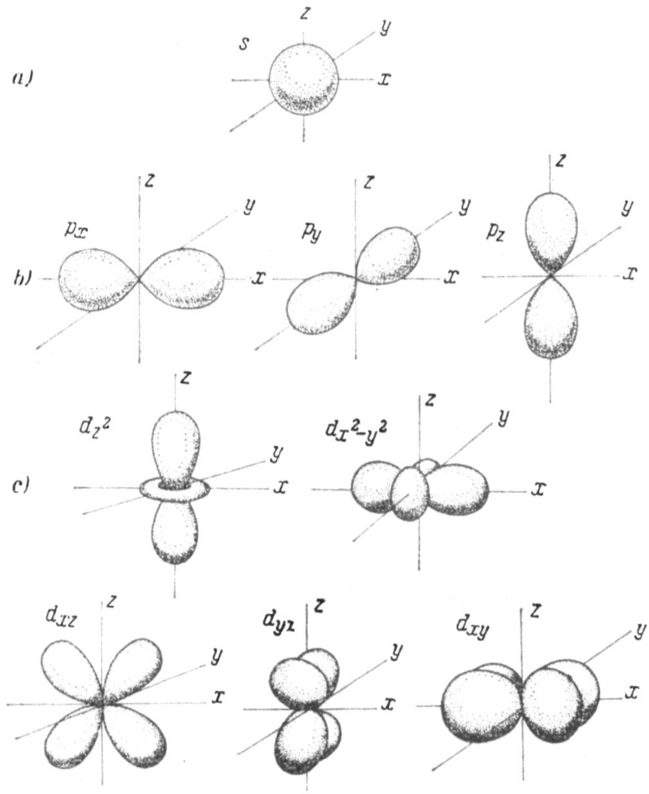

Abb. 8: Die reellen Winkelfunktionen: a) s-Funktionen, b) p-Funktionen, c) d-Funktionen

Wir betrachten etwas eingehender den $1s$-Zustand, den Grundzustand des Wasserstoffatoms. Mit $n = 1$, $l = 0$, $m = 0$ sowie $Z_H = 1$ haben wir

$$R_{10} = 2e^{-r}, \quad Y_{00} = \frac{1}{\sqrt{4\pi}}, \quad \psi_{1s} = \frac{1}{\sqrt{\pi}} e^{-r}.$$

Die Wahrscheinlichkeit dafür, daß sich das Elektron in einer Kugelschale, die durch Kugeln mit den Radien r und $r + dr$ begrenzt ist, befindet, ist

$$dw = \psi^*_{1s}\psi_{1s}dv = \frac{1}{\pi}\, e^{-2r}r^2dr \int_0^{\pi} \sin\theta\, d\theta \int_0^{2\pi} d\varphi = 4e^{-2r}r^2dr. \tag{4.41}$$

Wir suchen den Radius r_0, für den die Aufenthaltswahrscheinlichkeit ein Maximum hat. Durch Differenzieren erhält man die Extremalbedingung

$$4(-2)e^{-2r}r^2 + 4e^{-2r}2r = 0.$$

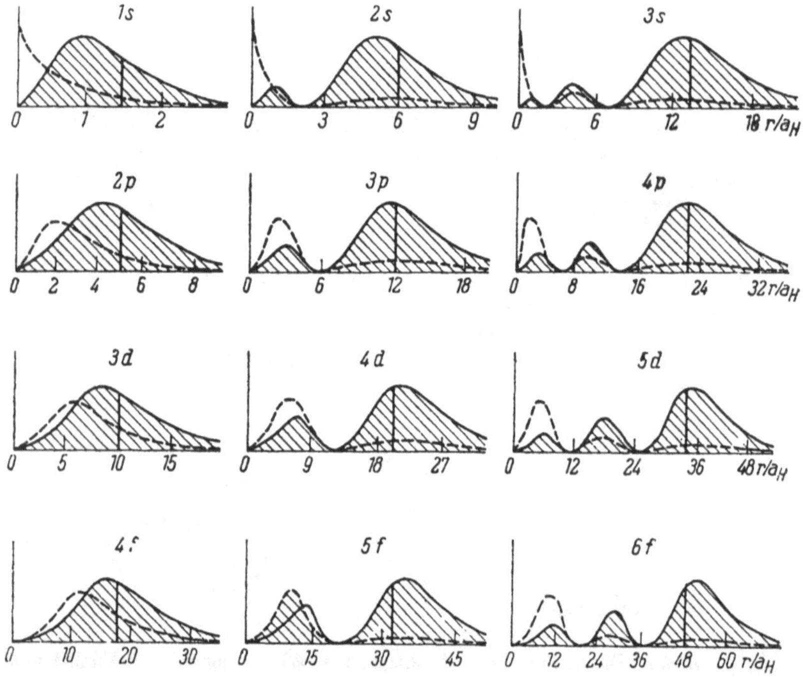

Abb. 9: Die radiale Ladungsverteilung (Aufenthaltswahrscheinlichkeit) $r^2|R_{nl}|^2$ für die niedrigsten Zustände des Wasserstoffatoms. Die senkrechte Linie gibt den Mittelwert an. Die Strichlinie ist der Verlauf von $|R_{nl}|^2$

Die Lösungen $r = 0$ und $r = \infty$ ergeben Minima, an $r_0 = 1$ jedoch liegt ein Maximum vor. Das Elektron hat also gerade bei einem Abstand $r_0 = 1$, d. h. dem Radius der ersten Bohrschen Atombahn, seine maximale Aufenthaltwahrscheinlichkeit.

Analog zu (4.41) kann man die Aufenthaltswahrscheinlichkeiten des Elektrons in anderen Zuständen finden. Einige Wahrscheinlichkeitsverteilungen sind in Abb. 9 widergegeben.

Für die Wellenfunktionen ψ_{nlm}, die das Verhalten des Elektrons im Atom beschreiben, wird häufig die Bezeichnung „Atomorbital" benutzt. Die Sprechweise „das Elektron befindet sich in einem 1*s*-Orbital" bedeutet, daß sich das Elektron in einem Zustand befindet, der durch die Wellenfunktion ψ_{100} beschrieben wird.

4.4. Der Elektronenspin

Bei unserer Behandlung der wasserstoffähnlichen Atome fanden wir, daß in die Wellenfunktion eines Elektrons die drei Quantenzahlen n, l, m eingehen. Wir haben aber bisher lediglich die Masse und die Ladung des Elektrons berücksichtigt. Neben Masse und Ladung besitzt das Elektron jedoch noch einen Spin. Der Elektronenspin ist ein mechanisches Eigenmoment, dessen Projektion auf eine vorgegebene Richtung nur die Werte $\pm\,\hbar/2$ annehmen kann. Betrachtet man diese als Eigenwerte eines Spinoperators $\hat{S}$, so kann man für $\hat{S}$ die Eigenwertgleichung

$$\hat{S}\psi = \pm\,\frac{1}{2}\,\hbar\psi \tag{4.42}$$

formulieren.

Wir werden auf die Theorie des Spins nicht ausführlich eingehen. Wir bemerken nur, daß der Spin dem Elektron ein eigenes magnetisches Moment verleiht. Gegenwärtig ist eine große Anzahl von Erscheinungen bekannt, bei denen dieses eigene magnetische Moment der Elektronen (bzw. anderer Elementarteilchen) experimentell zutage tritt. Als Beispiele führen wir kurz die STERN-GERLACH-Versuche sowie die Erscheinung der paramagnetischen Elektronenresonanz (EPR) an.

STERN-GERLACH-Versuche: Ein Strahl von Atomen mit je einem Valenzelektron in einem Zustand mit verschwindendem Bahnmoment (*s*-Zustand; in den ersten Experimenten von STERN und GERLACH waren es Silberatome) werde durch ein stark inhomogenes Magnetfeld geschickt. Nach dem Durchqueren des Magnetfeldes ist der Atomstrahl in zwei Bündel zerlegt. Diese Aufspaltung weist darauf hin, daß jedes Atom ein magnetisches Moment hat, das entweder $+e\hbar/2mc$ oder $-e\hbar/2mc$ ist. Da im *s*-Zustand wegen $l = 0$ kein Bahnmoment vorliegt, müssen die Elektronen eigene magnetische Momente mit zwei möglichen Werten haben.

Paramagnetische Elektronenresonanz: Aus der Theorie dieser Erscheinung geben wir lediglich an, daß sich der Elektronenspin im magnetischen Feld entweder parallel oder antiparallel zum Feld orientiert. Diese beiden Orientierungen besitzen wegen des ZEEMAN-Effektes verschiedene Energien. Bei einer Störung mit einer Frequenz, die der Energiedifferenz dieser Niveaus entspricht, können Resonanzübergänge auftreten.

Die EPR-Spektren sind ein direkter Beweis für die Existenz eines den Elektronen eigenen magnetischen Moments.

Man muß also neben den bisher berücksichtigten charakteristischen Größen des Elektrons auch seinen Spin berücksichtigen. Dazu führt man den Begriff „Spinkoordinate" ein. Als Spinkoordinate wird gewöhnlich der Wert des Spinmoments verwendet, sie ist also eine Koordinate mit diskreten Werten. Der Zustand eines Elektrons im Atom hängt demnach von vier Koordinaten ab: x, y, z, S. Daher ist die Wellenfunktion des Elektrons eine Funktion dieser vier Variablen, d. h. $\psi = \psi(x, y, z, S)$. Sie kann auch in Form zweier Funktionen dargestellt werden: die Funktion $\psi_+(x,y,z)$ entspricht dem Zustand mit $S = +1/2$ und die Funktion $\psi_-(x, y, z)$ dem mit $S = -1/2$.

Kann man ψ als Produkt aus einer Orts- und einer Spinfunktion

$$\psi(x, y, z, S) = \psi(x, y, z)\psi(S) \tag{4.43}$$

schreiben, dann vereinfacht sich die qualitative Behandlung von Atomen und Molekülen. Offensichtlich gibt es für $\psi(S)$ nur zwei Möglichkeiten. Man bezeichnet sie als

$$\psi\left(+\frac{1}{2}\right) = \alpha \text{ und } \psi\left(-\frac{1}{2}\right) = \beta.$$

Nehmen wir die Funktionen $\psi(x, y, z, S)$ als orthonormiert an, d. h.

$$\int \psi^*(x, y, z, S)\psi(x, y, z, S)\, d\tau' = \int \psi^*(x, y, z)\psi(x, y, z)\, dxdydz \times \int \psi^*(S)\psi(S)\, d\omega = 1,$$

dann folgt

$$\int \alpha^*\alpha d\omega = 1,$$
$$\int \beta^*\beta d\omega = 1,$$
$$\int \alpha^*\beta d\omega = \int \beta^*\alpha d\omega = 0. \tag{4.44}$$

Die Spinfunktionen α und β sind also ebenfalls orthonormiert.

4.5. Mehrelektronenatome. Das Pauli-Prinzip

Im Unterschied zum Wasserstoffatom muß bei der Behandlung von Mehrelektronenatomen die Wechselwirkung zwischen den Elektronen berücksichtigt werden. Das erschwert die Lösung der SCHRÖDINGER-Gleichung ganz außerordentlich.

Nehmen wir an, wir hätten die SCHRÖDINGER-Gleichung gelöst und Wellenfunktionen und Energieniveaus für ein Mehrelektronenatom gefunden. Da die SCHRÖDINGER-Gleichung keine Spinterme enthält, ist diese

Lösung natürlich keine vollständige Wellenfunktion. Es ergibt sich nun die Frage, wie man die Spineigenschaften nachträglich berücksichtigt, oder anders ausgedrückt, wie die Elektronen in den Energieniveaus zu verteilen sind.

Wenn man annimmt, daß sich alle Elektronen des Mehrelektronenatoms in einem Niveau befinden, dann müßte sich die Ionisierungsenergie mit zunehmender Ionisierungsstufe kontinuierlich vergrößern, da sich die Energie der Elektronenabstoßung entsprechend verringert [13]. Experimentell findet man jedoch die in Tab. 4 angegebenen Werte. Man sieht, daß sich die Ionisierungsenergien im allgemeinen nicht kontinuierlich ändern. Das trifft vielmehr nur für bestimmte Gruppen von Elektronen eines Atoms und auch dann nur ungefähr zu. Man kann daraus den Schluß ziehen, daß die Elektronen in Gruppen angeordnet sind, wobei jede dieser Gruppen zu einem Niveau oder mehreren energetisch benachbarten Niveaus gehört. So besitzt zum Beispiel das Stickstoffatom offensichtlich zwei solche Elektronengruppen. Zur ersten gehören zwei Elektronen, zur zweiten fünf; dabei ist die Bindung der Elektronen der ersten Gruppe an das Atom stärker als die der zweiten. Die Stufenlinie in Tab. 4 stellt die Grenze zwischen den stärker und den schwächer gebundenen Elektronen dar. Alle angeführten Atome enthalten jeweils zwei stärker gebundene Elektronen. Man kann also mit Hilfe der Ionisierungsenergien die Anzahl der zu den einzelnen Niveaus gehörenden Elektronen ermitteln.

Tabelle 4: Ionisierungsenergien der Atome der 2. Periode in eV

	Li	Be	B	C	N	O	F
I_1	5,36	9,28	8,25	11,2	14,46	13,77	18,6
I_2	75,26	18,12	25,0	24,3	29,4	34,9	34,8
I_3	121,81	153,1	37,7	47,6	47,2	54,6	
I_4		216,6	258,0	64,2	72,0	77,0	
I_5			338	390,0	97,4	113,3	
I_6				487,6	549,1	137,4	156,4
I_7					663,7	735,2	184,3
I_8						867,1	—
I_9							1097,66

Wir betrachten die Spineigenschaften der Elektronen innerhalb eines Niveaus. Da der Elektronenspin mit dem magnetischen Moment verknüpft ist, kann das magnetische Moment von n in einem Energieniveau befindlichen Elektronen folgende Werte annehmen:

1. alle Elektronenspins parallel: $n \cdot e\hbar/2mc$
2. k Spins entgegengesetzt zu allen übrigen: $(n - 2k) \cdot e\hbar/2mc$
3. alle Spins paarweise antiparallel: Null.

Das Vorhandensein magnetischer Momente kann mit Hilfe der paramagnetischen Elektronenresonanz oder durch Messung der magnetischen Suszeptibilitäten nachgewiesen werden. Wir betrachten einige Beispiele:

Wasserstoff: Die Wasserstoffatome sind paramagnetisch, man erhält EPR-Signale. Das magnetische Moment des Wasserstoffatoms wird durch das magnetische Moment seines Elektrons bestimmt[1]).
Helium: EPR-Signale werden nicht beobachtet, da Helium diamagnetisch ist. Die Elektronenspins der beiden Elektronen sind antiparallel, daher ist das Gesamtmoment Null.

Lithium: Lithiumatome sind paramagnetisch, wobei ihre magnetische Suszeptibilität der der Wasserstoffatome nahekommt. Das bedeutet, daß ein ungepaartes Elektron vorhanden ist. Da das Li^+-Ion diamagnetisch ist, kann man folgern, daß die zwei Elektronen der stärker an den Kern gebundenen Gruppe antiparallele Spins haben.

Beryllium: Berylliumatome sind diamagnetisch, alle Elektronenspins sind paarweise antiparallel.

Kehren wir zum Heliumatom zurück. Seine Ionisierungsenergien sind 24,6 eV und 54,4 eV, d. h. es kann angenommen werden, daß sich beide Elektronen in einem Niveau befinden und ihre Wellenfunktionen damit die gleichen Quantenzahlen n, l, m besitzen. Da jedoch das Heliumatom diamagnetisch ist, müssen die Spins dieser beiden Elektronen antiparallel sein. Das aber heißt, daß die Spinquantenzahlen der beiden Elektronen verschieden sind. Dies ist ein spezieller Fall des allgemeinen Tatbestandes, den PAULI schon zu Beginn der Entwicklung der modernen Quantentheorie im sogenannten „PAULI-Prinzip" oder „PAULI-Verbot" formulierte: zwei Elektronen können nicht in allen 4 Quantenzahlen übereinstimmen.

Wir kehren noch einmal zu den Beispielen zurück:

Helium: Die zwei Elektronen des Heliumatoms befinden sich auf einem energetischen Niveau. Die Hauptquantenzahl n hat den Wert 1, l und m sind demnach für beide Elektronen gleich. Nach dem PAULI-Prinzip müssen die Spinquantenzahlen verschieden sein, d. h. die Elektronen haben antiparallele Spins.

Lithium: Da für $n = 1$ $l = m = 0$ ist, und für die Spinquantenzahl nur zwei Werte möglich sind, können wegen des PAULI-Prinzips nicht mehr als zwei Elektronen im Energieniveau $n = 1$ untergebracht werden. Zwei Elektronen befinden sich also mit antiparallelen Spins im $1s$-Zustand, das dritte im $2s$-Zustand.

---

[1]) Bei einigen Kernen, speziell beim Proton, liegt ein Kernmoment vor. Die Kernmomente sind wesentlich geringer als die magnetischen Momente der Elektronen.

Beryllium: Das Berylliumatom hat vier Elektronen. Zwei von ihnen befinden sich im 1s-Zustand ($n = 1$, $l = 0$, $m = 0$, $S = \pm 1/2$), die beiden anderen im 2s-Zustand ($n = 2$, $l = 0$, $m = 0$, $S = \pm 1/2$).

4.6. Elektronenkonfigurationen

Wie im vorangegangenen Abschnitt schon vermerkt wurde, ist die quantenmechanische Behandlung von Mehrelektronenatomen wegen der Elektronenwechselwirkungs-Terme im HAMILTON-Operator sehr erschwert. In die SCHRÖDINGER-Gleichung für wasserstoffähnliche Atome, die Gleichung (4.3), ging der HAMILTON-Operator

$$\hat{H} = -\frac{1}{2}\nabla^2 - \frac{Z}{r} \tag{4.45}$$

ein; für Mehrelektronenatome dagegen gilt

$$\hat{H} = -\frac{1}{2}\sum_i \nabla_i^2 - \sum_i \frac{Z}{r_i} + \sum_{i<i'} \frac{1}{r_{ii'}}. \tag{4.46}$$

Würde man den Elektronenwechselwirkungs-Term in (4.46) vernachlässigen, dann reduzierte sich die Aufgabe auf das wasserstoffähnliche Problem. Tatsächlich zerfällt dann (4.46) in eine Summe

$$\hat{H} = -\frac{1}{2}\sum_i \nabla_i^2 - \sum_i \frac{Z}{r_i} = \sum_i \hat{H}_i \tag{4.47}$$

von Einelektronenoperatoren

$$\hat{H}_i = -\frac{1}{2}\nabla_i^2 - \frac{Z}{r_i}. \tag{4.48}$$

Setzt man die Gesamtwellenfunktion ψ als Produkt der Wellenfunktionen der einzelnen Elektronen an:

$$\psi = \psi(1)\,\psi(2)\psi(3)\ldots\psi(n) = \prod_i^n \psi(i), \tag{4.49}$$

dann wirkt $\hat{H}_i$ also nur auf die Funktion des i-ten Elektrons:

$$\begin{aligned}\hat{H}_i\psi &= \hat{H}_i[\psi(1)\psi(2)\ldots\psi(i-1)\psi(i)\psi(i+1)\ldots\psi(n)]\\ &= \psi(1)\ldots\psi(i-1)\,\psi(i+1)\ldots\psi(n)\hat{H}_i\psi(i).\end{aligned}$$

Wir setzen (4.47) und (4.49) in die SCHRÖDINGER-Gleichung $\hat{H}\psi = E\psi$ ein:

$$\sum_i \hat{H}_i \prod_i^n \psi(i) = E \prod_i^n \psi(i)$$

und zerlegen E in $E = \sum_i E_i$:

$$\sum_i \hat{H}_i \prod_i^n \psi(i) = \sum_i E_i \prod_i^n \psi(i). \tag{4.50}$$

Da $\hat{H}_i$ nur auf $\psi(i)$ wirkt, zerfällt diese Summe nach Division durch ψ in n Gleichungen

$$\hat{H}_i\psi(i) = E_i\psi(i). \tag{4.51}$$

$\hat{H}_i$ ist zufolge (4.48) der HAMILTON-Operator für ein wasserstoffähnliches Problem.

Wie wir aus den Abschnitten 4.1. und 4.2. wissen, werden im Fall des wasserstoffähnlichen Atoms die Energieniveaus nur durch die Hauptquantenzahl n bestimmt. Die tiefere Ursache dafür ist die spezielle Form Ze^2/r des Potentials. Im Fall der Mehrelektronenatome liegt kein solches Punktladungspotential mehr vor, und die l-Entartung ist nicht mehr vorhanden, d. h. die Energieniveaus hängen sowohl von n als auch von l ab. Die obige Vernachlässigung der Elektronenwechselwirkung gibt daher keine Möglichkeit, die l-Abhängigkeit der Energieniveaus in Mehrelektronenatomen zu erhalten. Man kann jedoch durch einfache Überlegungen finden, daß wegen der unterschiedlichen Form der Wellenfunktionen (Abb. 9) die Kernladung durch die Elektronen der einzelnen Zustände unterschiedlich abgeschirmt wird. Es ergibt sich dabei, daß das ns-Niveau energetisch tiefer liegt als das np-Niveau, dieses wiederum tiefer als nd usw.

Wir können nun die Verteilung der Elektronen auf die einzelnen Zustände, die sogenannte Elektronenkonfiguration der Atome, angeben. Dabei berücksichtigen wir die energetische Reihenfolge der Niveaus und das PAULI-Prinzip. Außerdem haben wir zu beachten, daß in den einzelnen Niveaus immer der maximal mögliche Spin auftritt (HUNDsche Regel). Als Beispiele führen wir an:

Lithium: Das Lithiumatom hat drei Elektronen. Im niedrigsten Zustand, dem $1s$-Zustand, befinden sich wegen des PAULI-Prinzips nur zwei, das dritte ist im nächsthöheren, dem $2s$-Zustand. Die Elektronenkonfiguration schreibt man in der Form $(1s)^2\,(2s)^1$.

Kohlenstoff: Das Kohlenstoffatom hat sechs Elektronen, davon befinden sich je zwei im $1s$- bzw. im $2s$-Zustand. Die übrigen zwei besetzen das nächsthöhere, das $2p$-Niveau. Dieses Niveau ist dreifach entartet, die drei Zustände werden mit $2p_x$, $2p_y$ und $2p_z$ bezeichnet; sie können maxima sechs Elektronen aufnehmen. Die zwei $2p$-Elektronen des Kohlenstoffs besetzen nun aber nicht etwa unter Spinpaarung den $2p_x$-Zustand (bzw. $2p_y$ oder $2p_z$), sondern sie orientieren ihre Spins parallel zueinander (HUNDsche Regel). Wegen des PAULI-Prinzips müssen sie dann verschiedene Zustände besetzen. Für die Elektronenkonfiguration erhalten wir deshalb $(1s)^2\,(2s)^2\,(2p_x)^1\,(2p_y)^1$.

Fluor: Die neun Elektronen des Fluoratoms haben die Konfiguration $(1s)^2\,(2s)^2\,(2p_x)^2\,(2p_y)^2\,(2p_z)^1$.

4.7. Die Wellenfunktionen von Mehrelektronenatomen

Wir befassen uns zunächst etwas ausführlicher mit dem Zweielektronenatom. In der SCHRÖDINGER-Gleichung

$$\hat{H}\psi = E\psi \tag{4.52}$$

hat der HAMILTON-Operator für zwei Elektronen die Form

$$\hat{H} = -\frac{1}{2}\nabla_1^2 - \frac{1}{2}\nabla_2^2 - \frac{Z}{r_1} - \frac{Z}{r_2} + \frac{1}{r_{12}}. \tag{4.53}$$

Zur Vereinfachung vernachlässigen wir wieder die Wechselwirkung zwischen den Elektronen:

$$\begin{aligned}\hat{H} &= -\frac{1}{2}\nabla_1^2 - \frac{1}{2}\nabla_2^2 - \frac{Z}{r_1} - \frac{Z}{r_2}\\ &= -\frac{1}{2}\nabla_1^2 - \frac{Z}{r_1} - \frac{1}{2}\nabla_2^2 - \frac{Z}{r_2} = \hat{H}_1 + \hat{H}_2.\end{aligned} \tag{4.54}$$

Der Operator $\hat{H}_1$ wirkt nur auf die Koordinaten des ersten Elektrons, $\hat{H}_2$ nur auf die des zweiten. Wir bezeichnen mit $\psi_a(1)$ die Wellenfunktion (das Atomorbital) des Elektrons 1 und mit $\psi_b(2)$ die Wellenfunktion des Elektrons 2. Die Wellenfunktion des Gesamtsystems setzen wir wie im vorigen Abschnitt als Produkt an:

$$\psi(1, 2) = \psi_a(1)\,\psi_b(2). \tag{4.55}$$

Einsetzen von (4.54) und (4.55) in (4.52) ergibt

$$(\hat{H}_1 + \hat{H}_2)\,\psi_a(1)\,\psi_b(2) = E\psi_a(1)\,\psi_b(2). \tag{4.56}$$

Andererseits kann man mit den Einelektronenoperatoren $\hat{H}_1$ und $\hat{H}_2$ die Eigenwertgleichungen

$$\hat{H}_1\psi_a(1) = E_a\psi_a(1),$$
$$\hat{H}_2\psi_b(2) = E_b\psi_b(2) \tag{4.57}$$

formulieren. Wir multiplizieren die erste Gleichung mit $\psi_b(2)$, die zweite mit $\psi_a(1)$ und addieren:

$$(\hat{H}_1 + \hat{H}_2)\psi_a(1)\psi_b(2) = (E_a + E_b)\psi_a(1)\psi_b(2).$$

Der Vergleich mit (4.56) ergibt

$$E = E_a + E_b. \tag{4.58}$$

Bei Vernachlässigung des Wechselwirkungsterms in (4.53) ist also das Produkt zweier Atomorbitale $\psi_a(1)\psi_b(2)$ eine Lösung der SCHRÖDINGER-Gleichung, wobei die Energie des Systems gleich der Summe der Orbitalenergien ist.

Offensichtlich ist $\psi_a(1)\psi_b(2)$ nur eine spezielle Lösung der Gleichung (4.52). Da die Elektronen nicht unterscheidbar sind, können wir nicht sagen, welches der beiden Elektronen sich im Zustand ψ_a und welches sich im Zustand ψ_b befindet. Deshalb ist auch die Funktion

$$\psi(1, 2) = \psi_a(2)\psi_b(1) \tag{4.59}$$

eine Lösung. Die allgemeine Lösung ist die Linearkombination von (4.55) und (4.59). Spezielle Kombinationen sind

$$\psi_S(1, 2) = \psi_a(1)\psi_b(2) + \psi_a(2)\psi_b(1), \tag{4.60}$$

$$\psi_A(1, 2) = \psi_a(1)\psi_b(2) - \psi_a(2)\psi_b(1). \tag{4.61}$$

Sie stellen Zustände dar, die sich bei der Vertauschung der Elektronen (d. h. bei einer Änderung ihrer Numerierung) nicht ändern. Die symmetrische Funktion ψ_S ändert sich bei der Vertauschung der Elektronen gar nicht, die antisymmetrische Funktion ψ_A ändert lediglich ihr Vorzeichen ($-\psi$ beschreibt aber den gleichen Zustand wie ψ).

Wir berücksichtigen nun auch das Vorhandensein des Elektronenspins. Den Spinzustand des Elektrons 1 beschreibt die Funktion $\alpha(1)$ oder $\beta(1)$, den des Elektrons 2 $\alpha(2)$ oder $\beta(2)$. Die Spinfunktion unseres Systems aus zwei nichtwechselwirkenden Elektronen ist das Produkt

$$\psi(S_1, S_2) = \psi(S_1)\psi(S_2)$$

mit den vier Realisierungsmöglichkeiten

$$\begin{aligned}&\alpha(1)\alpha(2),\\&\beta(1)\beta(2),\\&\alpha(1)\beta(2),\\&\beta(1)\alpha(2).\end{aligned} \tag{4.62}$$

Wieder sind wir wegen der Ununterscheidbarkeit der Elektronen nur an symmetrischen oder antisymmetrischen Kombinationen interessiert. Es gibt drei symmetrische Kombinationen

$$\begin{aligned}&\alpha(1)\alpha(2),\\&\alpha(1)\beta(2) + \alpha(2)\beta(1),\\&\beta(1)\beta(2)\end{aligned} \tag{4.63}$$

und eine antisymmetrische

$$\alpha(1)\beta(2) - \alpha(2)\beta(1). \tag{4.64}$$

Die zwei Elektronen können in Abhängigkeit von der gegenseitigen Orientierung ihrer Spins einen Gesamtspin von Null oder Eins haben. Zum Gesamtspin 1 gehören drei Zustände mit den Spinprojektionen $+1$, 0, -1 (diesem Fall entsprechen die Funktionen (4.63)). Zum Gesamtspin 0 mit der einen Projektionsmöglichkeit 0 gehört die Funktion (4.64).

Die vollständige Wellenfunktion des Systems wird als Produkt der Orts- und der Spinfunktionen ausgedrückt, d. h. als Produkt der Funktionen (4.60) und (4.61) mit (4.63) und (4.64). Wir wollen überlegen, welche der acht möglichen Produktfunktionen den Grundzustand beschreibt. Im Grundzustand werden die beiden Elektronen gemeinsam das niedrigste Energieniveau besetzen, die Einelektronenfunktionen ψ_a und ψ_b sind also identisch, $\psi_a = \psi_b$. Da dann $\psi_A(1, 2) = 0$ ist, muß ψ_S die Ortsfunktion des Grundzustands sein. Wegen des PAULI-Prinzips müssen die beiden Elektronen entgegengesetzten Spin haben, d. h. ihr Gesamtspin ist Null und die zugehörige Spinfunktion ist (4.64). Die vollständige Wellenfunktion für den Grundzustand ist also das Produkt aus der symmetrischen Ortsfunktion (4.60) und der antisymmetrischen Spinfunktion (4.64):

$$\Psi(1, 2) = [\psi_a(1)\psi_b(2) + \psi_a(2)\psi_b(1)]\,[\alpha(1)\beta(2) - \alpha(2)\beta(1)]. \tag{4.65}$$

Diese Funktion als Ganzes ist antisymmetrisch.

Wir verallgemeinern nun dieses Resultat, das wir hier nur für einen speziellen Fall erhalten haben: die Wellenfunktion für ein System aus mehreren Elektronen ist immer antisymmetrisch bezüglich der Vertauschung der Elektronenkoordinaten (einschließlich der Spinkoordinate!). Das ist eine allgemeinere Formulierung des PAULI-Prinzips.

Wir schreiben die Funktion (4.65) um:

$$\begin{aligned}\Psi(1,2) &= [\psi_a(1)\alpha(1)\psi_b(2)\beta(2) - \psi_a(1)\beta(1)\psi_b(2)\alpha(2) \\ &\quad + \psi_a(2)\beta(2)\psi_b(1)\alpha(1) - \psi_a(2)\alpha(2)\psi_b(1)\beta(1)] \\ &= \begin{vmatrix}\psi_a(1)\alpha(1) & \psi_a(1)\beta(1)\\ \psi_b(2)\alpha(2) & \psi_b(2)\beta(2)\end{vmatrix} + \begin{vmatrix}\psi_a(2)\beta(2) & \psi_a(2)\alpha(2)\\ \psi_b(1)\beta(1) & \psi_b(1)\alpha(1)\end{vmatrix}\end{aligned} \tag{4.66}$$

Für den doppelt besetzten Grundzustand ist $\psi_a = \psi_b$ und die beiden Determinanten sind identisch. Als Wellenfunktion haben wir also

$$\Psi(1,2) = N\begin{vmatrix}\psi_a(1)\alpha(1) & \psi_a(1)\beta(1)\\ \psi_a(2)\alpha(2) & \psi_a(2)\beta(2)\end{vmatrix}. \tag{4.67}$$

Der Normierungsfaktor N ergibt sich zu $1/\sqrt{2!}$.

Wir gehen nun zum Mehrelektronenatom über. Für n Elektronen verallgemeinern wir (4.67) zu

$$\Psi(1,2,\ldots,n) = \frac{1}{\sqrt{n!}}\begin{vmatrix}\psi_a(1)\alpha(1) & \psi_a(1)\beta(1) & \psi_b(1)\alpha(1) & \psi_b(1)\beta(1) & \ldots\\ \psi_a(2)\alpha(2) & \psi_a(2)\beta(2) & \psi_b(2)\alpha(2) & \psi_b(2)\beta(2) & \ldots\\ \psi_a(3)\alpha(3) & \psi_a(3)\beta(3) & & & \ldots\\ \cdots & \cdots & \cdots & \cdots & \ldots\\ \psi_a(n)\alpha(n) & \psi_a(n)\beta(n) & & & \ldots\end{vmatrix} \tag{4.68}$$

Die Darstellung antisymmetrischer Mehrelektronenfunktionen in Form von Determinanten wurde von SLATER eingeführt. Eine solche Darstellung enthält zwangslos das Pauliprinzip. Etwa für die zwei Elektronen im Zustand ψ_a stimmen ja die Quantenzahlen n, l, m überein. Fielen auch noch die Spinquantenzahlen zusammen, dann wären in der Determinante zwei Spalten identisch und sie würde verschwinden.

Als Beispiele betrachten wir die Wellenfunktionen der Grundzustände von Beryllium und Lithium. Die Elektronenkonfiguration des Berylliumatoms ist $(1s)^2(2s)^2$, die Determinante also

$$\Psi_{Be} = \frac{1}{\sqrt{4!}}\begin{vmatrix}(1s)\alpha(1) & (1s)\beta(1) & (2s)\alpha(1) & (2s)\beta(1)\\ (1s)\alpha(2) & (1s)\beta(2) & (2s)\alpha(2) & (2s)\beta(2)\\ (1s)\alpha(3) & (1s)\beta(3) & (2s)\alpha(3) & (2s)\beta(3)\\ (1s)\alpha(4) & (1s)\beta(4) & (2s)\alpha(4) & (2s)\beta(4)\end{vmatrix} \tag{4.69}$$

Beim Lithium läßt sich der Grundzustand nicht mehr durch eine einzelne Determinante darstellen. Die Elektronenkonfiguration ist $(1s)^2(2s)^1$, es liegt also ein System mit einer offenen Schale vor. Zunächst könnte man etwa die Determinante

$$\Psi_{\mathrm{Li}} = \frac{1}{\sqrt{3!}} \begin{vmatrix} (1s)\alpha(1) & (1s)\beta(1) & (2s)\alpha(1) \\ (1s)\alpha(2) & (1s)\beta(2) & (2s)\alpha(2) \\ (1s)\alpha(3) & (1s)\beta(3) & (2s)\alpha(3) \end{vmatrix}$$

aufschreiben. Durch Austausch der Spinfunktionen $\alpha(i)$ und $\beta(i)$ erhält man aber eine weitere mögliche Funktion. Die allgemeine Wellenfunktion wird aus beiden Determinanten zusammengesetzt:

$$\Psi_{\mathrm{Li}} = N \left\{ \begin{vmatrix} (1s)\alpha(1) & (1s)\beta(1) & (2s)\alpha(1) \\ (1s)\alpha(2) & (1s)\beta(2) & (2s)\alpha(2) \\ (1s)\alpha(3) & (1s)\beta(3) & (2s)\alpha(3) \end{vmatrix} + \begin{vmatrix} (1s)\beta(1) & (1s)\alpha(1) & (2s)\beta(1) \\ (1s)\beta(2) & (1s)\alpha(2) & (2s)\beta(2) \\ (1s)\beta(3) & (1s)\alpha(3) & (2s)\beta(3) \end{vmatrix} \right\}$$

Wir bemerken, daß im Falle abgeschlossener Schalen — z. B. beim Beryllium (4.69) — der Austausch der Spinfunktionen keine neue Determinante liefert, es werden lediglich die Spalten vertauscht.

4.8. Atomorbitale von Mehrelektronenatomen

Im vorangegangenen Abschnitt wurde gezeigt, wie die Wellenfunktionen der Mehrelektronenatome aus den Einelektronen-Wellenfunktionen (Atomorbitalen) aufgebaut werden können.

Wie aber findet man die konkrete Gestalt der Atomorbitale der einzelnen Elektronen? Prinzipiell kann man sie etwa durch Lösung der SCHRÖDINGER-Gleichung für das Mehrelektronenatom mit dem HARTREE-FOCK-Verfahren [14, 15] erhalten. Dieses Verfahren verlangt jedoch einen sehr hohen Rechenaufwand; außerdem erhält man die Lösungen in numerischer Form. Deshalb greift man bei der Auswahl der Atomorbitale auf das wasserstoffähnliche Atom zurück und versucht, gewisse Analogien zu diesem System auszunutzen.

Die Wellenfunktionen des wasserstoffähnlichen Atoms hatten folgendes

Aussehen (Abschnitt 4. 3.):

$$\psi_{1s} = \frac{1}{\sqrt{\pi}} Z^{\frac{3}{2}} e^{-Zr},$$

$$\psi_{2s} = \frac{1}{\sqrt{32\pi}} Z^{\frac{3}{2}} (2 - Zr) e^{-\frac{Zr}{2}},$$

$$\psi_{2p_z} = \frac{1}{\sqrt{32\pi}} Z^{\frac{3}{2}} Zre^{-\frac{Zr}{2}} \cos\theta,$$

$$\psi_{2p_x} = \frac{1}{\sqrt{32\pi}} Z^{\frac{3}{2}} Zre^{-\frac{Zr}{2}} \sin\theta \cos\varphi,$$

$$\psi_{2p_y} = \frac{1}{\sqrt{32\pi}} Z^{\frac{3}{2}} Zre^{-\frac{Zr}{2}} \sin\theta \sin\varphi. \tag{4.70}$$

In grober Näherung könnte man jedes Atom als wasserstoffähnlich ansehen. Dabei müßte man annehmen, daß sich jedes Elektron im Feld des Kerns mit der effektiven Ladung Z_{eff} befindet, wobei Z_{eff} aus der tatsächlichen Kernladung Z unter Berücksichtigung der abschirmenden Wirkung aller übrigen Elektronen zu bestimmen ist. Natürlich sind die Elektronen in den einzelnen Niveaus verschieden abgeschirmt, daher ist die Berechnung der Z_{eff} sehr schwierig. Man faßt sie deshalb als Parameter auf, die so variiert werden, daß die mit ihnen berechneten Charakteristika des Atoms (Energieniveaus, Ionisierungsenergien, diamagnetische Suszeptibilitäten usw.) möglichst gut mit den experimentellen Werten übereinstimmen. Aufgrund des starken Näherungscharakters kann sich ergeben, daß zur Beschreibung verschiedener Eigenschaften ein und desselben Atoms verschiedene Funktionen verwendet werden müssen. Liefert also z. B. ein bestimmter Funktionensatz mit dem Experiment übereinstimmende Energieniveaus, so werden etwa die mit ihm berechneten diamagnetischen Suszeptibilitäten von den experimentellen stark abweichen; für ihre Berechnung müßte ein anderer Funktionensatz benutzt werden.

Berechnungen dieser Art wurden von Guillemin und Zener [16, 17] durchgeführt. Sie fanden, daß sich die Eigenschaften vieler Atome mit Hilfe dieser einfachen Vorstellungen widergeben lassen. Slater führte für die Atomorbitale in Mehrelektronenatomen die analytische Form

$$\psi_{nlm} = Ar^{n^*-1} e^{\frac{-Z_{eff}r}{n^*}} \Theta_{lm}(\theta)\Phi_m(\varphi) \tag{4.71}$$

ein. Dabei ist A ein Normierungsfaktor, n die Hauptquantenzahl, n^* eine effektive Hauptquantenzahl und Z_{eff} die effektive Ladung, die auf das Elektron wirkt.

SLATER fand folgende Regeln für die Wahl der Parameter n^* und Z_{eff} [18]:

1. Für die effektive Hauptquantenzahl n^* werden folgende Werte empfohlen:

$$n \ldots 1 \quad 2 \quad 3 \quad 4 \quad 5 \quad 6$$

$$n^* \ldots 1 \quad 2 \quad 3 \quad 3{,}7 \quad 4 \quad 4{,}2$$

2. Für Z_{eff} wird $Z - \gamma$ gesetzt: $Z_{eff} = Z - \gamma$. Dabei ist Z die Kernladung und γ eine Abschirmkonstante, die den Einfluß aller übrigen Elektronen auf das betrachtete zusammenfaßt. Zur Bestimmung von γ werden die Elektronen des Atoms in Gruppen eingeteilt: $(1s)$, $(2s, 2p)$, $(3d)$, $(4s, 4p)$, $(4d)$, $(4f)$ usw.; für diese Gruppen gilt:

   a) Alle Elektronen, die außerhalb der betrachteten Gruppe sind, haben keinen Einfluß auf γ.

   b) Jedes Elektron der Gruppe, zu der das betrachtete Elektron gehört, liefert einen Beitrag von 0,35 zur Abschirmkonstanten. Das gilt mit Ausnahme der $1s$-Gruppe, für die dieser Wert nur 0,30 beträgt.

   c) Wenn das betrachtete Elektron zu einer Gruppe (s, p) gehört, dann vergrößert jedes Elektron der nächstinneren Gruppe (Hauptquantenzahl um 1 kleiner) die Abschirmkonstante um 0,85 und jedes Elektron, das zu einer noch weiter inneren Gruppe gehört, um 1,00. Wenn das betrachtete Elektron zu einer Gruppe (d) oder (f) gehört, liefern alle Elektronen der weiter innen liegenden Gruppen zu γ einen Beitrag von 1,00.

Wir erläutern diese Regeln an einigen Beispielen:

Lithium: Die Elektronenkonfiguration ist $(1s)^2(2s)^1$. Man erhält

$$\gamma_{1s} = 0{,}30, \quad Z_{eff}(1) = 3 - 0{,}30 = 2{,}70,$$

$$\gamma_{2s} = 2 \cdot 0{,}85 = 1{,}70, \quad Z_{eff}(2) = 3 - 1{,}70 = 1{,}30.$$

Kohlenstoff: Die Elektronenkonfiguration ist $(1s)^2(2s)^2(2p)^2$. Die Elektronen werden in Gruppen eingeteilt: $(1s)^2$, $(2s, 2p)^4$. Dann ist

$$\gamma_{1s} = 0{,}30, \quad Z_{eff}(1) = 6 - 0{,}30 = 5{,}70,$$

$$\gamma_{2s, 2p} = 2 \cdot 0{,}85 + 3 \cdot 0{,}35 = 2{,}75, \quad Z_{eff}(2) = 6 - 2{,}75 = 3{,}25.$$

Wir bemerken, daß ZENER für $Z_{eff}(2s, 2p)$ den Wert 3,18 erhielt, der auch häufig in Rechnungen verwendet wird.

Stickstoff: Die Elektronenkonfiguration $(1s)^2(2s)^2(2p)^3$ ergibt die Gruppen $(1s)^2$, $(2s, 2p)^5$.

$$\gamma_{1s} = 0{,}30, \quad Z_{eff}(1) = 7 - 0{,}30 = 6{,}70,$$

$$\gamma_{2s, 2p} = 2 \cdot 0{,}85 + 4 \cdot 0{,}35 = 3{,}10, \quad Z_{eff}(2) = 7 - 3{,}10 = 3{,}90.$$

Diese SLATER-Regeln sind in gleicher Weise zur Aufstellung der Orbitale von Ionen verwendbar.

Wenn man das Mehrelektronenproblem als wasserstoffähnlich mit der Ladung Z_{eff} auffaßt, ergibt sich für die Energie eines Elektrons in einem Zustand mit der effektiven Hauptquantenzahl n^*

$$E_{n^*} = -\frac{1}{2}\left(\frac{Z_{eff}}{n^*}\right)^2. \tag{4.72}$$

Mit Hilfe dieses Ausdrucks lassen sich leicht einfache Näherungswerte für die Ionisierungsenergien der Atome finden. Die Ionisierungsenergie ist in unserem Näherungsbild die Differenz der Energie für das neutrale Atom und das Ion. Als Beispiel berechnen wir die Ionisierungsenergie des Kohlenstoffatoms; die effektiven Ladungen sind:

$$\begin{aligned}
&\text{C-Atom: } (1s)^2\,(2s, 2p)^4, && Z_{eff}(1) = 5{,}70,\\
& && Z_{eff}(2) = 3{,}25,\\
&\text{C}^+\text{-Ion: } (1s)^2(2s, 2p)^3, && Z_{eff}(1) = 5{,}70,\\
& && Z_{eff}(2) = 6 - 2\cdot 0{,}85 - 2\cdot 0{,}35 = 3{,}60.
\end{aligned}$$

Zur Berechnung der gesamten Elektronenenergien des C-Atoms und des C^+-Ions müssen die nach (4.72) für die einzelnen Elektronen erhaltenen Energien addiert werden:

$$-E_C = \frac{1}{2}\left[2\left(\frac{Z_{eff}(1)}{1}\right)^2 + 4\left(\frac{Z_{eff}(2)}{2}\right)^2\right] = 37{,}8 \text{ a.E.} = 1028 \text{ eV},$$

$$-E_{C+} = \frac{1}{2}\left[2\left(\frac{Z_{eff}(1)}{1}\right)^2 + 3\left(\frac{Z_{eff}(2)}{2}\right)^2\right] = 37{,}4 \text{ a.E.} = 1017 \text{ eV}.$$

Auf diese Weise ergibt sich die Ionisierungsenergie des Kohlenstoffs zu

$$I = E_{C+} - E_C = 11 \text{ eV}.$$

Wenn sich in der äußeren Schale nur ein Elektron befindet, dann ändert seine Entfernung die Abschirmung der übrigen Elektronen nicht, und die Ionisierungsenergie ist gleich der negativen Energie des Valenzelektrons. In Tab. 5 sind einige Beispiele zusammengestellt.

Tabelle 5: Mit SLATER-Regeln berechnete Ionisierungsenergien einiger Alkaliatome

Atom	Z_{eff} für das Valenzelektron	$I = -E = \frac{1}{2}\left(\frac{Z_{eff}}{n^*}\right)^2$ [eV]	I (exp) [eV]
Li	1,30	5,72	5,39
K	2,20	4,82	4,34
Cs	2,20	3,74	3,89

Tab. 6 gibt die Werte für die Ionisierungsenergien des Lithiums bei verschiedenen Ionisierungsstufen an.

Tabelle 6: Mit SLATER-Regeln berechnete Ionisierungsenergien des Lithiums

I_n	I_n (SLATER) [eV]	I_n (exp) [eV]
I_1	5,72	5,39
I_2	99	75,3
I_3	122	121,8

Die Übereinstimmung zwischen experimentellen und berechneten Werten ist jedoch nicht immer so gut. Trotzdem sind die SLATER-Regeln überall dort brauchbar, wo lediglich qualitative Abschätzungen erforderlich sind, da ihre Handhabung sehr einfach ist.

Für Molekülberechnungen werden bisher im wesentlichen SLATER-Funktionen (4.71) bzw. Linearkombinationen aus mehreren solchen Funktionen benutzt, wobei allerdings nicht mehr die effektiven Ladungen aus den einfachen Slaterregeln verwendet werden. In der Literatur findet man Exponenten und Linearkombinations-Koeffizienten, die durch Angleich an HARTREE-FOCK-Funktionen bestimmt wurden [100, 101].[1])

[1]) In neuerer Zeit benutzt man auch einen anderen Funktionstyp, die GAUSS-Funktionen, auf die hier nicht eingegangen wird (siehe etwa [19, 102—104]).

5 Moleküle

5.1. Molekülorbitale

Moleküle sind Systeme aus Elektronen und Kernen; bei ihrer quantenmechanischen Behandlung hat man die SCHRÖDINGER-Gleichung

$$\hat{H}\psi = E\psi \tag{5.1}$$

zu lösen, wobei in den HAMILTON-Operator alle Elektron-Elektron-, Elektron-Kern- und Kern-Kern-Wechselwirkungsterme eingehen. Diese Aufgabe ist um vieles komplizierter als die Bearbeitung des Mehrelektronenatoms und kann natürlich nicht exakt gelöst werden. Das Molekülproblem wird nur mit Hilfe von Näherungen behandelt, wobei sich viele Analogien zum Mehrelektronenatom ergeben.

Grundsätzlich setzt man voraus, daß man den Zustand jedes einzelnen Elektrons im Molekül durch eine Wellenfunktion beschreiben kann. Diese Einelektronen-Wellenfunktionen bezeichnet man als Molekülorbitale. Die Wellenfunktion des Moleküls wird dann — wie beim Atom — als Determinante aus diesen Einelektronenfunktionen aufgebaut. Sie ist damit immer antisymmetrisch.

Schwierigkeiten bereitet nun aber die konkrete Wahl der Einelektronen-Molekülfunktionen. Wir stellen dazu einige physikalische Überlegungen an. Ausgehend von der Unschärferelation lassen sich den Elektronen im Molekül keine festen Koordinaten zuweisen. Man weiß nur, daß sich ein gegebenes Elektron im Molekül befindet, d. h. mit einer gewissen Wahrscheinlichkeit kann man es in der Nähe eines jeden Kerns finden. Wenn sich jedoch das Elektron in einem bestimmten Moment in der Nähe eines bestimmten Kerns aufhält, dann ist die Wechselwirkung mit den anderen Kernen in diesem Moment wesentlich geringer. Man kann dann näherungsweise annehmen, daß das Elektron in diesem Moment nur mit dem einen Kern wechselwirkt. In diesem Fall kann also das Elektron durch eine Atomwellenfunktion beschrieben werden, die zu dem speziellen Kern gehört. Folglich ist die Annahme vernünftig, daß die Einelektronen-Molekülfunktion mit den Einelektronen-Atomfunktionen der das Molekül aufbauenden Atome verknüpft werden kann.

Eine solche Vorstellung ist natürlich genähert. Für die Chemie hat aber die Rückführung von Molekülproblemen auf atomare Probleme einen praktischen Sinn, da sie es gestattet, solche chemischen Begriffe wie Atomladung, Bindungsordnung zwischen den Atomen, funktionelle Gruppe usw. beizubehalten.

Ausgehend von diesen Vorstellungen setzen wir die Molekülorbitale aus Atomorbitalen zusammen. Als konkrete Form wählen wir die sogenannte LCAO-MO-Darstellung:

$$\psi = \sum_n c_n \chi_n, \tag{5.2}$$

χ_n bezeichnet ein Atomorbital, das zum Atom n gehört. Aus dem Ansatz ergibt sich, daß das Elektron mit einer bestimmten Wahrscheinlichkeit an jedem der Kerne gefunden werden kann, d. h. das Elektron ist über das ganze Molekül delokalisiert.

5.2. Die Roothaanschen Gleichungen

Bei der quantenmechanischen Behandlung von Molekülen geht man in folgender Weise vor: vorgegeben werden der Molekülbau (Kernabstände und Bindungswinkel)[1]) und ein Basissatz von Atomorbitalen der zum Molekül gehörenden Atome (Abschnitt 4.8); dann sind die Energieniveaus und die Wellenfunktionen der Form (5.2) für das Molekül zu finden. Wir leiten in diesem Abschnitt die dazu erforderlichen Gleichungen ab [20].

Wir führen folgende Bezeichnungsweise ein: Befindet sich das μ-te Elektron im Einelektronen-Molekülzustand ψ_i, dann wird das durch $\psi_i(\mu)$ ausgedrückt. Diese sogenannten Spinorbitale lassen sich als Produkt

$$\psi_i(\mu) = \varphi_i(\mu)\eta_k(\mu) \tag{5.3}$$

aus einer Ortsfunktion $\varphi_i(\mu)$ und einer Spinfunktion $\eta_k(\mu)$ schreiben. Wir wählen für die Spinfunktion nicht auch den Index $_i$, da es für $\eta_k(\mu)$ wegen des PAULI-Prinzips nur die zwei Möglichkeiten

$$\eta_k = \begin{cases} \alpha(\mu), \\ \beta(\mu) \end{cases} \tag{5.4}$$

gibt.

Wir beschränken uns hier auf Systeme mit abgeschlossenen Schalen, bei denen also eine gerade Anzahl von Elektronen vorliegt, da in diesem Fall die Wellenfunktion als einzelne Determinante ausgedrückt werden kann

---

[1]) Das ist eine Konsequenz der BORN-OPPENHEIMER-Näherung, die Kern- und Elektronenbewegung separiert [48].

(Abschnitt 4.7.)[1]). Diese Determinante hat für $2N$ Elektronen die Form

$$\Phi_{2N} = \frac{1}{\sqrt{2N!}} \begin{vmatrix} \varphi_1\alpha(1) & \varphi_1\beta(1) & \varphi_2\alpha(1) & \dots & \varphi_N\beta(1) \\ \varphi_1\alpha(2) & \varphi_1\beta(2) & \varphi_2\alpha(2) & \dots & \varphi_N\beta(2) \\ \dots & \dots & \dots & \dots & \dots \\ \varphi_1\alpha(2N) & \varphi_1\beta(2N) & \varphi_2\alpha(2N) & \dots & \varphi_N\beta(2N) \end{vmatrix} \tag{5.5}$$

Sind die Spinorbitale orthonormal,

$$\int \psi_k{}^*\psi_l \, d\tau' = \delta_{kl}, \tag{5.6}$$

dann ist die Funktion Φ mit dem Faktor $1/\sqrt{2N!}$ normiert:

$$\int \Phi^*\Phi \, d\tau' = 1. \tag{5.7}$$

Die Determinante in (5.5) läßt sich auch in anderer Form schreiben, nämlich als

$$\Phi_{2N} = \frac{1}{\sqrt{(2N)!}} \sum_p (-1)^{f(p)} \hat{P}[\varphi_1\alpha(1)\varphi_1\beta(2)$$

$$\dots \varphi_k\alpha(\nu)\varphi_k\alpha(\nu+1) \dots \varphi_N\beta(2N)]. \tag{5.8}$$

Hier ist $\hat{P}$ ein Permutationsoperator, der die Elektronenkoordinaten vertauscht. $f(p)$ ist die Anzahl der Inversionen bei der Permutation p, es ergibt sich also bei einer geraden Permutation (gerade Anzahl von Inversionen) ein positives, bei einer ungeraden Permutation ein negatives Vorzeichen. Summiert wird über alle $(2N)!$ Permutationen der Folge $1, 2, \dots, 2N$.

Wir betrachten als Beispiel ein System aus vier Elektronen. Als identische Permutation bezeichnet man die Ausgangsanordnung

$$\varphi_1\alpha(1)\ \varphi_1\beta(2)\ \varphi_2\alpha(3)\ \varphi_2\beta(4).$$

Für sie ist $\hat{P} \equiv 1$ und $f(p) = 0$. Auf diese Anordnung lassen wir den Operator $\hat{P}_{12}$ wirken. Er vertauscht das erste und das zweite Elektron:

$$\hat{P}_{12} \to \hat{P}_{12}\left[\varphi_1\alpha(1)\varphi_1\beta(2)\varphi_2\alpha(3)\varphi_2\beta(4)\right] = \varphi_1\alpha(2)\varphi_1\beta(1)\varphi_2\alpha(3)\varphi_2\beta(4).$$

Die eine Vertauschung ergibt $f(p) = 1$. Wir geben noch die Wirkung des Operators $\hat{P}_{123}$ an:

$$\begin{aligned} \hat{P}_{123} &\to \hat{P}_{123}\,[\varphi_1\alpha(1)\varphi_1\beta(2)\varphi_2\alpha(3)\varphi_2\beta(4)] \\ &= \hat{P}_{23}\left\{\hat{P}_{12}\left[\varphi_1\alpha(1)\varphi_1\beta(2)\varphi_2\alpha(3)\varphi_2\beta(4)\right]\right\} \\ &= \hat{P}_{23}\,[\varphi_1\alpha(2)\varphi_1\beta(1)\varphi_2\alpha(3)\varphi_2\beta(4)] = \varphi_1\alpha(2)\varphi_1\beta(3)\varphi_2\alpha(1)\varphi_2\beta(4). \end{aligned}$$

---

[1]) Die Ableitung der ROOTHAANschen Gleichungen für Systeme mit offenen Schalen findet man in [21].

$f(p) = 2$, da wir zwei Vertauschungen vorgenommen haben. Bei vier Elektronen gibt es 4! Permutationen, deshalb hat die Summe in (5.8) 24 Glieder.

Wir wenden uns nun dem Energieausdruck für einen Zustand mit der Wellenfunktion (5.5) bzw. (5.8) zu. Da Φ_{2N} normiert ist, haben wir

$$E = \int \Phi^* \hat{H} \Phi d\tau'. \tag{5.9}$$

Der HAMILTON-Operator hat (ohne Kern-Kern-Wechselwirkungsterme, die bei festgehaltenen Kernen nur konstante Beiträge liefern) die Form

$$\hat{H} = \sum_{\mu=1}^{2N} \hat{H}(\mu) + \frac{1}{2} \sum_{\mu \neq \nu}^{2N} \frac{1}{r_{\mu\nu}}, \tag{5.10}$$

wobei

$$\hat{H}(\mu) = -\frac{1}{2} \nabla^2(\mu) - \sum_i \frac{Z_i}{r_{i\mu}}$$

der Einelektronenoperator für das μ-te Elektron ist, das sich allein im Feld der Kerne bewegt. Die Indizes μ und ν beziehen sich auf die Elektronen, i auf die Kerne; $r_{\mu\nu}$ ist der Abstand zwischen dem μ-ten und dem ν-ten Elektron. In (5.10) sind alle Elektron-Kern- und Elektron-Elektron-Wechselwirkungsterme enthalten. Wir setzen den Operator (5.10) in (5.9) ein:

$$\begin{aligned} E &= \int \Phi^* \hat{H} \Phi d\tau' = \int \Phi^* \left[\sum_\mu \hat{H}(\mu) + \frac{1}{2} \sum_{\mu \neq \nu} \frac{1}{r_{\mu\nu}} \right] \Phi d\tau' \\ &= \sum_\mu \int \Phi^* \hat{H}(\mu) \Phi d\tau' + \frac{1}{2} \sum_{\mu \neq \nu} \int \Phi^* \frac{1}{r_{\mu\nu}} \Phi d\tau'. \end{aligned} \tag{5.11}$$

Dieser Ausdruck ist wegen der Form (5.8) für Φ sehr kompliziert, kann aber beträchtlich vereinfacht werden. Wir wenden uns zunächst einem Glied $\int \Phi^* \hat{H}(\mu) \Phi d\tau'$ der ersten Summe zu. Wegen (5.8) zerfällt es in $(2N)!^2$ Einzelintegrale. Der Operator $H(\mu)$ wirkt jeweils nur auf $\psi(\mu)$. Unter Ausnutzung der Orthonormierungsrelationen

$$\int \varphi_1^* \alpha(1) \varphi_1 \alpha(1)\, d\tau'_1 = \int \varphi_1^*(1) \varphi_1(1)\, d\tau_1 \int \alpha(1)\alpha(1) d\omega_1 = 1,$$

$$\int \alpha(i)\alpha(i)\, d\omega_i = \int \beta(i)\beta(i) d\omega_i = 1,$$

$$\int \alpha(i)\beta(i) d\omega_i = \int \beta(i)\alpha(i) d\omega_i = 0,$$

$$\int \varphi_k^*(i) \varphi_l(i) d\tau_i = \delta_{kl}$$

erhalten wir für ein Integral, bei dem links und rechts (Φ^* und Φ) die gleiche Permutation steht,

$$\begin{aligned}&\int [\varphi_1{}^*\alpha(1)\varphi_1{}^*\beta(2) \dots \varphi_k{}^*\alpha(\mu)\varphi_k{}^*\beta(\mu+1)\dots]\hat{H}(\mu)\,[\varphi_1\alpha(1)\\ &\quad\times \varphi_1\beta(2)\dots\varphi_k\alpha(\mu)\dots]\,d\tau_1{}'\,d\tau_2{}'\dots d\tau_\mu{}'\dots\\ &= \int \varphi_1{}^*\alpha(1)\varphi_1\alpha(1)\,d\tau_1{}' \int \varphi_1{}^*\beta(2)\varphi_1\beta(2)\,d\tau_2{}'\\ &\dots \int \varphi_k{}^*\alpha(\mu)\hat{H}(\mu)\varphi_k\alpha(\mu)d\tau_\mu{}'\dots = \int \varphi_k{}^*\hat{H}(\mu)\varphi_k d\tau_\mu = H_{kk}(\mu)\end{aligned} \tag{5.12}$$

und für ein Integral mit verschiedenen Permutationen aus Φ^* und Φ

$$\begin{aligned}&\int [\varphi_1{}^*\alpha(1)\varphi_1{}^*\beta(2)\dots\varphi_k{}^*\alpha(\mu)]\hat{H}(\mu)\,[\varphi_1\alpha(2)\varphi_1\beta(1)\dots\varphi_k\alpha(\mu)\dots]\,d\tau'\\ &= \int \varphi_1{}^*\alpha(1)\varphi_1\beta(1)d\tau_1{}' \int \varphi_1{}^*\beta(2)\varphi_1\alpha(2)\,d\tau_2{}'\\ &\dots \int \varphi_k{}^*\alpha(\mu)\hat{H}(\mu)\varphi_k\alpha(\mu)\,d\tau_\mu{}'\dots = 0.\end{aligned} \tag{5.13}$$

Summiert wird nun über alle Permutationen $(2N)!$ sowie über alle $2N$ Elektronen. Die Elemente H_{kk} werden mit den Funktionen φ_k berechnet, und da sich in jedem dieser Orbitale zwei Elektronen befinden, ergeben sich jeweils zwei identische Elemente. Es ist daher günstiger, von der Summation über die Elektronen zu einer Summation über alle doppelt besetzten Molekülorbitale überzugehen. Man erhält dann

$$\sum_\mu \int \Phi^*\hat{H}(\mu)\Phi\,d\tau' = 2\sum_{k=1}^{N} H_{kk}(\mu). \tag{5.14}$$

Wir behandeln das zweite Glied in (5.11) in analoger Weise, haben aber jetzt eine größere Anzahl von Fällen zu unterscheiden. Befindet sich links und rechts vom Operator $1/r_{\mu\nu}$ die gleiche Permutation, dann ist

$$\begin{aligned}&\int [\varphi_1{}^*\alpha(1)\varphi_1{}^*\beta(2)\dots\varphi_k{}^*\alpha(\mu)\dots\varphi_l{}^*\beta(\nu)\dots]\,\frac{1}{r_{\mu\nu}}\,[\varphi_1\alpha(1)\varphi_1\beta(2)\\ &\quad\dots\varphi_k\alpha(\mu)\dots\varphi_l\beta(\nu)\dots]\,d\tau' = \int \varphi_1{}^*\alpha(1)\varphi_1\alpha(1)\,d\tau'_1 \int \varphi_1{}^*\beta(2)\varphi_1\beta(2)\,d\tau_2{}'\\ &\quad\dots\int \varphi_k{}^*\alpha(\mu)\varphi_l{}^*\beta(\nu)\,\frac{1}{r_{\mu\nu}}\,\varphi_k\alpha(\mu)\varphi_l\beta(\nu)\,d\tau_\mu{}'\,d\tau_\nu{}'\dots\\ &= \int \alpha(\mu)\alpha(\mu)d\omega_\mu \int \beta(\nu)\beta(\nu)d\omega_\nu \int \varphi_k{}^*(\mu)\varphi_l{}^*(\nu)\,\frac{1}{r_{\mu\nu}}\,\varphi_k(\mu)\varphi_l(\nu)\,d\tau_\mu\,d\tau_\nu\\ &= \int \varphi_k{}^*(\mu)\varphi_l{}^*(\nu)\,\frac{1}{r_{\mu\nu}}\,\varphi_k(\mu)\varphi_l(\nu)\,d\tau_\mu d\tau_\nu.\end{aligned} \tag{5.15}$$

Unterscheiden sich die Funktionen links und rechts vom Operator durch Vertauschung des s-ten und des r-ten Elektrons, wobei r und s nicht mit μ und ν übereinstimmen, dann verschwindet das Integral:

$$\int [\varphi_1^*\alpha(1) \ldots \varphi_k^*\alpha(\mu) \ldots \varphi_l^*\beta(\nu) \ldots \varphi_m^*\alpha(r) \ldots \varphi_n^*\alpha(s) \ldots]$$

$$\times \frac{1}{r_{\mu\nu}} [\varphi_1\alpha(1) \ldots \varphi_k\alpha(\mu) \ldots \varphi_l\beta(\nu) \ldots \varphi_m\alpha(s) \ldots \varphi_n\alpha(r) \ldots] \, d\tau'$$

$$= \int \varphi_1^*\alpha(1)\varphi_1\alpha(1)\, d\tau_1' \ldots \int \varphi_k^*\alpha(\mu)\, \varphi_l^*\beta(\nu) \frac{1}{r_{\mu\nu}} \varphi_k\alpha(\mu)\varphi_l\beta(\nu)\, d\tau_\mu' d\tau_\nu'$$

$$\ldots \int \varphi_m^*\alpha(r)\varphi_n\, \alpha(r)\, d\tau_r' \ldots \int \varphi_n^*\alpha(s)\varphi_m\alpha(s)\, d\tau_s' \ldots = 0,$$

da

$$\int \varphi_m^*\alpha(r)\varphi_n\alpha(r)\, d\tau_r' = \int \varphi_m^*\varphi_n\, d\tau_r \int \alpha(r)\alpha(r)\, d\omega_r = 0.$$

Tauscht man das μ-te und das ν-te Elektron aus, dann wird das Integral, wenn die beiden Elektronen entgegengesetzten Spin haben, ebenfalls verschwinden:

$$\int [\varphi_1^*\alpha(1) \ldots \varphi_k^*\alpha(\mu) \ldots \varphi_l^*\beta(\nu) \ldots]$$

$$\times \frac{1}{r_{\mu\nu}} [\varphi_1\alpha(1) \ldots \varphi_k\alpha(\nu) \ldots \varphi_l\beta(\mu) \ldots] \, d\tau'$$

$$= \int \varphi_1^*\alpha(1)\varphi_1\alpha(1)\, d\tau_1' \ldots \int \varphi_k^*\alpha(\mu)\varphi_l^*\beta(\nu)\, \frac{1}{r_{\mu\nu}}\, \varphi_k\alpha(\nu)\varphi_l\beta(\mu)\, d\tau_\mu'\, d\tau_\nu' \ldots$$

$$= \int \varphi_k^*(\mu)\varphi_l^*(\nu)\, \frac{1}{r_{\mu\nu}}\, \varphi_k(\nu)\varphi_l(\mu)\, d\tau_\mu\, d\tau_\nu \int \alpha(\mu)\beta(\mu)\, d\omega_\mu \int \beta(\nu)\alpha(\nu)\, d\omega_\nu = 0.$$

Haben aber die Elektronen μ und ν gleichen Spin, so erhalten wir

$$\int [\varphi_1^*\alpha(1) \ldots \varphi_k^*\alpha(\mu) \ldots \varphi_l^*\alpha(\nu) \ldots] \frac{1}{r_{\mu\nu}} [\varphi_1\alpha(1) \ldots \varphi_k\alpha(\nu)$$

$$\ldots \varphi_l\alpha(\mu) \ldots] \, d\tau' = \int \varphi_1^*\alpha(1)\varphi_1\alpha(1)\, d\tau_1'$$

$$\ldots \int \varphi_k^*\alpha(\mu)\varphi_l^*\alpha(\nu)\, \frac{1}{r_{\mu\nu}}\, \varphi_k\alpha(\nu)\varphi_l\alpha(\mu)\, d\tau_\mu'\, d\tau_\nu'$$

$$= \int \varphi_k^*(\mu)\varphi_l^*(\nu)\, \frac{1}{r_{\mu\nu}}\, \varphi_k(\nu)\varphi_l(\mu)\, d\tau_\mu\, \tau_\nu \int \alpha(\mu)\alpha(\mu)\, d\omega_\mu \int \alpha(\nu)\alpha(\nu)\, d\omega_\nu$$

$$= \int \varphi_k^*(\mu)\varphi_l^*(\nu)\, \frac{1}{r_{\mu\nu}}\, \varphi_k(\nu)\varphi_l(\mu)\, d\tau_\mu\, d\tau_\nu. \tag{5.16}$$

In das zweite Glied von (5.11) gehen also die zwei Integraltypen (5.15) und (5.16) ein. Die Anzahl der Integrale (5.15) ist zweimal so groß wie die

Anzahl der Integrale (5.16), da im ersten Fall jede Vertauschung der Elektronen, im zweiten jedoch nur jede Vertauschung mit gleichen Spins zählt. Wir führen die Abkürzungen

$$\int \varphi_k^*(\mu)\varphi_l^*(\nu) \frac{1}{r_{\mu\nu}} \varphi_k(\mu)\varphi_l(\nu)\, d\tau_\mu\, d\tau_\nu = I_{kl} = I_{lk} = I_{kl}^* = I_{lk}^*, \tag{5.17}$$

$$\int \varphi_k^*(\mu)\varphi_l^*(\nu) \frac{1}{r_{\mu\nu}} \varphi_k(\nu)\varphi_l(\mu)\, d\tau_\mu\, d\tau_\nu = K_{kl} = K_{lk} = K_{lk}^* = K_{kl}^* \tag{5.18}$$

ein und gehen wieder von der Summation über die Elektronen zur Summation über die Molekülorbitale über:

$$\frac{1}{2} \sum_{\mu \neq \nu} \int \Phi^* \frac{1}{r_{\mu\nu}} \Phi\, d\tau = \sum_{k \neq l} (2I_{kl} - K_{kl}).$$

Zusammen mit (5.14) erhalten wir damit für die Gesamtenergie (5.11) der $2N$ Elektronen

$$E = 2 \sum_{k}^{N} H_{kk} + \sum_{k \neq l}^{N} (2I_{kl} - K_{kl}). \tag{5.19}$$

Wir variieren nun die Molekülfunktionen φ_i so, daß die Energie (5.19) ein Minimum annimmt. Dabei lassen wir aber nicht alle möglichen Funktionen φ_i zur Variation zu, sondern nur LCAO-Funktionen

$$\varphi_i = \sum_k c_{ki}\chi_k \tag{5.20}$$

mit fest vorgegebenen Atomorbitalen χ_k und variablen Koeffizienten c_{ki}. Die Variation der c_{ki} erfolgt unter der Nebenbedingung, daß die Molekülfunktionen orthonormal bleiben.

Zunächst setzen wir den Ansatz (5.20) in den Energieausdruck (5.19) ein. Der Einelektronenterm ergibt sich dann als

$$\begin{aligned} H_{ii} &= \int \varphi_i^* \hat{H} \varphi_i\, d\tau = \int \sum_k c_{ki}^* \chi_k^* \hat{H} \Big[\sum_l c_{li}\chi_l\Big]\, d\tau \\ &= \sum_k \sum_l c_{ki}^* c_{li} \int \chi_k^* \hat{H} \chi_l\, d\tau = \sum_k \sum_l c_{ki}^* c_{li} H_{kl} = \sum_k \sum_l c_{ki}^* H_{kl} c_{li} \end{aligned}$$

($\hat{H}$ steht für $\hat{H}(\mu)$, $d\tau$ für $d\tau_\mu$) mit

$$H_{kl} = \int \chi_k^* \hat{H} \chi_l\, d\tau, \tag{5.21}$$

der Zweielektronenterm als

$$I_{ij} = \int \varphi_i^*(\mu) \left[\varphi_j^*(\nu) \frac{1}{r_{\mu\nu}} \varphi_j(\nu)\right] \varphi_i(\mu)\, d\tau = \sum_k \sum_n \sum_m \sum_l c_{ki}^* c_{nj}^* c_{mj} c_{li}$$

$$\times \int \chi_k^*(\mu)\chi_n^*(\nu) \frac{1}{r_{\mu\nu}} \chi_m(\nu)\chi_l(\mu)\, d\tau = \sum_k \sum_n \sum_m \sum_l c_{ki}^* c_{nj}^* I_{knml} c_{mj} c_{li}$$

($d\tau$ steht für $d\tau_\mu\, d\tau_\nu$) mit

$$I_{knml} = \int \chi_k^*(\mu)\chi_n^*(\nu) \frac{1}{r_{\mu\nu}} \chi_m(\nu)\, \chi_l(\mu)\, d\tau. \tag{5.22}$$

K_{ij} wird ganz analog behandelt.
Für die Variation

$$\delta E = 2 \sum_i \delta H_{ii} + \sum_i \sum_j (2\delta I_{ij} - \delta K_{ij}) = 0$$

benötigen wir

$$\delta H_{ii} = \sum_k \sum_l \{\delta c_{ki}^* H_{kl} c_{li} + c_{ki}^* H_{kl} \delta c_{li}\} \tag{5.23}$$

sowie

$$\delta I_{ij} = \sum_k \sum_n \sum_m \sum_l \{\delta c_{ki}^* c_{nj}^* I_{knml} c_{mj} c_{li} + c_{ki}^* \delta c_{nj}^* I_{knml} c_{mj} c_{li}$$
$$+ c_{ki}^* c_{nj}^* I_{knml} \delta c_{mj} c_{li} + c_{ki}^* c_{nj}^* I_{knml} c_{mj} \delta c_{li}\}.$$

Den letzten Ausdruck fassen wir wegen

$$\delta c_{ki}^*[c_{nj}^* I_{knml} c_{mj}] c_{li} = \delta c_{nj}^* \, [c_{ki}^* I_{knml} c_{li}]\, c_{mj},$$
$$c_{nj}^* \, [c_{ki}^* I_{knml} c_{li}] \delta c_{mj} = c_{ki}^* \, [c_{nj}^* I_{knml} c_{mj}]\, \delta c_{li}$$

zusammen zu

$$\delta I_{ij} = 2 \sum_k \sum_n \sum_m \sum_l \{\delta c_{ki}^* \, [c_{nj}^* I_{knml} c_{mj}] c_{li} + c_{ki}^* \, [c_{nj}^* I_{knml} c_{mj}]\, \delta c_{li}\},$$

und formen ihn so um, daß er die äußere Form von (5.23) annimmt:

$$\delta I_{ij} = 2 \sum_k \sum_l \left\{\delta c_{ki}^* \left[\int \chi_k^*(\mu) \sum_n c_{nj}^* \chi_n^*(\nu) \frac{1}{r_{\mu\nu}} \sum_m c_{mj} \chi_m(\nu)\, \chi_l(\mu)\, d\tau\right] c_{li}\right.$$
$$\left. + c_{ki}^* \left[\int \chi_k^*(\mu) \sum_n c_{nj}^* \chi_n^*(\nu) \frac{1}{r_{\mu\nu}} \sum_m c_{mj} \chi_m(\nu)\, \chi_l(\mu)\, d\tau\right] \delta c_{li}\right\}$$
$$= 2 \sum_k \sum_l \{\delta c_{ki}^* I'_{kl} c_{li} + c_{ki}^* I'_{kl} \delta c_{li}\},$$

wobei

$$I'_{kl} = \int \chi_k^*(\mu) \left[\varphi_j^*(\nu) \frac{1}{r_{\mu\nu}} \varphi_j(\nu)\right] \chi_l(\mu)\, d\tau. \tag{5.24}$$

Gehen wir für δK_{ij} entsprechend vor, dann erhalten wir also

$$\begin{aligned}\delta E &= 2 \sum_i \delta H_{ii} + \sum_i \sum_j (2\delta I_{ij} - \delta K_{ij}) \\ &= 2 \sum_i \sum_k \sum_l (\delta c_{ki}^* H_{kl} c_{li} + c_{ki}^* H_{kl} \delta c_{li}) \\ &\quad + 2 \sum_i \sum_j \sum_k \sum_l \{\delta c_{ki}^* [2I'_{kl} - K'_{kl}]\, c_{li} + c_{ki}^* [2I'_{kl} - K'_{kl}]\, \delta c_{li}\} \\ &= 2 \sum_i \sum_k \sum_l \Big\{\delta c_{ki}^* \Big[H_{kl} + \sum_j (2I'_{kl} - K'_{kl})\Big] c_{li} \\ &\quad + c_{ki}^* \Big[H_{kl} + \sum_j (2I'_{kl} - K'_{kl})\, \delta c_{li}\Big]\Big\}.\end{aligned}$$

Mit der abkürzenden Bezeichnung

$$H_{kl} + \sum_j (2I'_{kl} - K'_{kl}) = F_{kl} \tag{5.25}$$

ergibt sich

$$\delta E = 2 \sum_i \sum_k \sum_l \{\delta c_{ki}^* F_{kl} c_{li} + c_{ki}^* F_{kl} \delta c_{li}\}. \tag{5.26}$$

Die F_{kl} sind Matrixelemente eines Operators, der additiv aus hermiteschen Anteilen zusammengesetzt ist und deshalb selbst hermitesch ist. Es gilt also $F_{kl} = F_{lk}^*$ und damit

$$c_{ki}^* F_{kl} \delta c_{li} = c_{ki}^* F_{lk}^* \delta c_{li} = [c_{ki} F_{lk} \delta c_{li}^*]^* = [\delta c_{li}^* F_{lk} c_{ki}]^*.$$

Da die Summationsindizes k und l in (5.26) beide von 1 bis N laufen, ergibt sich

$$\delta E = 2 \sum_i \sum_k \sum_l \delta c_{ki}^* F_{kl} c_{li} + K.C. = 0, \tag{5.27}$$

wobei $K.\,C.$ die konjugiert komplexe Größe zum ersten Glied bezeichnet.

Wir wenden uns nun wieder der Nebenbedingung zu, derzufolge die Molekülorbitale orthonormal bleiben sollen. In $\int \varphi_i^*(\mu)\varphi_j(\mu)\, d\tau_\mu = \delta_{ij}$ setzen wir (5.20) ein:

$$\begin{aligned}\int \varphi_i^* \varphi_j\, d\tau &= \int \sum_k c_{ki}^* \chi_k^* \sum_l c_{lj} \chi_l\, d\tau = \sum_k \sum_l c_{ki}^* c_{lj} \int \chi_k^* \chi_l\, d\tau \\ &= \sum_k \sum_l c_{ki}^* c_{lj} S_{kl} = \sum_k \sum_l c_{ki}^* S_{kl} c_{lj} = \delta_{ij};\end{aligned} \tag{5.28}$$

das Integral

$$S_{kl} = \int \chi_k^* \chi_l \, d\tau \tag{5.29}$$

heißt Überlappungsintegral. Die Variation der Beziehung (5.28) ergibt

$$\sum_k \sum_l \{\delta c_{ki}^* S_{kl} c_{lj} + c_{ki}^* S_{kl} \delta c_{lj}\} = \delta(\delta_{ij}) = 0,$$

was wir wieder als

$$\sum_k \sum_l \delta c_{ki}^* S_{kl} c_{lj} + K.C.' = 0 \tag{5.30}$$

schreiben können.

Zur Lösung des Variationsproblems wird die Methode der LAGRANGEschen Multiplikatoren benutzt [22]. Wir wollen sie kurz skizzieren. Gesucht seien die Extremwerte der Funktion

$$f(x_1, x_2, \ldots, x_m, x_{m+1}, \ldots, x_{m+n}), \tag{5.31}$$

wobei die $m + n$ Variablen untereinander abhängig und durch die n Nebenbedingungen

$$\varphi_i(x_1, x_2, \ldots, x_m, x_{m+1}, \ldots, x_{m+n}) = 0 \; (i = 1, 2, \ldots, n) \tag{5.32}$$

verknüpft sind. Nehmen wir an, daß die Funktion f im Punkt $P(x_1, \ldots, x_{m+n})$ ein relatives Extremum hat, dann muß — unter der Voraussetzung, daß f in P differenzierbar ist — das vollständige Differential in diesem Punkt verschwinden, d. h.

$$\sum_s^{m+n} \frac{\partial f}{\partial x_s} dx_s = 0. \tag{5.33}$$

Andererseits ergibt die Differentiation der Nebenbedingungen

$$\sum_{s=1}^{m+n} \frac{\partial \varphi_i}{\partial x_s} = 0 \quad (i = 1, 2, \ldots, n). \tag{5.34}$$

Wir multiplizieren diese n Beziehungen mit zunächst unbestimmten Faktoren $\lambda_1, \lambda_2, \ldots, \lambda_n$ und addieren sie. Das Resultat fügen wir in (5.33) ein:

$$\sum_s^{m+n} \left(\frac{\partial f}{\partial x_s} + \lambda_1 \frac{\partial \varphi_1}{\partial x_s} + \lambda_2 \frac{\partial \varphi_2}{\partial x_s} + \cdots + \lambda_n \frac{\partial \varphi_n}{\partial x_s} \right) dx_s = 0. \tag{5.35}$$

Wir stellen nun an die Wahl der λ die Bedingung, daß die Koeffizienten der n Differentiale

$$dx_{m+1}, dx_{m+2}, \ldots, dx_{m+n}$$

Null sind, d. h. wir bestimmen die Multiplikatoren $\lambda_1 \ldots, \lambda_n$ aus den n Gleichungen

$$\frac{\partial f}{\partial x_s} + \lambda_1 \frac{\partial \varphi_1}{\partial x_s} + \cdots + \lambda_n \frac{\partial \varphi_n}{\partial x_s} = 0 \quad (s = m + 1,\ m + 2, \ldots, m + n). \qquad (5.36)$$

Damit bleiben in (5.35) nur die ersten m Summenglieder:

$$\sum_s^m \left(\frac{\partial f}{\partial x_s} + \lambda_1 \frac{\partial \varphi_1}{\partial x_s} + \cdots + \lambda_n \frac{\partial \varphi_n}{\partial x_s} \right) dx_s = 0. \qquad (5.37)$$

Damit diese Gleichung für beliebige $dx_1, \ldots, dx_n$ erfüllt ist, müssen die Koeffizienten einzeln verschwinden, d. h.

$$\frac{\partial f}{\partial x_s} + \lambda_1 \frac{\partial \varphi_1}{\partial x_s} + \cdots + \lambda_n \frac{\partial \varphi_n}{\partial x_s} = 0 \quad (s = 1, 2, \ldots, m). \qquad (5.38)$$

Die Gleichungen (5.32), (5.36) und (5.38) sind ein System von $n + n + m$ Gleichungen zur Bestimmung von $m + n$ Variablen x und n Multiplikatoren λ.

Die LAGRANGEsche Multiplikatorenmethode läßt sich auch für unser Problem anwenden. Wir suchen das Minimum der Funktion (5.19) unter den Nebenbedingungen (5.28). Die Gleichungen (5.27) und (5.30) entsprechen den Gleichungen (5.33) und (5.34). Wir multiplizieren (5.30) mit den Multiplikatoren $-2\varepsilon_{ji}$, summieren über i und j und addieren zu (5.27):

$$\delta E = 0 = 2 \sum_i \sum_k \sum_l \delta c_{ki}^* \left\{ F_{kl} c_{li} - \sum_j S_{kl} c_{lj} \varepsilon_{ji} \right\} + K.C. - K.C.' \sum_i \sum_j 2\varepsilon_{ji}. \qquad (5.39)$$

Man kann die Multiplikatoren ε_{ji} als Diagonalmatrix $\varepsilon_i \delta_{ji}$ mit reellen Elementen ε_i wählen. Dann ist

$$\delta E = 0 = 2 \sum_i \sum_k \sum_l \delta c_{ki}^* \left\{ F_{kl} c_{li} - \sum_j S_{kl} c_{lj} \varepsilon_i \delta_{ji} \right\} + K.C.'', \qquad (5.40)$$

wobei $K.C.''$ die konjugiert komplexe Größe zum ersten Term ist. Damit (5.40) für beliebige δc_{ki}^* und δc_{ki} gilt, müssen die Bedingungen

$$\sum_l \left\{ F_{kl} c_{li} - \sum_j S_{kl} c_{lj} \varepsilon_i \delta_{ji} \right\} = 0, \qquad (5.41)$$

$$\sum_l \left\{ F_{kl}^* c_{li}^* - \sum_j S_{kl}^* c_{lj}^* \varepsilon_i \delta_{ji} \right\} = 0 \qquad (5.42)$$

erfüllt sein. (5.42) ist zu (5.41) konjugiert komplex. Physikalisch haben beide Ausdrücke die gleiche Bedeutung; (5.41) liefert Koeffizientensätze

c_{ki}, die $\varphi_i = \sum_k c_{ki}\chi_k$ bestimmen, und (5.42) Koeffizientensätze c^*_{ki}, die $\varphi_i^* = \sum_k c^*_{ki}\chi_k^*$ bestimmen. Da φ_i und φ_i^* den gleichen Zustand beschreiben, genügt es, eines der beiden Gleichungssysteme zu lösen. Wir schreiben (5.41) in der Form

$$\sum_l \{F_{kl}c_{li} - S_{kl}c_{li}\varepsilon_i\} = 0, \tag{5.43}$$

bzw.

$$\sum_l c_{li}\,(F_{kl} - S_{kl}\varepsilon_i) = 0; \tag{5.44}$$

i durchläuft die Werte $1, 2, \ldots, N$. Soll dieses sog. Säkulargleichungssystem eine nichttriviale Lösung haben, dann muß die Koeffizientendeterminante (Säkulardeterminante) verschwinden:

$$\det |F_{kl} - S_{kl}\varepsilon_i| = 0. \tag{5.45}$$

Die Beziehungen (5.45) und (5.44) sind die gesuchten Gleichungen zur Bestimmung der Eigenwerte ε_i und der Koeffizienten c_{ki} der LCAO-Molekülorbitale (5.20). Sie heißen ROOTHAANsche Gleichungen und bilden praktisch die Grundlage aller quantenchemischen Molekülberechnungen.

Wir erklären noch einmal die in (5.45) eingehenden Größen. F_{kl} hatten wir in (5.25) eingeführt als

$$F_{kl} = H_{kl} + \sum_j (2I'_{kl} - K'_{kl}).$$

Das schreiben wir unter Berücksichtigung von (5.24) und des analogen Ausdrucks für K'_{kl} — sowie von (5.22) — als

$$\begin{aligned}
F_{kl} &= H_{kl} + \sum_j \Big\{2\int \chi_k^*(\mu)\left[\varphi_j^*(\nu)\frac{1}{r_{\mu\nu}}\varphi_j(\nu)\right]\chi_l(\mu)\,d\tau \\
&\quad - \int \chi_k^*(\mu)\left[\varphi_j^*(\nu)\frac{1}{r_{\mu\nu}}\varphi_j(\mu)\right]\chi_l(\nu)\,d\tau\Big\} \\
&= H_{kl} + \sum_j \Big\{2\int \chi_k^*(\mu)\left[\sum_n c^*_{nj}\chi_n^*(\nu)\frac{1}{r_{\mu\nu}}\sum_m c_{mj}\chi_m(\nu)\right]\chi_l(\mu)\,d\tau \\
&\quad - \int \chi_k^*(\mu)\left[\sum_n c^*_{nj}\chi_n^*(\nu)\frac{1}{r_{\mu\nu}}\sum_m c_{mj}\chi_m(\mu)\right]\chi_l(\nu)\,d\tau\Big\} \\
&= H_{kl} + \sum_j\sum_n\sum_m \{2c^*_{nj}I_{knml}c_{mj} - c^*_{nj}I_{knlm}c_{mj}\}.
\end{aligned} \tag{5.46}$$

S_{kl} ist das Überlappungsintegral zwischen den Atomorbitalen χ_k und χ_l. ε_i sind die LAGRANGEschen Multiplikatoren, physikalisch entsprechen sie den Energieeigenwerten, da die F_{kl} nichts anderes sind als die Matrixelemente des HAMILTON-Operators unter Berücksichtigung der Elektronenwechselwirkung.

5.3. Lösungsschema für die Roothaanschen Gleichungen

Im vorangegangenen Abschnitt wurde gezeigt, daß die besten (d. h. die die niedrigsten Energiewerte liefernden) Molekülorbitale im LCAO-Formalismus die Eigenfunktionen des Operators $\hat{F}$ mit den durch (5.46) definierten Matrixelementen sind. Das Gleichungssystem (5.44) zur Bestimmung der Koeffizienten c_{ki} ist sehr kompliziert; es ist nichtlinear, da die Koeffizienten auch in die Matrixelemente F_{kl} eingehen.

Zur Lösung eignet sich eine iterative Prozedur: Man geht von einem willkürlichen Satz Koeffizienten c_{ki} aus und bildet mit (5.46) die Matrixelemente F_{kl}. Damit erhält man aus (5.45) die ε_i und aus (5.44) neue Werte für die Koeffizienten c_{ki}. Mit diesen neuen Koeffizienten werden neue F_{kl} für (5.45) und (5.44) gebildet. Man verfährt so weiter, bis man einen selbstkonsistenten Satz von Koeffizienten gefunden hat. Diese Methode wird als „Methode des selbstkonsistenten Feldes“ (SCF) bezeichnet.

Problematisch ist der erste Schritt — die Wahl des Ausgangskoeffizientensatzes. Häufig wird dazu $F_{kl} = H_{kl}$ gesetzt, d. h. die Elektronenwechselwirkung vernachlässigt. Durch erstmalige Lösung von (5.45) und (5.44) erhält man dann die eigentlichen Ausgangskoeffizienten.

5.4. Die Matrixelemente der Roothaanschen Gleichungen

Bisher sind die Matrixelemente der ROOTHAANschen Gleichungen nur abstrakt definiert worden. Ihre tatsächliche Berechnung ist jedoch nicht einfach. Einige der auftretenden Integraltypen sind sogar außerordentlich kompliziert, so daß man bei der praktischen Anwendung auf teilweise sehr grobe Näherungen oder auf empirische Ansätze bei ihrer Behandlung angewiesen ist.[1])

Wir wollen die auftretenden Integraltypen vorstellen. Einelektronenintegrale treten als Überlappungsintegrale

$$S_{kl} = \int \chi_k^*(\mu)\chi_l(\mu)\, d\tau \tag{5.47}$$

und in

$$H_{kl} = \int \chi_k^*(\mu)\hat{H}(\mu)\chi_l(\mu)\, d\tau = \int \chi_k^*(\mu) \left[-\frac{1}{2}\nabla^2(\mu) - \sum_i \frac{Z_i}{r_{i\mu}}\right] \chi_l(\mu)\, d\tau$$

[1]) Ab-initio-Verfahren [105, 106], die die ROOTHAANschen Gleichungen ohne weitere Näherungen lösen, verwenden bisher ausschließlich GAUSS-Funktionen. Dabei werden die Integrale verhältnismäßig einfach [104], dagegen wird die Handhabung ihrer großen Anzahl kompliziert [107, 108].

als Integrale der kinetischen Energie

$$\int \chi_k^*(\mu)\,[\nabla^2(\mu)]\chi_l(\mu)\,d\tau \tag{5.48}$$

und als Kernanziehungsintegrale

$$\int \chi_k^*(\mu) \left[\sum_i \frac{Z_i}{r_{i\mu}}\right] \chi_l(\mu)\,d\tau$$

auf. Bei den letzteren gibt es neben Einzentrenintegralen Zweizentrenintegrale

$$\int \chi_k^*(\mu) \frac{Z_l}{r_{l\mu}} \chi_l(\mu)\,d\tau, \quad \int \chi_k^*(\mu) \frac{Z_i}{r_{i\mu}} \chi_k'(\mu)\,d\tau \tag{5.49}$$

(χ_k und χ_k' gehören zum gleichen Atom k) und Dreizentrenintegrale

$$\int \chi_k^*(\mu) \frac{Z_i}{r_{i\mu}} \chi_l(\mu)\,d\tau, \tag{5.50}$$

wenn $k \neq i \neq l$.

Die Elektronenwechselwirkung wird durch die wesentlich komplizierteren Zweielektronenintegrale

$$I_{knml} = \int \chi_k^*(\mu)\chi_n^*(\nu) \frac{1}{r_{\mu\nu}} \chi_m(\nu)\chi_l(\mu)\,d\tau \tag{5.51}$$

beschrieben. Sie sind im allgemeinen ($k \neq n \neq m \neq l$) Vierzentrenintegrale.

In den restlichen Abschnitten dieses Kapitels werden wir uns mit Rechenbeispielen und mit Abschätzungen für die einzelnen Typen von Molekülintegralen befassen. Die Zweizentrenintegrale (5.47), (5.48) und (5.49) sind verhältnismäßig einfach, für ihre Berechnung gibt es analytische Formeln. Die Berechnung der Drei- und Vierzentrenintegrale ist jedoch sehr aufwendig, und wir geben für sie nur einige einfache Näherungen bzw. Abschätzungen an.

5.5. Einelektronenintegrale

Für die Berechnung von Zweizentrenintegralen führt man elliptische Koordinaten ein. Dazu geht man von zwei kartesischen Koordinatensystemen aus, die in der in Abb. 10 gezeigten Weise orientiert sind; die z-Achsen zeigen aufeinander, die x- und y-Achsen sind parallel. Bei beiden Systemen gehen wir zu Kugelkoordinaten über:

$$r_k = (x_k^2 + y_k^2 + z_k^2)^{1/2}, \qquad r_l = (x_l^2 + y_l^2 + z_l^2)^{1/2},$$

$$\operatorname{tg}\theta_k = (x_k^2 + y_k^2)^{1/2}/z_k, \qquad \operatorname{tg}\theta_l = (x_l^2 + y_l^2)^{1/2}/z_l,$$

$$\operatorname{tg}\varphi_k = y_k/x_k, \qquad \operatorname{tg}\varphi_l = y_l/x_l.$$

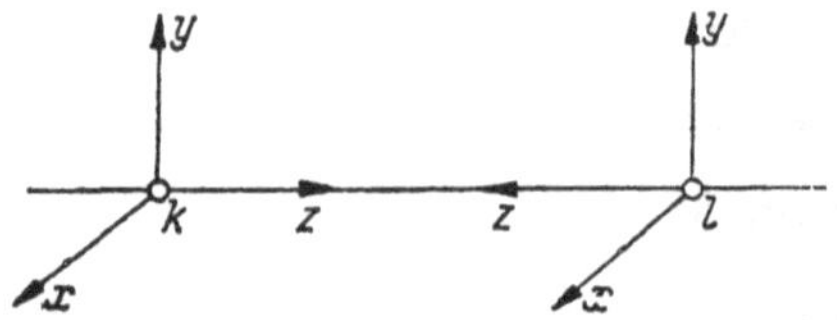

Abb. 10: Wahl der kartesischen Koordinaten bei der Behandlung von Molekülintegralen

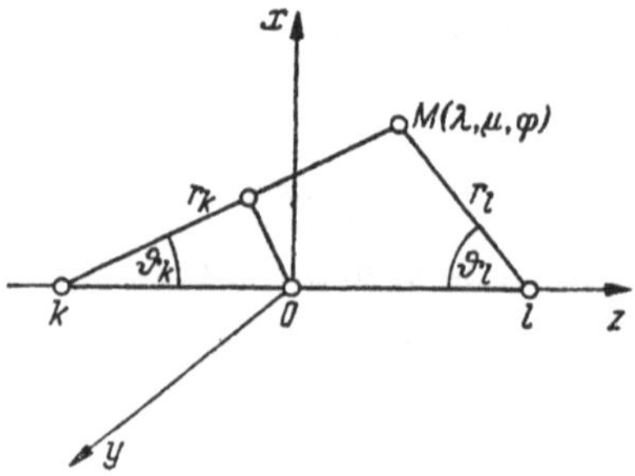

Abb. 11: Zur Wahl der elliptischen Koordinaten

Die elliptischen Koordinaten λ, μ, φ eines Punktes M (Abb. 11) sind nun definiert als

$$\lambda = \frac{r_k + r_l}{R} \qquad (1 \leqq \lambda < \infty),$$

$$\mu = \frac{r_k - r_l}{R} \qquad (-1 \leqq \mu \leqq +1),$$

$$\varphi = \varphi_k = \varphi_l \qquad (0 \leqq \varphi \leqq 2\pi), \tag{5.52}$$

wobei R den Abstand zwischen den beiden Zentren k und l bezeichnet. Damit gilt dann

$$r_k = \frac{1}{2}(\lambda + \mu)R, \qquad r_l = \frac{1}{2}(\lambda - \mu)R,$$

$$\cos\theta_k = \frac{1 + \lambda\mu}{\lambda + \mu}, \qquad \cos\theta_l = \frac{1 - \lambda\mu}{\lambda + \mu},$$

$$\sin\theta_k = [(\lambda^2 - 1)(1 - \mu^2)]^{1/2}(\lambda + \mu)^{-1},$$

$$\sin\theta_l = [(\lambda^2 - 1)(1 - \mu^2)]^{1/2}(\lambda - \mu)^{-1}. \tag{5.53}$$

Das Volumenelement in elliptischen Koordinaten ist

$$d\tau = \frac{R^3}{8}(\lambda^2 - \mu^2)\, d\lambda\, d\mu\, d\varphi. \tag{5.54}$$

Als Atomorbitale, mit denen die Matrixelemente berechnet werden, dienen normierte SLATERorbitale der Form (4.71) oder Linearkombinationen aus solchen:

$$\chi(nlm) = (2\xi)^{n^* + \frac{1}{2}} [(2n)!]^{-\frac{1}{2}} r^{n^*-1} e^{-\xi r} S_{lm}(\theta\varphi), \tag{5.55}$$

mit der Abkürzung $\xi = Z_{eff}/n^*$ und mit

$$S_{l0}(\theta\varphi) = Y_{l0}(\theta\varphi) = \left(\frac{2l+1}{4\pi}\right)^{\frac{1}{2}} P_l(\cos\theta),$$

$$S_{lm}(\theta\varphi) \sim (Y_{lm}(\theta\varphi) \pm Y_{l,-m}(\theta\varphi)). \tag{5.56}$$

Die Einelektronenintegrale $\int \chi_k^*(\mu)\hat{f}(\mu)\chi_l(\mu)d\tau_\mu$ sind Funktionen der drei unabhängigen Parameter ξ_k, ξ_l und R. Es ist jedoch günstiger, die Endresultate durch die Parameter

$$\xi = \frac{1}{2}(\xi_k + \xi_l),$$

$$\tau = (\xi_k - \xi_l)/(\xi_k + \xi_l),$$

$$k = \frac{1}{2}\left(\tau + \frac{1}{\tau}\right) = \frac{\xi_k^2 + \xi_l^2}{\xi_k^2 - \xi_l^2},$$

$$\varrho = \frac{1}{2}(\xi_k + \xi_l)R,$$

$$\varrho_k = \xi_k R,$$

$$\varrho_l = \xi_l R \tag{5.57}$$

auszudrücken.

5.5.1. *Überlappungsintegrale*

Wir betrachten als konkretes Beispiel zwei Wasserstoffatome, die sich im Abstand R voneinander befinden. Die normierten $1s$-SLATERfunktionen sind

$$\chi_k = \frac{1}{\sqrt{\pi}} e^{-r_k}, \qquad \chi_l = \frac{1}{\sqrt{\pi}} e^{-r_l}. \tag{5.58}$$

Wir bilden für diese beiden Funktionen das Überlappungsintegral

$$S = \int \chi_k \chi_l \, d\tau = \frac{1}{\pi} \int e^{-r_k} e^{-r_l} \, d\tau = \frac{1}{\pi} \int e^{-(r_k + r_l)} d\tau.$$

Mit (5.52) und (5.54) gehen wir zu elliptischen Koordinaten über:

$$S = \frac{1}{\pi} \int e^{-\lambda R} \frac{R^3}{8} (\lambda^2 - \mu^2) \, d\lambda \, d\mu \, d\varphi$$

$$= \frac{1}{\pi} \frac{R^3}{8} \int_0^{2\pi} d\varphi \left[\int_1^{\infty} e^{-\lambda R} \lambda^2 \, d\lambda \int_{-1}^{1} d\mu - \int_1^{\infty} e^{-\lambda R} \, d\lambda \int_{-1}^{\infty} \mu^2 \, d\mu \right]. \tag{5.59}$$

Als Ergebnis der Integration erhält man

$$S = \left(1 + R + \frac{1}{3} R^2\right) e^{-R}. \tag{5.60}$$

Von ROOTHAAN [23], MULLIKEN et al. [24], KRUGLYAK und WHITMAN [25] u. a. wurden Formeln bzw. Werte von Überlappungsintegralen für verschiedene Atome, Abstände, Quantenzahlen n, l usw. berechnet. In den Abb. 12 und 13 sind zur Illustration einige Überlappungsintegrale für die C-C- und die C-H-Bindung in Abhängigkeit von R angegeben.

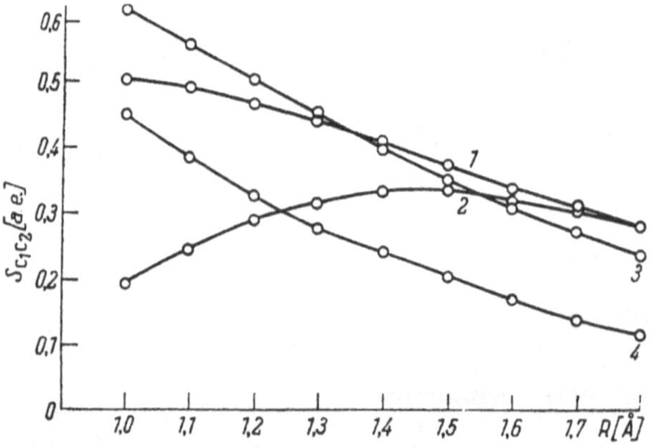

Abb. 12: **Überlappungsintegrale für die C—C-Bindung.**
1 — $\langle 2s\sigma_{C_1} | 2p\sigma_{C_2} \rangle$; 2 — $\langle 2p\sigma_{C_1} | 2p\sigma_{C_2} \rangle$; 3 — $\langle 2s_{C_1} | 2s_{C_2} \rangle$; 4 — $\langle 2p\pi_{C_1} | 2p\pi_{C_2} \rangle$

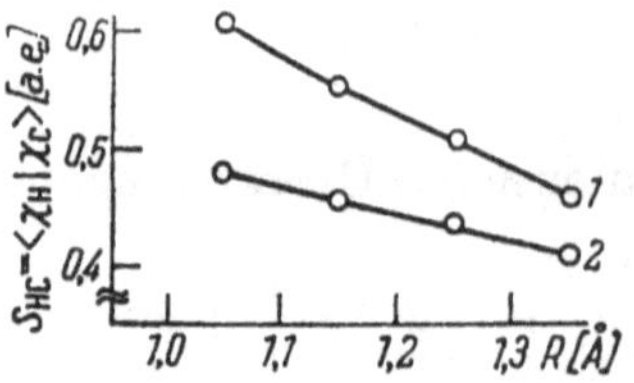

Abb. 13: **Überlappungsintegrale für die C—H-Bindung.**
1 — $\langle 1s_H | 2s_C \rangle$; 2 — $\langle 1s_H | 2p\sigma_C \rangle$

5.5.2. *Integrale der kinetischen Energie*

Zur Berechnung von

$$-\frac{1}{2}\int \chi_k^*(\mu)\,\Delta(\mu)\chi_l(\mu)\,d\tau$$

müssen wir den LAPLACEoperator $\Delta = \nabla^2$ auf die Funktion $\chi_l\,(r, \theta, \varphi)$ wirken lassen. Deshalb schreiben wir Δ in Kugelkoordinaten:

$$\Delta\chi_l = \left[\frac{\partial^2}{\partial r^2} + \frac{2}{r}\frac{\partial}{\partial r} + \frac{1}{r^2\sin^2\theta}\frac{\partial^2}{\partial\varphi^2} + \frac{1}{r^2}\frac{\partial^2}{\partial\theta^2} + \frac{1}{r^2}\operatorname{ctg}\theta\frac{\partial}{\partial\theta}\right]\chi_l. \tag{5.61}$$

Zur Vereinfachung nehmen wir für χ_l einen s-Zustand an. Dann braucht in

$$\chi_l(nml) = (2\xi_l)^{n+\frac{1}{2}}\left[(2n)!\right]^{-\frac{1}{2}} r^{n-1}\,e^{-\xi_l r}S_{lm}(\theta\varphi) \tag{5.62}$$

der winkelabhängige Teil $S_{lm}(\theta, \varphi)$ nicht berücksichtigt zu werden, und in (5.61) bleiben nur die Ableitungen nach r. Wir bilden

$$\begin{aligned}\frac{\partial}{\partial r}\chi_l &= (2\xi_l)^{n+\frac{1}{2}}\left[(2n)!\right]^{-\frac{1}{2}}\{(n-1)r^{n-2}e^{-\xi_l r} - \xi_l r^{n-1}e^{-\xi_l r}\}\\ &= (2\xi_l)^{n+\frac{1}{2}}\left[(2n)!\right]^{-\frac{1}{2}} e^{-\xi_l r}\{(n-1)r^{n-2} - \xi_l r^{n-1}\},\\ \frac{\partial^2}{\partial r^2}\chi_l &= (2\xi_l)^{n+\frac{1}{2}}\left[(2n)!\right]^{-\frac{1}{2}} e^{-\xi_l r}\{(n-1)(n-2)r^{n-3}\\ &\quad - 2\xi_l(n-1)r^{n-2} + \xi_l^2 r^{n-1}\}.\end{aligned}$$

Damit erhalten wir

$$\Delta\chi_l = (2\xi_l)^{n+\frac{1}{2}}\left[(2n)!\right]^{-\frac{1}{2}} e^{-\xi_l r}\{\xi_l^2 r^{n-1} - 2\xi_l n r^{n-2} + n(n-1)r^{n-3}\}. \tag{5.63}$$

Diesen Ausdruck kann man als Summe der Funktionen $\chi(n, l, m)$, $\chi(n-1, l, m)$ und $\chi(n-2, l, m)$ darstellen, da

$$\chi(n, l, m) \sim r^{n-1},\quad \chi(n-1, l, m) \sim r^{n-2},\quad \chi(n-2, l, m) \sim r^{n-3}.$$

Infolge (5.62) gilt nämlich

$$\begin{aligned}\chi(n-1, l, m) &= (2\xi)^{n+\frac{1}{2}-1}\left[(2n-2)!\right]^{-\frac{1}{2}} r^{n-2}e^{-\xi r}S_{lm}(\theta, \varphi),\\ \chi(n-2, l, m) &= (2\xi)^{n+\frac{1}{2}-2}\left[(2n-4)!\right]^{-\frac{1}{2}} r^{n-3}e^{-\xi r}S_{lm}(\theta, \varphi).\end{aligned} \tag{5.64}$$

Mit den Funktionen (5.62) und (5.64) wird (5.63) zu

$$\begin{aligned}
\Delta\chi_l &= \xi_l^2(2\xi_l)^{n+\frac{1}{2}}\,[(2n)!]^{-\frac{1}{2}}\,e^{-\xi_l r} r^{n-1} - 2\xi_l n(2\xi_l)^{n+\frac{1}{2}}\,[(2n)!]^{-\frac{1}{2}}\,e^{-\xi_l r} r^{n-2} \\
&\quad + n(n-1)\,(2\xi_l)^{n+\frac{1}{2}}\,[(2n)!]^{-\frac{1}{2}}\,e^{-\xi_l r} r^{n-3} \\
&= \xi_l^2 \Bigg\{ \chi_l(n, l, m) - 2\left(\frac{2n}{2n-1}\right)^{\frac{1}{2}} \chi_l(n-1, l, m) \\
&\quad + \frac{4n(n-1)}{[2n(2n-1)\,(2n-2)\,(2n-3)]^{\frac{1}{2}}}\,\chi_l(n-2, l, m) \Bigg\}
\end{aligned}$$

umgeformt. Damit erhalten wir für das Integral

$$\begin{aligned}
-\frac{1}{2}\int \chi^*_m \Delta\chi_l\, d\tau &= -\frac{1}{2}\Bigg\{\int \chi_m{}^*\xi_l{}^2\chi_l(n, l, m)\, d\tau \\
&\quad - 2\left(\frac{2n}{2n-1}\right)^{\frac{1}{2}} \int \chi_m{}^*\xi_l{}^2\chi_l(n-1, l, m)\, d\tau \\
&\quad + \frac{4n(n-1)}{[2n(2n-1)\,(2n-2)\,(2n-3)]^{\frac{1}{2}}} \int \chi_m{}^*\xi_l{}^2\chi_l(n-2, l, m)\, d\tau \Bigg\}.
\end{aligned} \tag{5.65}$$

Man sieht, daß die Berechnung der Integrale der kinetischen Energie auf die Berechnung von Überlappungsintegralen zurückgeführt werden kann.

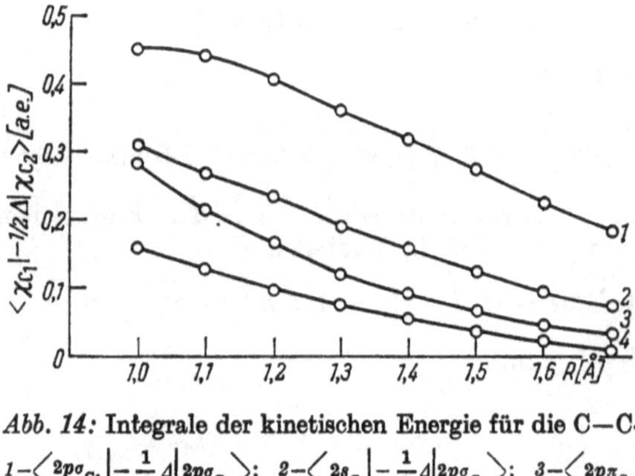

Abb. 14: **Integrale der kinetischen Energie für die C—C-Bindung.**
1—$\left\langle 2p\sigma_{C_1}\right|-\frac{1}{2}\Delta\left|2p\sigma_{C_2}\right\rangle$; *2*—$\left\langle 2s_{C_1}\right|-\frac{1}{2}\Delta\left|2p\sigma_{C_2}\right\rangle$; *3*—$\left\langle 2p\pi_{C_1}\right|-\frac{1}{2}\Delta\left|2p\pi_{C_2}\right\rangle$;
4—$\left\langle 2s_{C_1}\right|-\frac{1}{2}\Delta\left|2s_{C_2}\right\rangle$

In den Abb. 14 und 15 sind für die C—C- bzw. C—H-Bindung die wichtigsten Integrale der kinetischen Energie in Abhängigkeit von R dargestellt.

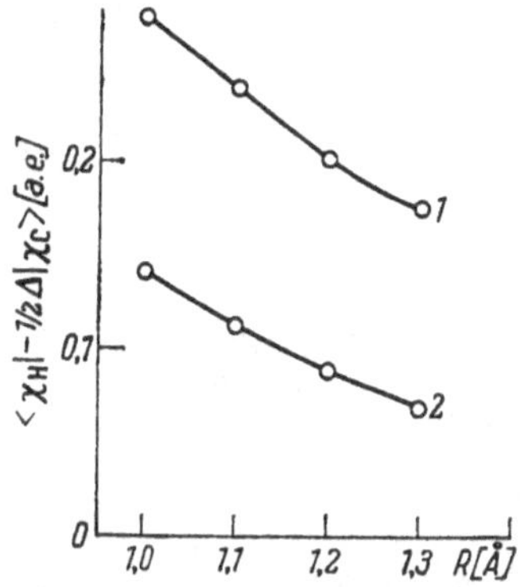

Abb. 15: Integrale der kinetischen Energie für die C—H-Bindung.
$1-\left\langle 1s_H \left| -\frac{1}{2}\Delta \right| 2p\sigma_C \right\rangle$;
$2-\left\langle 1s_H \left| -\frac{1}{2}\Delta \right| 2s_C \right\rangle$

5.5.3. *Kernanziehungsintegrale*

Die Berechnung der Integrale des Typs

$$\int \chi_k^* \frac{Z_l}{r_l} \chi_l \, d\tau \tag{5.66}$$

erfolgt in der eben behandelten Weise. Es gilt nämlich

$$\begin{aligned} \frac{Z_l}{r_l} \chi_l &= Z_l \frac{1}{r_l} (2\xi_l)^{n+\frac{1}{2}} [(2n)!]^{-\frac{1}{2}} r^{n-1} e^{-\xi_l r} S_{lm} \\ &= Z_l (2\xi_l)^{n+\frac{1}{2}} [(2n)!]^{-\frac{1}{2}} r^{n-2} e^{-\xi_l r} S_{lm}(\theta, \varphi) \\ &= 2\xi_l Z_l \frac{1}{[2n(2n-1)]^{\frac{1}{2}}} \chi_l(n-1, l, m). \end{aligned}$$

Damit entspricht (5.66) einem Überlappungsintegral.
Bei den Kernanziehungsintegralen des Typs

$$\int \chi_k^* \frac{Z_i}{r_i} \chi_k' \, d\tau \tag{5.67}$$

gehören die Orbitale χ_k und χ_k' zu einem Atom. Diese Integrale stellen die Wechselwirkungsenergie einer Punktladung am Atom i mit der Ladungsverteilung $\chi_k^* \chi_k'$ dar. Die Berechnung dieser Integrale ist etwas umständlich, bereitet aber keine prinzipiellen Schwierigkeiten [23]. Für große Abstände (in der Chemie und der Biochemie sind das 5—10 Å) kann man die Wechselwirkung als die zweier Punktladungen abschätzen: der positiven Ladung Z_i und einer negativen Elementarladung, die sich am Ort des Kerns k befindet.

Die Integrale des Typs

$$\int \chi_k^* \frac{Z_i}{r_i} \chi_l \, d\tau \tag{5.68}$$

mit $k \neq i \neq l$ sind Dreizentrenintegrale. Gegenwärtig sind allgemein brauchbare Methoden zur Berechnung solcher Integrale noch nicht ausgearbeitet, und man ist auf einfache Näherungen und Abschätzungen angewiesen. Die Näherung

$$\int \chi_k^* \frac{Z_i}{r_i} \chi_l \, d\tau = \frac{1}{2} \int \chi_k^* \chi_l \, d\tau \left[\int \chi_k^* \frac{Z_i}{r_i} \chi_k \, d\tau + \int \chi_l^* \frac{Z_i}{r_i} \chi_l \, d\tau \right]$$

geht auf Mulliken zurück [26]. Eine sehr einfache Abschätzung ist

$$\int \chi_k^* \frac{Z_i}{r_i} \chi_l \, d\tau \approx Z_i \frac{1}{(r_i)_{\text{mittel}}} \int \chi_k^* \chi_l \, d\tau,$$

bei der die Schwierigkeit in der geeigneten Wahl von $(r_i)_{\text{mittel}}$ liegt. Eine Möglichkeit wäre

$$(r_i)_{\text{mittel}} = \frac{r_{ik} + r_{il}}{2},$$

eine andere der Abstand vom Zentrum i zur Mitte der Bindung $k - l$.

5.6. Zweielektronenintegrale

Von den Elektronenwechselwirkungsintegralen betrachten wir zunächst die Zweizentrenintegrale

$$\int \chi_k^*(\mu) \chi_l^*(\nu) \frac{1}{r_{\mu\nu}} \chi_k'(\mu) \chi_l'(\nu) \, d\tau$$

(die Orbitale χ_k und χ_k' gehören zum Atom k, die Orbitale χ_l und χ_l' zum Atom l). Sie stellen die Energie der Wechselwirkung zweier Ladungsverteilungen $\chi_k^*\chi_k'$ und $\chi_l^*\chi_l'$ dar. Roothaan [23] gab Formeln zur Berechnung dieser Integrale an; da deren Ableitung jedoch schwierig und umfangreich ist, werden wir sie hier nicht behandeln. Für große Abstände kann man die Wechselwirkung näherungsweise als die zweier Punktladungen an den Kernen k und l abschätzen [28].

Im allgemeinen Fall sind die Elektronenwechselwirkungsintegrale Vierzentrenintegrale

$$\int \chi_a^*(\nu)\chi_b(\nu)\,\frac{1}{r_{\mu\nu}}\,\chi_c^*(\mu)\chi_d(\mu)\;d\tau. \qquad (5.69)$$

Für sie benutzt man mit Vorteil die abgekürzte Schreibweise

$$\int a(\nu)b(\nu)\,\frac{1}{r_{\mu\nu}}\,c(\mu)d(\mu)\;d\tau = [ab/cd].$$

Diese Integrale sind in allen praktischen Fällen nicht direkt zugänglich und werden deshalb auf Zweizentrenintegrale zurückgeführt [26, 27]. Wir wollen kurz die dem zugrundeliegenden Überlegungen anführen.

Wir betrachten die Überlappung zweier Orbitale χ_a und χ_b

$$S_{ab} = \int \chi_a^*\chi_b\,d\tau, \qquad (5.70)$$

multiplizieren diesen Ausdruck mit χ_a und integrieren über den ganzen Raum:

$$\int \chi_a S_{ab}\,d\tau = \int\int \chi_a\chi_a^*\chi_b\,d\tau. \qquad (5.71)$$

Da χ_a normiert sein soll, gilt

$$\int \chi_a^*\chi_a\,d\tau = 1,$$

und statt (5.71) schreiben wir

$$\int \chi_a S_{ab}\,d\tau = \int \chi_b\,d\tau. \qquad (5.72)$$

In (5.72) wird auf beiden Seiten über den ganzen Raum integriert. Man setzt nun näherungsweise die Integranden beider Integrale gleich:

$$\chi_a S_{ab} = \chi_b. \qquad (5.73)$$

Es sei bemerkt, daß das für kleine Abstände zwischen den Zentren a und b hinreichend gut erfüllt ist (wenn a und b zusammenfallen, gilt es genau).

Wir multiplizieren jetzt den Ausdruck (5.70) mit χ_b^*, und erhalten auf die gleiche Weise

$$\chi_a^* = S_{ab}\chi_b^* \qquad (5.74)$$

bzw.

$$\chi_a = S_{ab}\chi_b. \qquad (5.75)$$

Für das Produkt $\chi_a\chi_b$ gibt es also die beiden Beziehungen

$$\chi_a\chi_b = \chi_a(\chi_a S_{ab}) = \chi_a\chi_a S_{ab},$$
$$\chi_a\chi_b = (\chi_b S_{ab})\chi_b = \chi_b\chi_b S_{ab},$$

die wir in der symmetrischen Form

$$\chi_a\chi_b = \frac{1}{2} S_{ab}(\chi_a\chi_a + \chi_b\chi_b) \tag{5.76}$$

zusammenfassen können. Für χ_c und χ_d ergibt sich ganz analog

$$\chi_c = S_{cd}\chi_d, \tag{5.77}$$
$$\chi_d = S_{cd}\chi_c$$

und damit

$$\chi_c\chi_d = \frac{1}{2} S_{cd}(\chi_c\chi_c + \chi_d\chi_d). \tag{5.78}$$

Durch Einsetzen von (5.76) und (5.78) in (5.69) erhalten wir

$$\begin{aligned}[ab/cd] &= \int \chi_a(\nu)\chi_b(\nu)\,\frac{1}{r_{\mu\nu}}\,\chi_c(\mu)\chi_d(\mu)d\tau \\ &= \int \frac{1}{2} S_{ab}\{\chi_a(\nu)\chi_a(\nu) + \chi_b(\nu)\chi_b(\nu)\}\,\frac{1}{r_{\mu\nu}}\,\frac{1}{2} S_{cd}\{\chi_c(\mu)\chi_c(\mu) + \chi_d(\mu)\chi_d(\mu)\}\,d\tau \\ &= \frac{1}{4} S_{ab}S_{cd}\{[aa/cc] + [aa/dd] + [bb/cc] + [bb/dd]\}.\end{aligned} \tag{5.79}$$

Auf diese Weise haben wir die Vierzentrenintegrale auf Zweizentrenintegrale zurückgeführt. (5.79) wird als MULLIKEN-Näherung bezeichnet.

Für den speziellen Fall eines Dreizentrenintegrals (etwa bei $c = d$) gilt

$$S_{cd} = 1, \; [aa/cc] = [aa/dd], \quad [bb/cc] = [bb/dd].$$

Damit erhalten wir aus (5.79)

$$[ab/cc] = \frac{1}{2} S_{ab}\{[aa/cc] + [bb/cc]\}. \tag{5.80}$$

5.7. Die halbempirische Behandlung der Matrixelemente

In den vorangegangenen Abschnitten hatten wir gesehen, daß die Berechnung der Matrixelemente der ROOTHAANschen Gleichungen die Lösung teilweise sehr komplizierter Integrale erfordert. Für einige Integraltypen wurden erfolgversprechende exakte Ansätze noch gar nicht ausgearbeitet. Bei praktischen Rechnungen verwendet man deshalb meist halbempirische Abschätzungen der Matrixelemente. Selbstverständlich erheben solche Ansätze keinen Anspruch auf mathematische Strenge, das einzige Kriterium für die Richtigkeit der vorgenommenen Überlegungen ist der Vergleich von auf diese Weise erhaltenen Größen mit experimentellen Daten.

5.7.1. *Die Diagonalelemente H_{kk}*

Die Integrale H_{kk} waren definiert als

$$H_{kk} = \int \chi_k^*(\mu)\hat{H}(\mu)\chi_k(\mu)\,d\tau. \tag{5.81}$$

Den Einelektronen-HAMILTON-Operator $\hat{H}(\mu)$ schreiben wir als

$$\hat{H}(\mu) = -\frac{1}{2}\Delta - \sum_i \frac{Z_i}{r_{i\mu}} = -\frac{1}{2}\Delta - \frac{Z_k}{r_{k\mu}} - \sum' \frac{Z_i}{r_{i\mu}}. \tag{5.82}$$

Der Strich am Summenzeichen soll bedeuten, daß in der Summe über i das k-te Glied nicht mehr enthalten ist. Damit kann (5.81) zerlegt werden in

$$H_{kk} = \int \chi_k^* \left[-\frac{1}{2}\Delta - \frac{Z_k}{r_{k\mu}}\right] \chi_k\,d\tau - \int \chi_k^* \left[\sum_i{}' \frac{Z_i}{r_{i\mu}}\right] \chi_k\,d\tau. \tag{5.83}$$

Der erste Term stellt die Energie des Elektrons in einem wasserstoffähnlichen Atom mit der Kernladung Z_k dar. Sie ist betragsmäßig gleich der Ionisierungsenergie I_k des Elektrons im Zustand χ_k. Das zweite Glied erfaßt die Wechselwirkungsenergie des Elektrons mit den restlichen Kernen. Eine einfache Abschätzung besteht darin, das Elektron als Punktladung am Ort des Kerns k anzunehmen [28]. Auf diese Weise wird

$$H_{kk} = I_k + \sum_i{}' \frac{Z_i}{R_{ik}}. \tag{5.84}$$

Bei Anwendung dieser Formel besteht die Hauptschwierigkeit in der Wahl der Z_i. Meist verwendet man als Z_i die Kernladung nach Abzug der Ladung der inneren Elektronen, die nicht an der Bindung beteiligt sind.

5.7.2. *Die Nichtdiagonalelemente H_{ik}*

Wir setzen in

$$H_{ik} = \int \chi_i^*(\mu)\hat{H}(\mu)\chi_k(\mu)\,d\tau \tag{5.85}$$

den Operator $\hat{H}(\mu)$ ein:

$$H_{ik} = \int \chi_i^*(\mu) \left[-\frac{1}{2} \Delta \right] \chi_k(\mu)\, d\tau - \sum_n \int \chi_i^*(\mu) \frac{Z_n}{r_{n\mu}} \chi_k(\mu)\, d\tau. \tag{5.86}$$

Der Ausdruck (5.86) kann nicht in einer einfachen, etwa zu (5.84) analogen Form dargestellt werden, da er die komplizierten Dreizentrenintegrale enthält. Man kann jedoch einige intuitive Überlegungen zur Abschätzung von H_{ik} vornehmen:

a) Die einfachste Annahme ist

$$H_{ik} \sim S_{ik}. \tag{5.87}$$

b) Im Falle gleicher Atome sollte

$$H_{ik} \sim S_{ik} I \tag{5.88}$$

sein, da im Grenzfall $\chi_i \to \chi_k$ auch $H_{ik} \to H_{kk}$ wird und H_{kk} gemäß (5.84) mit der Ionisierungsenergie I verbunden ist.

c) Im Falle verschiedener Atome hat man dann

$$H_{ik} \sim S_{ik} \frac{I_i + I_k}{2}, \tag{5.89}$$

woraus man schließlich die am häufigsten benutzte Näherung für die Nichtdiagonalelemente erhält [29]:

$$H_{ik} = k S_{ik} \frac{H_{ii} + H_{kk}}{2}. \tag{5.90}$$

Die Konstante k wird durch Vergleich zwischen berechneten und experimentellen Größen festgelegt. Wir wollen eine Abschätzung für k vornehmen. Es sei $H_{kk} < H_{ii}$, dann ist mit $H_{ik} < H_{ii}$

$$k S_{ik} \frac{H_{ii} + H_{kk}}{2} < H_{ii}.$$

Wir erhalten die Relation

$$0 < k < \frac{2 H_{ii}}{S_{ik}(H_{ii} + H_{kk})}. \tag{5.91}$$

In den meisten Fällen hat sich der Wert $k = 0{,}75$ als optimal erwiesen.

d) In sehr einfachen Rechnungen (Hückel-Verfahren) wird angenommen, daß die Überlappung zwischen nichtbenachbarten Atomen klein ist und vernachlässigt werden kann. Natürlich werden dann auch die Matrixelemente H_{ik} vernachlässigt. Wenn das Molekül aus gleichen oder ähnlichen Atomen besteht und die Bindungslängen zwischen ihnen ungefähr gleich sind, werden alle Matrixelemente für benachbarte Atome als gleich angesehen, d. h.

$$H_{12} = H_{23} = H_{34} = \ldots = H_{k,k+1} = \ldots \quad (5.92)$$

Über einige weitere Gesichtspunkte bei der Wahl der Matrixelemente H_{ik} wird in den folgenden Kapiteln gesprochen werden.

5.7.3. *Die Elektronenwechselwirkungsintegrale*

Die Drei- und Vierzentrenintegrale konnten wir mit der MULLIKEN-Näherung (5.79) durch Zweizentrenintegrale ausdrücken. Deshalb haben wir nur noch die Ein- und Zweizentrenintegrale zu betrachten.

Wir haben schon am Beginn des Abschnitts 5.6. darauf hingewiesen, daß man zur Abschätzung der Zweizentrenintegrale $[aa/bb]$ die Wechselwirkung der beiden Ladungsverteilungen als die zweier Punktladungen an den Zentren a und b ansehen kann. Man erhält damit den Näherungsausdruck

$$[aa/bb] = 1/r_{ab}, \quad (5.93)$$

der um so besser gilt, je größer der Abstand r_{ab} ist. Am häufigsten benutzt man aber heute die Abschätzung von NISHIMOTO und MATAGA [30] und die charged sphere approximation von PARR [31].

Um das Einzentrenintegral $[bb/bb]$ abzuschätzen, betrachten wir folgendes Beispiel [32]: Nehmen wir an, es läge ein System vor, das aus zwei weit voneinander entfernten gleichen Atomen B besteht. In der einfachsten Näherung ist die Elektronenenergie dieses Systems $E_1 = 2I$. Jetzt betrachten wir das System $B^+ - B^-$. Da das Elektron von einem der Atome entfernt worden ist, gibt dieses Atom keinen Beitrag mehr zur Elektronenenergie. Das Elektron ging beim anderen Atom auf das gleiche Orbital über, daher muß bei der Gesamtenergie beider Elektronen jetzt ihre Wechselwirkung berücksichtigt werden: $E_2 = 2I + [bb/bb]$. Das Wechselwirkungsintegral ergibt sich also als Differenz beider Energien: $[bb/bb] = E_2 - E_1 = \Delta E$. Eine Abschätzung für ΔE kann man durch folgende Überlegung erhalten: Beim Übergang $B \to B^+$ muß die Ionisierungsenergie I aufgebracht werden. Beim Übergang $B \to B^-$ wird Energie frei, entsprechend der Elektronenaffinität A. Der Übergang des Systems von zwei neutralen Atomen zu den beiden Ionen ist also mit der Energieänderung $\Delta E = I - A$ verbunden. Damit erhalten wir den Ausdruck

$$[bb/bb] = I - A \quad (5.94)$$

als Näherung für das Einzentren-Elektronenwechselwirkungsintegral.

Andere Abschätzungen für die Matrixelemente der ROOTHAANschen Gleichungen werden seltener verwendet, wir behandeln sie deshalb hier nicht. Eine Übersicht bringen die Arbeiten [33—35, 109, 110].

6 Chemische Bindung und Molekülbau

In den vorangegangenen Kapiteln wurde die Theorie des Atombaus und eine der gebräuchlichsten Methoden zur Berechnung der Elektronenstruktur von Molekülen — die LCAO-MO-Methode von ROOTHAAN — vorgestellt. Im Folgenden werden die Lösungen der ROOTHAAN-Gleichungen für die einfachsten Fälle der Verbindungsbildung untersucht.

6.1. Das H_2^+-Molekülion

Das H_2^+-Molekülion ist das einfachste Molekül, es kann entweder aus einem Wasserstoffatom und einem Proton oder bei der Ionisation eines H_2-Moleküls gebildet werden. Die Bindungsenergie des Wasserstoffmolekülions H_2^+ beträgt etwa 61 kcal/mol. Dieser Wert ist aus der experimentellen Bindungsenergie für das Wasserstoffmolekül und aus den Ionisierungspotentialen des Wasserstoffatoms und -moleküls zugänglich:

$$\begin{aligned} &H_2 + 354\ \text{kcal/mol} \rightarrow H_2^+ + e, \\ &H + H \rightarrow H_2 + 103\ \text{kcal/mol}, \\ &H^+ + e \rightarrow H + 312\ \text{kcal/mol}. \end{aligned} \tag{6.1}$$

Daraus folgt

$$H + H^+ + 354\ \text{kcal/mol} \rightarrow H_2^+ + 415\ \text{kcal/mol}. \tag{6.2}$$

Für die Bindungsenergie des H_2^+-Molekülions erhält man

$$H + H^+ \rightarrow H_2^+ + 61\ \text{kcal/mol}. \tag{6.3}$$

Die Gesamtenergie des Systems Wasserstoffatom — Proton wird also bei der Bildung des Molekülions um 61 kcal/mol verringert.

Die theoretische Behandlung des Problems unter Verwendung einfacher Näherungen läuft auf die Berechnung der elektronischen Energie unter Berücksichtigung der Kernabstoßung hinaus. Dieser Energiebetrag wird mit der Energie des Systems, das aus einem unendlich weit von einem Proton entfernten Wasserstoffatom besteht, verglichen. Das Elektron befindet sich im Wasserstoffatom im 1s-Atomorbital. Die Molekülorbitale für das Wasserstoffmolekülion H_2^+ werden als Linearkombination der 1s-Atomorbitale des Wasserstoffatoms und des Protons angesetzt

$$\varphi_i = \sum_k c_{ki}\chi_k \qquad (i = 1, 2), \tag{6.4}$$

wobei χ_1 das 1s-Atomorbital des Wasserstoffatoms 1 und χ_2 das des Wasserstoffatoms 2 ist, das in diesem Fall unbesetzt ist.

Der vollständige HAMILTON-Operator des Systems hat folgende Form:

$$\hat{H} = -\frac{1}{2}\Delta - \frac{1}{r_1} - \frac{1}{r_2} + \frac{1}{R_{12}}. \tag{6.5}$$

Bei Vernachlässigung der Kernabstoßung wird aus (6.5)

$$\hat{H} = -\frac{1}{2}\Delta - \frac{1}{r_1} - \frac{1}{r_2}. \tag{6.6}$$

Da an dem betrachteten System nur ein Elektron beteiligt ist, fehlen die Glieder der Elektronenwechselwirkung und die ROOTHAANschen Gleichungen

$$\det |F_{kl} - S_{kl}\varepsilon| = 0 \tag{6.7}$$

haben mit

$$F_{kl} = H_{kl} \tag{6.8}$$

folgendes Aussehen:

$$\begin{vmatrix} H_{11} - \varepsilon & H_{12} - \varepsilon S_{12} \\ H_{21} - \varepsilon S_{21} & H_{22} - \varepsilon \end{vmatrix} = 0. \tag{6.9}$$

Da die Operatoren $\hat{H}$ und $\hat{1}$ hermitesch sind, gilt $H_{12} = H_{21}$ und $S_{12} = S_{21}$. Auf Grund der Molekülsymmetrie können H_{11} und H_{22} gleichgesetzt werden. Dadurch vereinfacht sich der Ausdruck (6.9) in folgender Weise:

$$\begin{vmatrix} H_{11} - \varepsilon & H_{12} - \varepsilon S_{12} \\ H_{12} - \varepsilon S_{12} & H_{11} - \varepsilon \end{vmatrix} = 0. \tag{6.10}$$

Die Lösungen von (6.10) sind

$$\varepsilon_1 = \frac{H_{11} + H_{12}}{1 + S_{12}} \tag{6.11}$$

und

$$\varepsilon_2 = \frac{H_{11} - H_{12}}{1 - S_{12}}. \tag{6.12}$$

H_{11} und H_{12} sind negative Größen, deshalb wird der energetisch stabilste Zustand des Molekülions H_2^+ durch den Ausdruck (6.11) bestimmt. Eine Abschätzung der Matrixelemente ergibt (vgl. Abschnitt 5.7)

$$H_{11} = -I_1 - \frac{1}{R_{12}} \tag{6.13}$$

und

$$H_{12} = \frac{1}{2} kS_{12}(H_{11} + H_{22}) = kS_{12}H_{11}. \tag{6.14}$$

Mit einem empirischen Wert $k = 1{,}5$ wird $H_{12} = 1{,}5\, S_{12}H_{11}$, und für die elektronische Energie des H_2^+-Molekülions ergibt sich

$$\begin{aligned} \varepsilon &= \frac{1}{S_{12}+1}\left[\left(-I - \frac{1}{R_{12}}\right) + 1{,}5\, S_{12}\left(-I - \frac{1}{R_{12}}\right)\right] \\ &= -\frac{1 + 1{,}5 S_{12}}{1 + S_{12}}\left(I + \frac{1}{R_{12}}\right). \end{aligned} \tag{6.15}$$

Zur Berechnung der Gesamtenergie muß die Kernabstoßungsenergie $1/R_{12}$ berücksichtigt werden

$$\begin{aligned} E &= \varepsilon + \frac{1}{R_{12}} = -\frac{1 + 1{,}5 S_{12}}{1 + S_{12}}\left(I + \frac{1}{R_{12}}\right) + \frac{1}{R_{12}} \\ &= -\frac{1 + 1{,}5 S_{12}}{1 + S_{12}} I - \frac{S_{12} \cdot 0{,}5}{R_{12}(1 + S_{12})}. \end{aligned} \tag{6.16}$$

Wir betrachten nun ein Wasserstoffatom in unendlicher Entfernung von einem Proton. Da es in diesem System zu keiner Wechselwirkung zwischen Proton und Wasserstoffatom kommt, ist die Gesamtenergie der elektronischen Energie für das Wasserstoffatom (Wechselwirkungsenergie zwischen Elektron und Kern im Wasserstoffatom) gleichzusetzen

$$E_1 = -I. \tag{6.17}$$

Die Energiedifferenz zwischen dem H_2^+-Molekülion und dem isolierten System H^+ und H beträgt also

$$\Delta E = E - E_1 = -\frac{0{,}5\, S_{12}}{1 + S_{12}}\left(I + \frac{1}{R_{12}}\right). \tag{6.18}$$

Bei der Bildung des H_2^+-Molekülions nähern sich ein Wasserstoffatom und ein Proton bis zum Gleichgewichtsabstand, der Energiegewinn bei diesem Vorgang der Verbindungsbildung wird durch (6.18) bestimmt. Bei einer Abschätzung des Energiebetrages ΔE mit

$$R_{12} = 1{,}06\,\text{Å} \approx 2\ \text{a.E.}, \qquad I = \frac{1}{2}\ \text{a.E.} \tag{6.19}$$

und

$$S_{12} = e^{-R}\left(1 + R + \frac{R^2}{3}\right) = 0{,}58 \tag{6.20}$$

resultiert

$$\Delta E = -\frac{0{,}29}{1{,}58}\left(\frac{1}{2} + \frac{1}{2}\right) = 0{,}18\ \text{a.E.} = -115\ \text{kcal/mol.} \tag{6.21}$$

Der berechnete Energiewert ΔE ist etwa doppelt so groß wie der experimentell bestimmte Wert ($\Delta E = -61{,}0$ kcal/mol).

In Anbetracht der Näherungen, die wir bei der Berechnung der Bindungsenergie ΔE für das H_2^+-Molekülion zugelassen haben, ist das nicht verwunderlich. Hier interessiert nicht der genaue Wert von ΔE, sondern ein qualitatives Bild für die Verbindungsbildung.

Die zweite Lösung (6.12) entspricht dem Energiewert des angeregten Zustandes des H_2^+-Molekülions. Dieser Zustand ist energetisch ungünstiger als das System aus einem isolierten Wasserstoffatom und einem Proton.

Für eine qualitative Betrachtung der Bindungsverhältnisse im H_2^+-Molekülion genügt eine noch gröbere Näherung: die Überlappung kann vernachlässigt werden ($S_{12} = 0$). Damit werden die Lösungen $\varepsilon_1 = H_{11} + H_{12}$ und $\varepsilon_2 = H_{11} - H_{12}$ erhalten. Ein Vergleich des Systems H + H^+ beim Gleichgewichtsabstand und bei unendlichem Abstand zeigt, daß der Energiegewinn bei der Bildung des H_2^+-Molekülions gleich H_{12} ist. Der Energieverlust für den Anregungszustand des H_2^+-Ions hat den gleichen Wert H_{12}. Die energetischen Verhältnisse bei der Verbindungsbildung können in folgender Weise veranschaulicht werden:

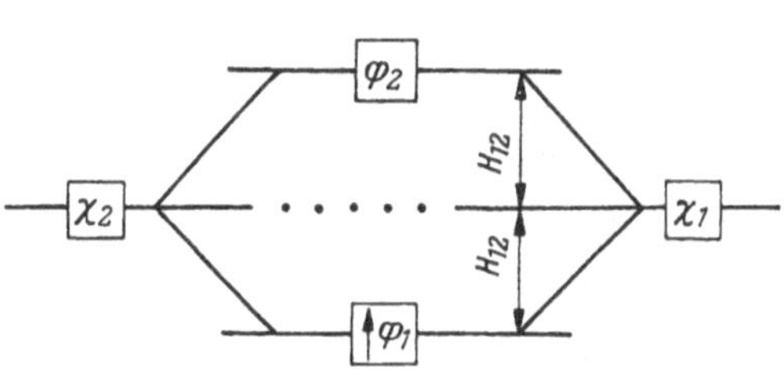

Die Wellenfunktionen für das H_2^+-Molekülion

$$\varphi_i = \sum_{k=1,2} c_{ki}\chi_k \tag{6.22}$$

werden im Rahmen der ROOTHAANschen Theorie wie folgt erhalten: ausgehend von

$$\sum c_{ki}(F_{kl} - S_{kl}\varepsilon) = 0 \tag{6.23}$$

werden mit den Näherungen

$$S_{12}=0, \; F_{kl}=H_{kl} \tag{6.24}$$

die Eigenwerte

$$\varepsilon_1 = H_{11} + H_{12}, \quad \varepsilon_2 = H_{11} - H_{12} \tag{6.25}$$

erhalten.

Einsetzen des Ausdrucks für ε_1 in (6.23) ergibt

$$c_{11}(H_{11} - \varepsilon_1) + c_{12}H_{12} = -H_{12}c_{11} + H_{12}c_{12} = 0, \tag{6.26}$$

$$c_{11}H_{12} + c_{12}(H_{22} - \varepsilon_1) = H_{12}c_{11} - H_{12}c_{12} = 0, \tag{6.27}$$

d. h. $c_{11} = c_{12}$. Mit der Normierungsbedingung für φ_i folgt für die Eigenvektoren

$$c_{11} = c_{12} = \frac{1}{\sqrt{2}}. \tag{6.28}$$

Die Wellenfunktionen des H_2^+-Molekülions haben dann folgendes Aussehen:

$$\varphi_1 = \frac{1}{\sqrt{2}}(\chi_1 + \chi_2) \tag{6.29}$$

und

$$\varphi_2 = \frac{1}{\sqrt{2}}(\chi_1 - \chi_2). \tag{6.30}$$

Zu dem gleichen Ergebnis kommt man mit Hilfe einfacher Symmetriebetrachtungen: Da die Elektronendichte an beiden Kernen gleich ist, ist $c_{i1}^2 = c_{i2}^2$ und damit $c_{11} = c_{12}$ sowie $c_{21} = -c_{22}$.

Diese einfache quantenchemische Untersuchung des Systems $H_2{}^+$ gibt einen Einblick in die Verhältnisse der Verbindungsbildung. Die Energieabnahme bei der Annäherung der Bindungspartner rührt daher, daß sich das Elektron im Feld beider Kerne bewegen kann (im Wasserstoffatom dagegen nur im Feld eines Kerns).

Da es im H_2^+-Molekülion keine Wechselwirkung zwischen Elektronen gibt, ist die exakte Berechnung dieses Systems möglich. Unser Anliegen war indessen nur, die Anwendung von Näherungsmethoden zu demonstrieren, daher soll auf die exakte Berechnung nicht eingegangen werden.

Es sei daran erinnert, daß die Lösung der SCHRÖDINGER-Gleichung für das H_2^+-Molekülion die Grundlage für das Verständnis der Natur der chemischen Bindung in Molekülen schuf.

6.2. Das Wasserstoffmolekül

Die Bildung des Wasserstoffmoleküls läßt sich durch die Reaktionsgleichung $H + H \rightarrow H_2 + 103$ kcal/mol veranschaulichen. Der Wert 103 kcal/mol ist die Bindungsenergie für das Molekül.

Das Vorgehen bei der quantenchemischen Untersuchung des Wasserstoffmoleküls ist analog wie für das H_2^+-Molekülion:

a) An der Bindungsbildung ist von jedem Wasserstoffatom ein Elektron in einem $1s$-Atomorbital beteiligt.

b) Die Molekülorbitale werden als Linearkombination der Atomorbitale angesetzt, d. h.

$$\varphi_i = \sum_{k=1,2} c_{ki}\chi_k. \tag{6.31}$$

Bei Vernachlässigung der Elektron-Elektron-Wechselwirkung ist

$$F_{kl} = H_{kl}. \tag{6.32}$$

Die ROOTHAAN-Gleichungen für das Molekül haben dann die Form

$$\det |H_{kl} - S_{kl}\varepsilon| = 0. \tag{6.33}$$

Daraus ergeben sich die Lösungen

$$\varepsilon_1 = \frac{H_{11} + H_{12}}{1 + S_{12}} \tag{6.34}$$

und

$$\varepsilon_2 = \frac{H_{11} - H_{12}}{1 - S_{12}}. \tag{6.35}$$

Bei Vernachlässigung der Überlappung vereinfachen sie sich zu

$$\varepsilon_1 = H_{11} + H_{12} \tag{6.36}$$

und

$$\varepsilon_2 = H_{11} - H_{12}. \tag{6.37}$$

Nach dem PAULI-Prinzip kann jedes Molekülorbital durch zwei Elektronen mit antiparallelem Spin besetzt werden. Daher können beide Elektronen des H_2-Moleküls im Molekülorbital φ_1 untergebracht werden.

Analoge Überlegungen, wie sie bei der Berechnung des H_2^+-Molekülions angestellt wurden, zeigen, daß sich bei der Bildung des Wasserstoffmoleküls aus den Atomen die Energie des Gesamtsystems erniedrigt. Das illustriert das folgende Energieniveauschema der Bildung des H_2-Moleküls aus den Atomen:

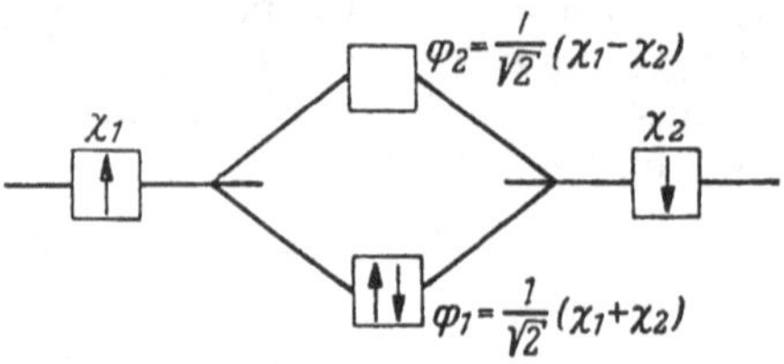

6.3. Das H_3^+-Molekülion

Die Bildung des H_3^+-Molekülions kann wie folgt verstanden werden:

$$H + H + H^+ \rightarrow H_3^+ + 184 \text{ kcal/mol} \tag{6.38}$$

oder

$$H_2 + H^+ \rightarrow H_3^+ + 81 \text{ kcal/mol}. \tag{6.39}$$

Das dreiatomige H_3^+-Molekülion besitzt eine stabile Konfiguration, in der die Atome an den Ecken eines gleichseitigen Dreiecks angeordnet sind. Der Abstand zwischen den Atomen beträgt etwa 1,79 Å.

Bei der quantenchemischen Behandlung des H_3^+-Molekülions wird vorausgesetzt, daß

a) bei dessen Bildung von jedem Atom ein 1s-Atomorbital beteiligt ist,

b) die Molekülorbitale durch einen LCAO-MO-Ansatz

$$\varphi_i = \sum_k c_{ki}\chi_k \quad (k = 1, 2, 3) \tag{6.40}$$

gebildet werden,

c) die zwei Elektronen im Molekülion das energetisch stabilste Molekülorbital besetzen.

Die Vernachlässigung der Elektronenwechselwirkung bedeutet, daß

$$F_{kl} = H_{kl} \tag{6.41}$$

und

$$\det |H_{kl} - S_{kl}\varepsilon| = 0. \tag{6.42}$$

Da $R_{12} = R_{13} = R_{23}$ ist und alle Atome gleichwertig sind, gilt

$$H_{12} = H_{13} = H_{23} = \beta, \tag{6.43}$$

$$H_{11} = H_{22} = H_{33} = \alpha. \tag{6.44}$$

Zur Vereinfachung des Problems werden alle $S_{kl}, k \neq l$, vernachlässigt (d. h. Vernachlässigung der Überlappung). Dann nimmt Gleichung (6.42) folgendes Aussehen an:

$$\det |H_{kl} - \delta_{kl}\varepsilon| = 0, \tag{6.45}$$

bzw. nach Einsetzen von (6.43) und (6.44) in (6.45)

$$\begin{vmatrix} \alpha - \varepsilon & \beta & \beta \\ \beta & \alpha - \varepsilon & \beta \\ \beta & \beta & \alpha - \varepsilon \end{vmatrix} = 0. \tag{6.46}$$

Division aller Matrixelemente durch β und die Substitution $(\alpha - \varepsilon)/\beta = x$ ergeben

$$\begin{vmatrix} x & 1 & 1 \\ 1 & x & 1 \\ 1 & 1 & x \end{vmatrix} = 0. \tag{6.47}$$

Die Auflösung der Determinante liefert die Gleichung

$$x^3 - 3x + 2 = 0 \tag{6.48}$$

mit den Lösungen

$$x_1 = +1, \quad x_2 = +1, \quad x_3 = -2. \tag{6.49}$$

Unter Berücksichtigung der Abkürzung $(\alpha - \varepsilon)/\beta = x$ findet man für die Energieniveaus die Werte

$$\varepsilon_1 = \alpha + 2\beta, \quad \varepsilon_2 = \alpha - \beta, \quad \varepsilon_3 = \alpha - \beta. \tag{6.50}$$

Da α und β negative Größen sind, ist $\varepsilon_1 = \alpha + 2\beta$ der Wert für das energetisch stabilste Energieniveau. Dieses Molekülorbital ist im Grundzustand mit den beiden Elektronen des Systems besetzt.

Die Ergebnisse der Rechnung können durch das folgende Energieniveauschema veranschaulicht werden:

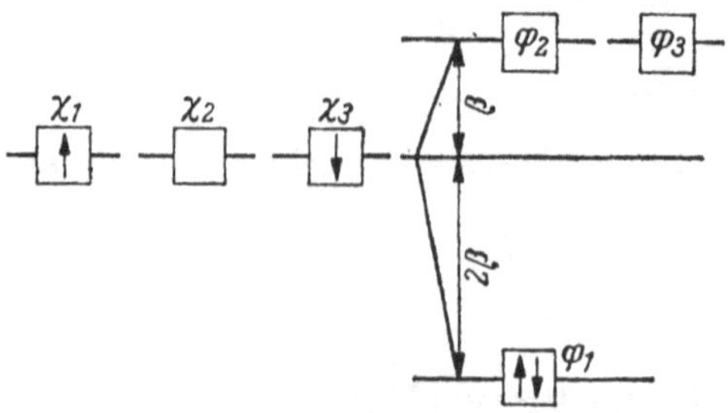

Wegen der Gleichwertigkeit der Atome im H_3^+-Molekülion hat die Wellenfunktion φ_1 die Form

$$\varphi_1 = \frac{1}{\sqrt{3}} (\chi_1 + \chi_2 + \chi_3). \tag{6.51}$$

Die Koeffizienten c_{kl} können durch Einsetzen der Eigenwerte ε_1, ε_2 und ε_3 in Gleichung (6.23) unter Berücksichtigung der eingeführten Näherungen gefunden werden.

In der Annahme einer linearen symmetrischen Atomanordnung für das H_3^+-Molekülion wird $H_{13} = H_{31} = 0$ (da die Wechselwirkung zwischen den Atomen 1 und 3 vernachlässigt werden kann) und $H_{12} = H_{23} = \beta$ (da $R_{12} = R_{23}$). Die ROOTHAAN-Gleichungen haben in diesem Fall (mit $S_{kl} = \delta_{kl}$) die Form

$$\begin{vmatrix} \alpha - \varepsilon & \beta & 0 \\ \beta & \alpha - \varepsilon & \beta \\ 0 & \beta & \alpha - \varepsilon \end{vmatrix} = 0. \tag{6.52}$$

Deren Lösungen sind

$$\varepsilon_1 = \alpha + \sqrt{2}\,\beta, \qquad \varepsilon_2 = \alpha, \qquad \varepsilon_3 = \alpha - \sqrt{2}\,\beta. \tag{6.53}$$

Die zwei Elektronen besetzen das Energieniveau $\varepsilon_1 = \alpha + \sqrt{2}\,\beta$. Ein Vergleich zeigt, daß die lineare Atomanordnung mit gleichen Bindungsabständen energetisch weniger günstig ist als die trigonale Konfiguration des H_3^+-Molekülions. Der Vergleich der Gesamtenergien beider Konfigurationen führt zu dem gleichen Ergebnis.

6.4. Bindungen und Orbitale

Das Problem der Bindungsbildung zwischen Atomen bedeutet in der Sprache der Quantenchemie das Auffinden eines Minimums der Gesamtenergie für eine Bindung oder ein Molekül. Durch die Lösung der SCHRÖDINGER-Gleichung in der LCAO—MO-Näherung werden Molekülorbitale erhalten, die energetisch stabilsten sind im Grundzustand mit den am Bindungssystem beteiligten Elektronen besetzt. Aus einem Vergleich der Energieniveaus der isolierten Atome A und B mit denen des daraus gebildeten Moleküls AB wird ersichtlich, ob das Molekül energetisch stabiler ist als die isolierten Atome oder nicht. Eine geringere Energie des molekularen Systems AB ist die Folge der Ausbildung der Bindung $A-B$.

Die Begriffe „Molekülorbital" und „chemische Bindung" sind in gewisser Weise als verknüpft zu betrachten. Der Ausbildung einer chemischen Bindung zwischen den Wasserstoffatomen im Wasserstoffmolekül entspricht die Linearkombination der Atomorbitale zu den Molekülorbitalen, die beide Kerne umfassen. An der Bindungsbildung sind in diesem Fall zwei Elektronen beteiligt, die das tieferliegende Molekülorbital besetzen. Beim H_2^+-Molekülion kommt es zwischen einem Wasserstoffatom und einem Proton zur Ausbildung einer Bindung, die durch ein Elektron vermittelt wird. In der trigonalen Konfiguration des H_3^+-Molekülions sind an der Ausbildung der drei Bindungen ($H_1 - H_2$, $H_1 - H_3$, $H_2 - H_3$) zwei Elektronen beteiligt, jede Bindung wird durch 2/3 Elektronen geknüpft. Deshalb ist es zweckmäßig, in derartigen Fällen nicht von Bindungen im Sinne der klassischen Valenzstrichschreibweise, sondern von Molekülorbitalen zu sprechen, die alle Kerne des Moleküls umfassen.

In der Sprache der chemischen Bindung wird die Zahl der Zentren und der Bindungselektronen angegeben, die an der Bindung beteiligt sind. Die Terminologie der LCAO-Molekülorbitale verlangt die Angabe der Kerne, die die Orbitale umfassen, sowie der Elektronen, die diese Orbitale besetzen. Im Falle des H_3^+-Molekülions spricht man beispielsweise von einer Zweielektronen-Dreizentrenbindung zwischen zwei Wasserstoffatomen und einem Proton oder von Dreizentren-Molekülorbitalen, deren energetisch tiefliegendstes mit zwei Elektronen besetzt ist.

Abhängig von der Zahl der Elektronen, die an einer Bindung teilhaben, werden in der chemischen Literatur folgende Bindungstypen unterschieden:

a) Die „normale" Bindung $A-B$, wenn im Molekül AB die Bindung durch zwei Elektronen vermittelt wird (z. B. im H_2-Molekül).

b) Die „Elektronenmangel"-Bindung, wenn eine Bindung durch weniger als zwei Elektronen gebildet wird (z. B. in den Molekülionen H_2^+ und H_3^+).

c) Die Mehrfachbindung, bei der mehr als zwei Elektronen die Bindung knüpfen (im Acetylen beispielsweise, wo an der C—C-Bindung sechs Elektronen beteiligt sind).

6.5. Bindende und antibindende Orbitale

Für das Verständnis der Bindungsbildung sind Energieniveaudiagramme, wie sie zur Veranschaulichung der Bindungsbildung im Wasserstoffmolekül und in den H_2^+- und H_3^+-Molekülionen verwendet wurden, sehr nützlich.

An einigen Beispielen seien die Atomorbitale einiger Elemente, die mit den Valenzelektronen besetzt sind, dargestellt:

1*s*-Atomorbital des Wasserstoffatoms	1*s* [↑]
2*s*-Atomorbital des Lithiumatoms	2*s* [↑]
2*p*-Atomorbitale für das Stickstoffatom	2*p* [↑] [↑] [↑]
2*p*-Atomorbitale des Fluoratoms	2*p* [↑↓] [↑↓] [↑]

Ganz analog erfolgt die schematische Darstellung der Molekülorbitale. Die in den Diagrammen unterhalb der Atomorbitale gelegenen Molekülorbitale sind stabiler als diese, die höher gelegenen sind energetisch instabiler als die Atomorbitale und sind meist nur im elektronischen Anregungszustand besetzt. Bei den einfachsten quantenchemischen Berechnungen resultieren aus der Linearkombination von *n* Atomorbitalen *n* Molekülorbitale, die energetisch stabiler bzw. instabiler sind als die Ausgangs-Atomorbitale.

Für das Lithiummolekül Li_2 hat das Energieniveaudiagramm ein ähnliches Aussehen wie für das H_2^+-Molekülion oder das Wasserstoffmolekül (vgl. S. 127 und 130).

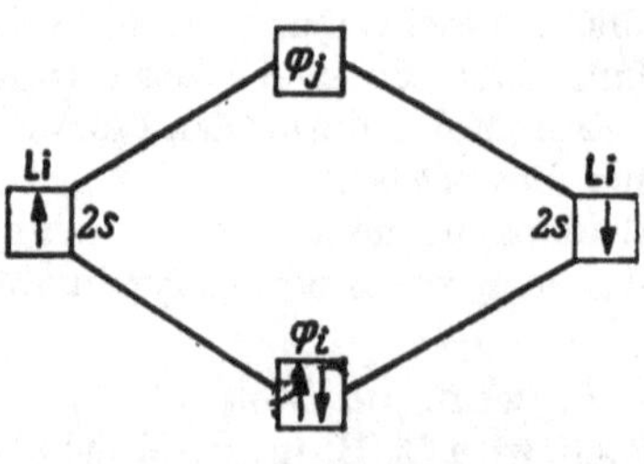

φ_i und φ_j bezeichnen die Molekülorbitale für den Grundzustand und den angeregten Zustand. Das Orbital φ_i liegt tiefer als die 2*s*-Atomorbitale der Lithiumatome. Das Zustandekommen der chemischen Bindung ist damit zu erklären, daß die Elektronen das energetisch stabilere Orbital φ_i im Lithiummolekül besetzen. Derartige Molekülorbitale werden als bindende Orbitale und die sie besetzenden Elektronen als Bindungselektronen bezeichnet. Die Besetzung des Molekülorbitals φ_j mit Elektronen führt zu einer energetischen Destabilisierung des Gesamtsystems, es kommt zu keiner Bindungsbildung. Derartige Molekülorbitale φ_j heißen antibindende Orbitale.

Die Entfernung eines Elektrons aus einem bindenden Molekülorbital verringert die Bindungsenergie eines Moleküls; wird ein Elektron aus einem antibindenden Molekülorbital entfernt, vergrößert sich die Bindungsenergie. Dazu seien einige Beispiele angeführt:

1. Wasserstoffmolekül: Die Bindungsenergie für die H—H-Bindung beträgt 103 kcal/mol. Bei der Entfernung eines Elektrons aus dem bindenden Molekülorbital resultiert das H_2^+-Molekülion, die Bindungsenergie verringert sich auf 61 kcal/mol. Daraus kann man schließen, daß die zwei Elektronen im H_2-Molekül das bindende Molekülorbital besetzen.

2. F_2-Molekül: Dessen Bindungsenergie beträgt 37 kcal/mol. Die Entfernung eines Elektrons führt zu einem Anstieg der Bindungsenergie auf 75 kcal/mol, die der des F_2^+-Molekülions entspricht. Dieses Verhalten wird durch das nachstehende Energieniveaudiagramm für das Fluormolekül verdeutlicht.

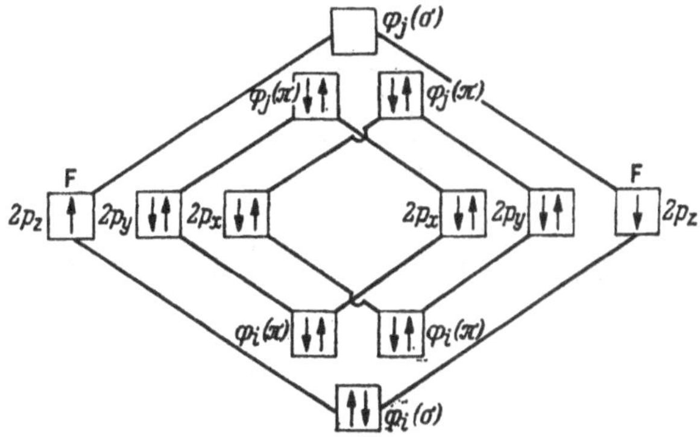

Die größte Wechselwirkung zwischen den Fluoratomen wird durch die Überlappung der $2p_z$-Atomorbitale bewirkt, die mit je einem Elektron besetzt sind. Aus der Wechselwirkung dieser beiden Atomorbitale resultieren zwei Molekülorbitale — ein bindendes, mit den beiden Elektronen besetzt, und ein antibindendes unbesetztes Molekülorbital. Zu einem analogen Ergebnis führt die Wechselwirkung der Elektronen, die die $2p_x$- und $2p_y$-Atomorbitale besetzen. Auch hier resultieren je ein bindendes und ein antibindendes Molekülorbital, die jedoch, da die Atomorbitale $2p_x$ und $2p_y$ mit je zwei Elektronen besetzt sind, auch im Grundzustand des Moleküls alle voll besetzt sind. Deshalb vergrößert sich durch die Entfernung eines Elektrons aus einem antibindenden Molekülorbital die Bindungsfestigkeit. In einer bildlichen Darstellung kann angenommen werden, daß die F—F-Bindung eine formale Einfachbindung ist, die durch die Überlappung der $2p_z$-Atomorbitale zustande kommt. Aus der Wechselwirkung der Elektronen der $2p_x$- und $2p_y$-Atomorbitale ergeben sich Abstoßungskräfte, die durch die Entfernung eines Elektrons aus einem der antibindenden Molekülorbitalen verringert werden. Dadurch erhöht sich die Gesamtenergie und folglich die Bindungsfestigkeit des Atomverbandes.

3. H_2^--Molekülion: Die Bindungsenergie hat einen Wert von 3,4 kcal/mol. Rein qualitativ kann diese schwache Bindung damit erklärt werden, daß ein Elektron das antibindende Molekülorbital besetzt.

4. Stickstoffmolekül: Die Energie für die N—N-Dreifachbindung beträgt 225 kcal/mol. Durch Ionisierung, d. h. die Entfernung eines Elektrons, entsteht das N_2^+-Molekülion, dessen Bindungsenergie einen Wert von 201 kcal/mol hat. Die Elektronenkonfiguration der Stickstoffatome ist $(1s)^2\ (2s)^2\ (2p_x)^1\ (2p_y)^1\ (2p_z)^1$. Aus der Wechselwirkung der Elektronen der $2p_x$-, $2p_y$- und $2p_z$-Atomorbitale resultieren drei bindende Molekülorbitale, die mit je zwei Elektronen besetzt sind, und drei antibindende unbesetzte Molekülorbitale:

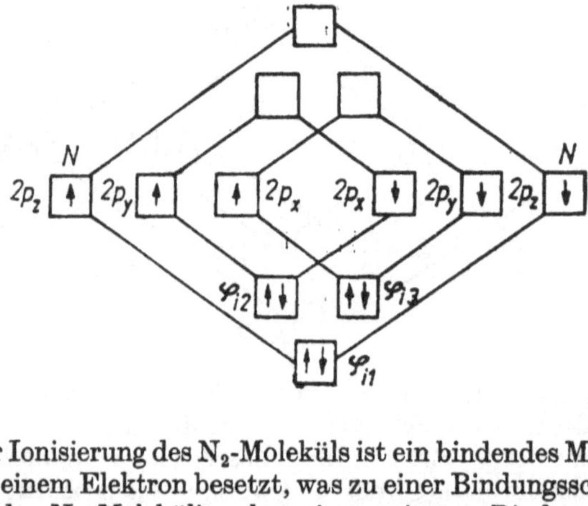

Nach der Ionisierung des N_2-Moleküls ist ein bindendes Molekülorbital nur noch mit einem Elektron besetzt, was zu einer Bindungsschwächung führt.

Auch das N_2^--Molekülion hat eine geringere Bindungsenergie als das Stickstoffmolekül, da das zusätzliche Elektron in einem antibindenden Molekülorbital untergebracht werden muß.

Von den bindenden und antibindenden Molekülorbitalen sind die nichtbindenden Molekülorbitale zu unterscheiden. Sie haben die gleiche Energie wie die Atomorbitale. Für die lineare Konfiguration des H_3^+-Molekülions wurde die Energie eines der Molekülorbitale zu $\varepsilon = \alpha$ berechnet. Dieses Orbital ist ein Beispiel für ein nichtbindendes Molekülorbital.

6.6. Gerichtete Bindungen

Die Atomorbitale der freien Atome unterscheiden sich voneinander in ihrer räumlichen Ausdehnung und Vorzugsrichtung (vgl. Abb. 16). Die mathematischen Ausdrücke für die Energien der bindenden Molekülorbitale (z. B. der der auf S. 124, 129 und 130 betrachteten Fälle H_2^+, H_2 und H_3^+) enthalten die Größe aH_{12} (a ist eine Konstante), H_{12} ist proportional S_{12}. Die Bindungsenergie hängt damit vom Ausmaß der Überlappung der Atomorbitale ab.

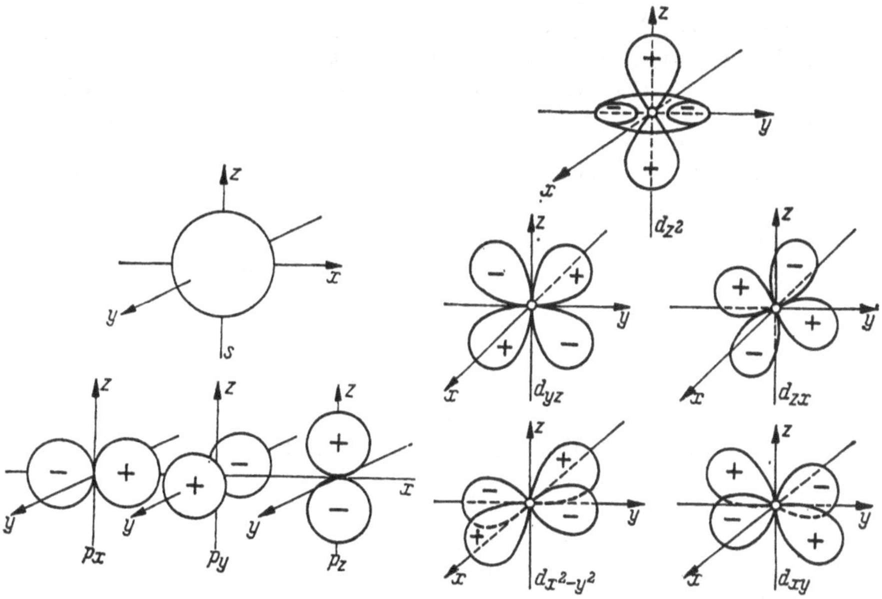

Abb. 16: Die Symmetrie der *s*-, *p*- und *d*-Atomorbitale

a) Die Überlappung zwischen *s*-Atomorbitalen. Die *s*-Atomorbitale haben eine kugelsymmetrische Ladungsverteilung. Deshalb haben Bindungen, die durch Überlappung zwischen *s*-Orbitalen entstehen, keine räumliche Vorzugsrichtung (Abb. 17).

b) Die Überlappung zwischen s- und p-Atomorbitalen. Die p-Atomorbitale besitzen räumliche Vorzugsrichtungen entlang der Koordinatenachsen x, y, z (vgl. Abb. 16). Bei der Wechselwirkung zwischen Atomen mit s- und p-Orbitalen sind die zwei in der Abb. 18 gezeigten Fälle zu unterscheiden. Die räumliche Vorzugsrichtung des p-Atomorbitals kann mit der Kernverbindungsachse kolinear sein. In diesem Fall hat die Überlappung für einen bestimmten Kernabstand einen maximalen Wert,

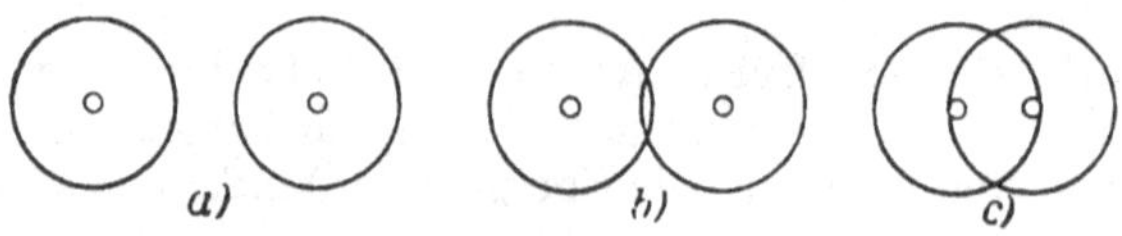

Abb. 17: Die Überlappung zwischen s-Orbitalen a) Keine Überlappung ($S_{12} = 0$); b) Geringe Überlappung ($S_{12} \ll 1$); c) Nahezu vollständige Überlappung ($S_{12} \approx 1$)

zwischen den Atomen ist Bindungsbildung möglich. Ist das p-Atomorbital mit seiner räumlichen Vorzugsrichtung senkrecht zur Kernverbindungsachse angeordnet, dann kommt es zu einer gleichgroßen Überlappung zwischen dem positiven und negativen Teil des p-Orbitals und dem s-Orbital. Die Gesamtüberlappung ist Null, die Wechselwirkung zwischen den s- und p-Atomorbitalen führt bei dieser geometrischen Anordnung zu keiner Bindung.

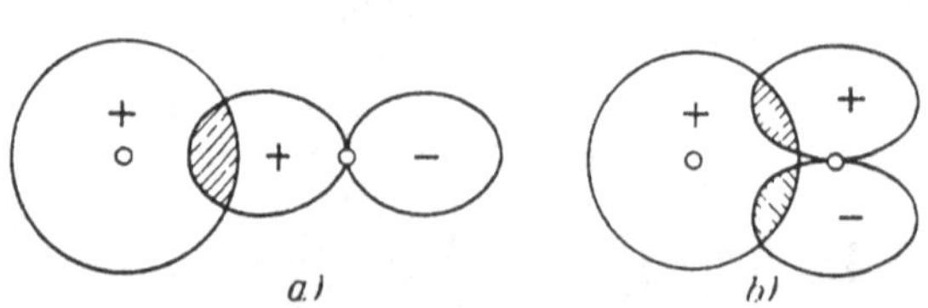

Abb. 18: Die Überlappung zwischen s- und p-Atomorbitalen a) σ-Typ; b) π-Typ

Analoge Überlegungen lassen sich für die Überlappung von Atomorbitalen mit d-Orbitalen anstellen. Ein solches Herangehen an die Festlegung der räumlichen Vorzugsrichtung von Bindungen gestattet in vielen Fällen die Geometrie der Moleküle zu erkennen und zu verstehen. Dazu einige Beispiele:

Im Schwefelatom besetzt je ein ungepaartes Elektron das $3p_x$- und $3p_y$-Atomorbital. Die S—H-Bindungen im H_2S-Molekül sind daher in Richtung dieser Atomorbitale ausgebildet (Abb. 19). Danach müßte der Bindungswinkel 90° betragen, experimentell wurden 92° gefunden.

Das Wassermolekül sollte eine analoge Geometrie besitzen. Der experimentelle Wert für den HOH-Bindungswinkel ist jedoch 104°. Diese Abweichung kann qualitativ wie folgt erklärt werden: Die Wechselwirkung der Wasserstoffatome mit dem Sauerstoffatom führt zu polarisierten O—H-Bindungen, d. h. ein Teil der Ladung der $1s$-Orbitale der H—Atome wird vom $2p$-Atomorbital des Sauerstoffatoms übernommen. Dadurch erhalten die Wasserstoffatome eine partielle positive Ladung, in den p-Orbitalen des Sauerstoffatoms entsteht ein Elektronenüberschuß. Die COULOMB-Wechselwirkung zwischen den partiell positiv geladenen Wasserstoffatomen und dem partiell negativ geladenen Sauerstoffatom führt zur Deformation des HOH-Bindungswinkels. An anderer Stelle werden dazu weitere Erklärungen gegeben.

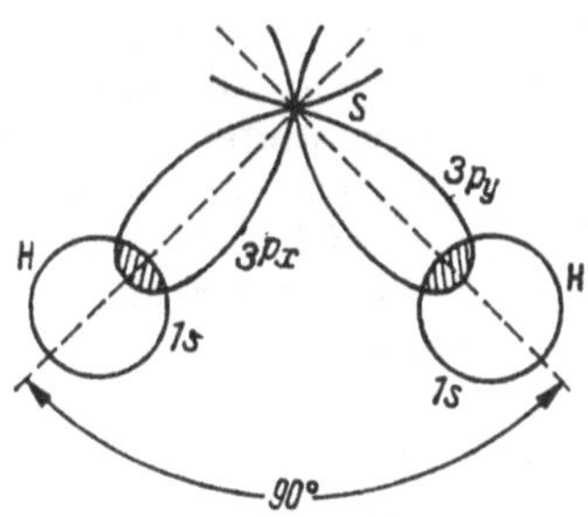

Abb. 19: Die Geometrie des H_2S-Moleküls

Analoge Überlegungen vermitteln auch für das Ammoniakmolekül qualitative Vorstellungen von der Molekülgeometrie. Der Grundzustand des Stickstoffatoms ist durch die Elektronenkonfiguration $(1s)^2$ $(2s)^2$ $(2p_x)^1$ $(2p_y)^1$ $(2p_z)^1$ charakterisiert. Jedes p-Orbital ist mit einem Elektron besetzt und nimmt an der Bindungsbildung mit den H-Atomen teil. Die Winkel zwischen den N—H-Bindungen sollten daher 90° betragen, experimentell wurde ein Winkel von 108° gefunden. Eine Erklärung für diese Abweichung folgt aus dem Konzept der Hybridisierung der Atomorbitale.

6.7. Hybridisierung

Während bei Verbindungen, an denen Sauerstoff- oder Stickstoffatome beteiligt sind, eine plausible Erklärung der Molekülgeometrie oft möglich ist, versagen diese Vorstellungen im Fall von Kohlenstoffverbindungen vollkommen. Die Elektronenkonfiguration des Kohlenstoffatoms ist $(1s)^2$ $(2s)^2$ $(2p_x)^1$ $(2p_y)^1$ $(2p_z)^0$. Danach besitzt das Kohlenstoffatom zwei ungepaarte Elektronen und sollte in seinen Verbindungen zweiwertig auftreten. Von wenigen Ausnahmen abgesehen ist Kohlenstoff jedoch vierwertig. Es erhebt sich die Frage, auf welche Weise der Kohlenstoff vier Valenzen betätigen kann. Eine Erklärung dafür wird durch das Konzept der Hybridisierung gegeben.

Eines der $2s$-Elektronen wird bei Energiezufuhr in den $2p_z$-Zustand angehoben, die Elektronenkonfiguration für das C-Atom ist dann $(1s)^2 (2s)^1 (2p_x)^1 (2p_y)^1 (2p_z)^1$. Bei der Verbindungsbildung wird diese sogenannte Promotionsenergie und ein zusätzlicher Energiebetrag zur Hybridisierung bei weitem überkompensiert. Wenn die Verbindungsbildung, z. B. mit vier Wasserstoffatomen zum Methan, durch Überlappung mit dem $2s$- und den drei $2p$-Atomorbitalen zustande käme, sollten sich die C—H-Bindungen hinsichtlich der Länge und Bindungsenergie unterscheiden. Die experimentelle Erfahrung zeigt jedoch, daß Methan die Struktur eines regulären Tetraeders mit vier äquivalenten C—H-Bindungen besitzt. PAULING [36] klärte diesen Widerspruch dadurch auf, daß er für die Bindungsbildung nicht die Überlappung mit den reinen Atomorbitalen, sondern eine Überlappung der $1s$-Atomorbitale der Wasserstoffatome mit sogenannten Hybridorbitalen annahm. Die Hybridisierung der Atomorbitale kann man sich als eine „Mischung" des $2s$- und der drei $2p$-Atomorbitale vorstellen, wodurch vier Hybridorbitale mit gleichem s- und p-Charakter entstehen. Die mathematische Formulierung der Hybridorbitale erfolgt als Linearkombination der reinen Atomorbitale. Die Linearkombinationen für die vier Hybridorbitale ψ_i des Kohlenstoffs haben folgende Form:

$$\begin{aligned}
\psi_1 &= a_1\chi_{2s} + b_1\chi_{2p_x} + c_1\chi_{2p_y} + d_1\chi_{2p_z},\\
\psi_2 &= a_2\chi_{2s} + \ldots\ldots\ldots + d_2\chi_{2p_z},\\
\psi_3 &= a_3\chi_{2s} + \ldots\ldots\ldots + d_3\chi_{2p_z},\\
\psi_4 &= a_4\chi_{2s} + \ldots\ldots\ldots + d_4\chi_{2p_z}.
\end{aligned} \tag{6.54}$$

Da alle Orbitale ψ_i normiert und orthogonal sein sollen, gilt

$$\int \psi_i^*\psi_i \, d\tau = a_i^2 + b_i^2 + c_i^2 + d_i^2 = 1 \quad (i = 1, 2, 3, 4) \tag{6.55}$$

und

$$\int \psi_i^*\psi_j \, d\tau = a_i a_j + b_i b_j + c_i c_j + d_i d_j = 0. \tag{6.56}$$

Die Indizes i und j in den Gleichungen (6.55) und (6.56) durchlaufen alle Werte von 1 bis 4. Mit der Normierungsbedingung (6.55) stehen vier, mit der Orthogonalitätsbedingung (6.56) weitere sechs Gleichungen zur Bestimmung der Koeffizienten des Gleichungssystems (6.54) zur Verfügung. Sechs Koeffizienten bleiben unbestimmt, deshalb gibt es eine unendliche Anzahl von Hybridfunktionen. Da alle vier C—H-Bindungen im Methan nach experimentellen Befunden gleichwertig sind und den gleichen Anteil s- und p-Charakter haben, ist

$$a_1 = a_2 = a_3 = a_4 \tag{6.57}$$

und

$$|b_i| = |c_i| = |d_i|. \tag{6.58}$$

Das 2s-Atomorbital ist nur mit einem Elektron besetzt, es gilt

$$a_1^2 + a_2^2 + a_3^2 + a_4^2 = 1 \qquad (6.59)$$

und folglich ist

$$a_1 = a_2 = a_3 = a_4 = {}^1/_2. \qquad (6.60)$$

Zur Illustration der Vorzugsrichtungen der Bindungen wird der Kern des Kohlenstoffatoms in den Koordinatenursprung in den Mittelpunkt eines Würfels gelegt, die Koordinatenachsen verlaufen parallel zu den Würfelkanten (Abb. 20). Die fett eingezeichneten Bindungen sind untereinander äquivalent und schließen einen Winkel von 109°28′ ein. Für eine solche Anordnung der Hybridorbitale gelten die Beziehungen

$$\begin{aligned} b_1 &= c_1 = d_1, & -b_3 &= c_3 = -d_3, \\ b_2 &= -c_2 = -d_2, & -b_4 &= -c_4 = d_4. \end{aligned} \qquad (6.61)$$

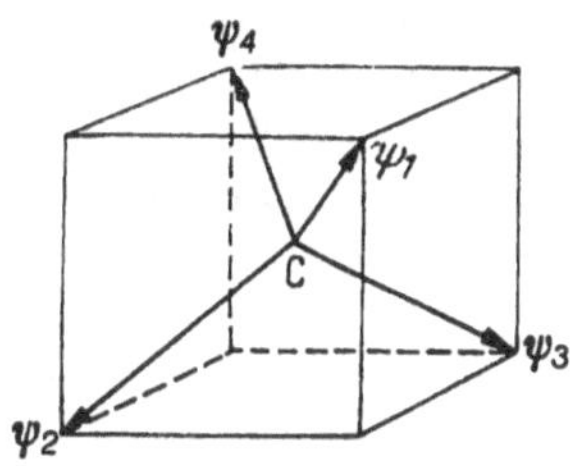

Abb. 20: Tetraedermodell der sp^3-Hybridorbitale des Kohlenstoffatoms

Mit (6.61) steht eine genügend große Zahl von Bestimmungsgleichungen zur Ermittlung der Koeffizienten in (6.54) zur Verfügung. Für die Kohlenstoff-Hybridorbitale werden dann die Linearkombinationen

$$\begin{aligned} \psi_1 &= {}^1/_2(\chi_{2s} + \chi_{2p_x} + \chi_{2p_y} + \chi_{2p_z}), \\ \psi_2 &= {}^1/_2(\chi_{2s} + \chi_{2p_x} - \chi_{2p_y} - \chi_{2p_z}), \\ \psi_3 &= {}^1/_2(\chi_{2s} - \chi_{2p_x} + \chi_{2p_y} - \chi_{2p_z}), \\ \psi_4 &= {}^1/_2(\chi_{2s} - \chi_{2p_x} - \chi_{2p_y} + \chi_{2p_z}). \end{aligned} \qquad (6.62)$$

erhalten. Diese Hybridorbitale werden als sp^3-Orbitale bezeichnet.

In den ungesättigten Kohlenwasserstoffen hat der Kohlenstoff eine andere Elektronenkonfiguration. Im Äthylenmolekül

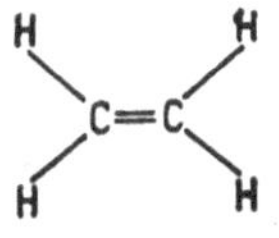

liegen alle Atome in einer Ebene, alle Bindungswinkel sind gleich 120°. Die C—C-Bindung ist im Äthylen deutlich kürzer und hat eine höhere Bindungsenergie als im Äthan (1,34 Å und 120 kcal/mol im Äthylen; 1,54 Å und 80 kcal/mol im Äthan). Dieser Unterschied wird durch das Vorliegen einer zusätzlichen Bindung im Äthylen erklärt, die durch die Überlappung reiner $2p$-Atomorbitale zustande kommt. Die zwei verbleibenden $2p$-Orbitale und das $2s$-Orbital jedes Kohlenstoffatoms bilden drei Hybridorbitale, von denen zwei an den C—H-Bindungen und eines an der zweiten C—C-Bindung beteiligt sind. Die Linearkombinationen für die drei Hybridorbitale haben folgendes Aussehen

$$\begin{aligned} \psi_1 &= a_1\chi_{2s} + b_1\chi_{2p_x} + c_1\chi_{2p_y}, \\ \psi_2 &= a_2\chi_{2s} + b_2\chi_{2p_x} + c_2\chi_{2p_y}, \\ \psi_3 &= a_3\chi_{2s} + b_3\chi_{2p_x} + c_3\chi_{2p_y}. \end{aligned} \tag{6.63}$$

Für die Bestimmung der neun Koeffizienten stehen unter Berücksichtigung der Orthonormierungsbedingung sechs Gleichungen zur Verfügung. Drei weitere Gleichungen liefert die Annahme, daß der s-Anteil in allen Hybridorbitalen gleich ist (d. h. $a_1 = a_2 = a_3 = \sqrt{1/3}$) und daß eines der Hybridorbitale kolinear mit der x-Achse ist (d. h. $c_1 = 0$). Somit können alle Koeffizienten ermittelt werden. Die Hybridorbitale lassen sich nun wie folgt formulieren:

$$\begin{aligned} \psi_1 &= \frac{1}{\sqrt{3}} (\chi_{2s} + \sqrt{2}\,\chi_{2p_x}), \\ \psi_2 &= \frac{1}{\sqrt{3}} \left(\chi_{2s} - \frac{\sqrt{2}}{2}\,\chi_{2p_x} + \frac{\sqrt{6}}{2}\,\chi_{2p_y}\right), \\ \psi_3 &= \frac{1}{\sqrt{3}} \left(\chi_{2s} - \frac{\sqrt{2}}{2}\,\chi_{2p_x} - \frac{\sqrt{6}}{2}\,\chi_{2p_y}\right). \end{aligned} \tag{6.64}$$

Eine schematische Darstellung dieser sp^2-Orbitale ist in Abb. 21 wiedergegeben.

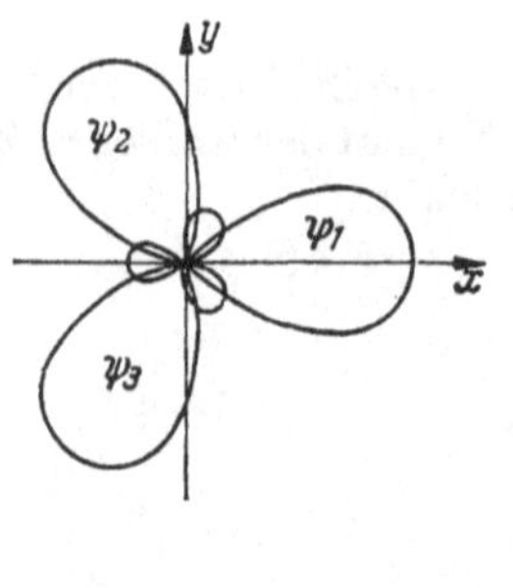

Abb. 21: sp^2-Hybridorbitale des Kohlenstoffatoms

Für die Kohlenstoff-Atomorbitale ist eine weitere Hybridisierungsmöglichkeit zu sp-Hybridorbitalen gegeben. Damit lassen sich die Bindungsverhältnisse von Dreifachbindungen (z. B. im Acetylen) verstehen. Darauf soll jedoch nicht näher eingegangen werden.

Die Elektronenkonfiguration des Sauerstoffatoms im Wassermolekül kann ähnlich der des Kohlenstoffs im Methan durch sp^3-Hybridorbitale dargestellt werden. Zwei Hybridorbitale sind mit je zwei Elektronen besetzt (freie Elektronenpaare), die beiden übrigen mit je einem Elektron. Ausgehend von dieser Elektronenkonfiguration sollte der HOH-Bindungswinkel etwa 109° betragen, also weit größer sein als der experimentell gemessene (104°). Offensichtlich bilden die Hybridorbitale im Sauerstoff kein streng reguläres Tetraeder. Analoges gilt für das Ammoniakmolekül.

Die (freien) Elektronenpaare in den Hybridorbitalen tragen merklich zum Dipolmoment in einem Molekül bei, da die Ladungsschwerpunkte der Orbitale nicht mehr mit den jeweiligen Kernen zusammenfallen.

6.8. Valenzzustände der Atome; σ-, π- und δ-Bindungen

Bei der Bindungsbildung können die Elektronenkonfigurationen der Atome, die an den Bindungen beteiligt sind, wesentlich von der des Grundzustandes abweichen. Man spricht daher vom Valenzzustand der Atome im Molekül. Da in den meisten Fällen die isolierten Atome in ihrem Valenzzustand nicht stabil sind, ist es unmöglich, die Energie, die für den Übergang aus dem Grundzustand in den Valenzzustand erforderlich ist, genau zu bestimmen. Experimentell sind lediglich die stationären angeregten Zustände bestimmbar, von denen aus der Übergang in den Valenzzustand erfolgt. Beispielsweise kann die Anregungsenergie für die Anhebung eines Elektrons im Kohlenstoffatom aus dem $2s$- in das $2p_z$-Atomorbital (die zum angeregten Zustand $(2s)^1\,(2p_x)^1\,(2p_y)^1\,(2p_z)^1$ führt) mit spektroskopischen Methoden bestimmt werden. Für die Überführung aus dem angeregten Zustand in den Valenzzustand muß noch ein zusätzlicher Energiebetrag aufgebracht werden. Die von verschiedenen Autoren ermittelten Werte für diese Energien unterscheiden sich z. T. sehr stark. So erfordert z. B. der Anregungsprozeß

$$(2s)^2(p_x)^1(2p_y)^1 \rightarrow (2s)^1(2p_x)^1(2p_y)^1(2p_z)^1 \tag{6.65}$$

eine Promotionsenergie von etwa 96 kcal/mol, für den Gesamtprozeß der Überführung des Kohlenstoffatoms aus dem Grundzustand in den Valenzzustand

$$(2s)^2(2p_x)^1(2p_y)^1 \rightarrow \psi_1{}^1\psi_2{}^1\psi_3{}^1\psi_4{}^1$$

werden unterschiedliche Werte, die zwischen 100 und 200 kcal/mol liegen, angegeben [37].

Die Bindungen zwischen den Atomen werden je nach der Art der Überlappung der verschiedenen Orbitale bezeichnet. Man unterscheidet zwischen Einfach- und Mehrfachbindungen. Die durch ein Elektronenpaar vermittelte Bindung wird Einfach- oder σ-Bindung genannt. σ-Bindungen entstehen bei der Überlappung von s-Orbitalen mit s- oder p-Orbitalen oder von p- mit p-Orbitalen usw. (vgl. Abb. 22). Die σ-Bindungen sind charakterisiert durch eine um die Kernverbindungsachse rotationssymmetrische Elektronenverteilung. In den Strukturformeln chemischer Verbindungen wird die σ-Bindung durch einen Valenzstrich dargestellt.

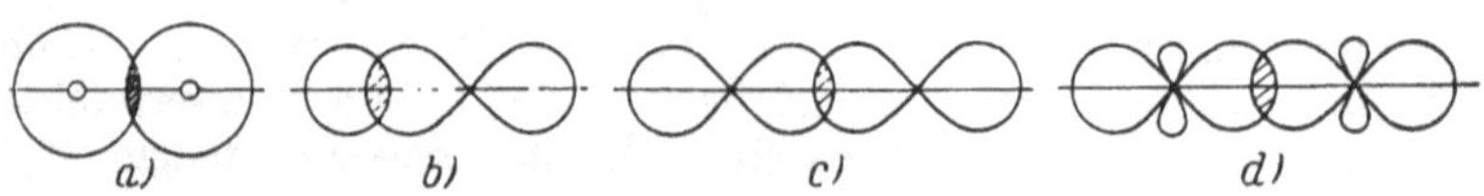

Abb. 22: **Entstehung von σ-Bindungen durch Orbitalüberlappung a) zwischen s-Orbitalen; b) zwischen einem s- und einem p-Orbital; c) zwischen p-Orbitalen; d) zwischen d-Orbitalen**

Mehrfachbindungen werden durch mehrere Elektronenpaare vermittelt. Im Äthylen liegt beispielsweise eine Doppelbindung, im Acetylen eine Dreifachbindung vor

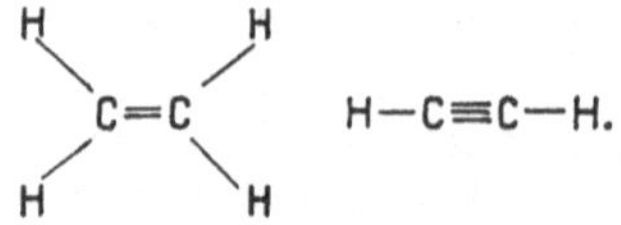

Die Doppelbindung im Äthylenmolekül resultiert aus der Überlappung zwischen zwei sp^2-Hybridorbitalen (σ-Bindung) und zwischen zwei $2p_z$-Atomorbitalen. Die zweite Bindung, die durch die Überlappung der $2p_z$-Atomorbitale zustande kommt, wird als π-Bindung bezeichnet. π-Bindungen werden auch durch die Überlappung von p-Orbitalen mit d-Atomorbitalen und Überlappung zwischen d-Orbitalen gebildet (Abb. 23). Die π-Bindungen zeichnen sich durch eine Elektronendichteverteilung aus, die eine Knotenebene hat. Diese Knotenebene enthält die Kernverbindungsachse.

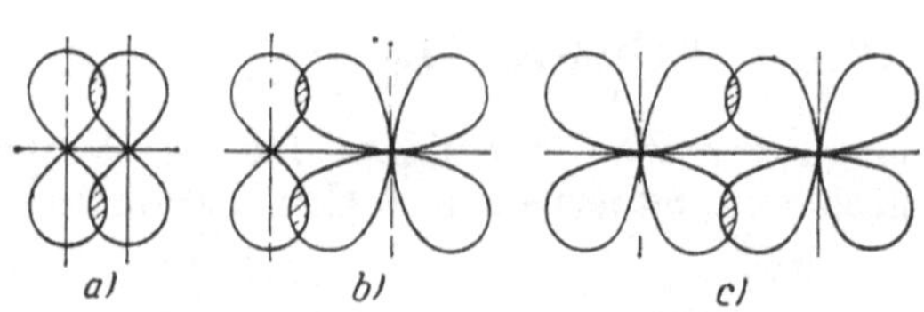

Abb **23: π-Bindungen a) $p_\pi - p_\pi$; b) $p_\pi - d_\pi$; c) $d_\pi - d_\pi$**

Sind Atome mit d-Atomorbitalen an der Verbindungsbildung beteiligt, dann ist neben der Ausbildung von σ- und π-Bindungen auch die Möglichkeit der Überlappung zwischen den d-Orbitalen zu den sogenannten δ-Bindungen gegeben (Abb. 24). Die Bindungsenergien von δ-Bindungen sind wesentlich geringer als die von σ- und π-Bindungen. δ-Bindungen haben besonders für die Komplexbildung Bedeutung.

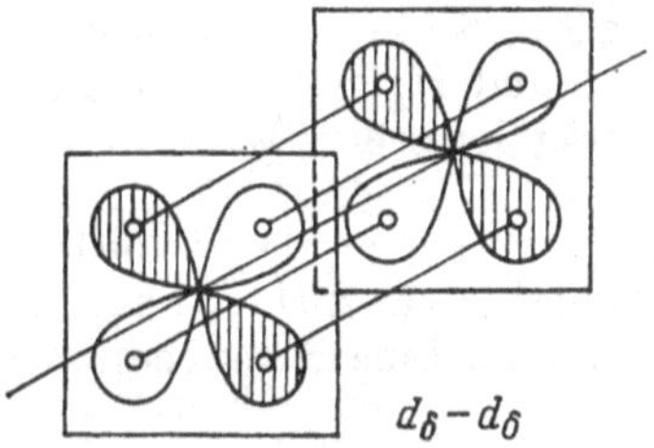

Abb. 24: δ-Bindung

In vielen Molekülen liegen Einfach- und Mehrfachbindungen isoliert vor und beeinflussen sich wenig. In anderen Molekülen kann man nicht mehr von reinen Einfach- und reinen Doppelbindungen sprechen, sie nehmen eine Mittelstellung ein (konjugierte π-Elektronensysteme).

6.9. Kovalente und polare Bindungen

Die in Abschnitt 6.2 berechneten Molekülorbitale für das Wasserstoffmolekül sind identisch mit denen des H_2^+-Molekülions, sie unterscheiden sich lediglich in der Besetzung mit Elektronen und damit in der Bindungsenergie. Entsprechend dem PAULI-Prinzip besetzen die beiden Elektronen im Wasserstoffmolekül das bindende Molekülorbital:

$$\varphi(1) = \frac{1}{\sqrt{2}} [\chi_a(1) + \chi_b(1)],$$

$$\varphi(2) = \frac{1}{\sqrt{2}} [\chi_a(2) + \chi_b(2)]. \tag{6.66}$$

Die Kerne sind in (6.66) mit a und b, die Elektronen mit (*1*) und (*2*) bezeichnet. Die vollständige Wellenfunktion hat die Form

$$\Phi(1, 2) = \varphi(1)\varphi(2) = \frac{1}{2} [\chi_a(1) + \chi_b(1)] [\chi_a(2) + \chi_b(2)]$$

$$= \frac{1}{2} [\chi_a(1)\chi_a(2) + \chi_a(1)\chi_b(2) + \chi_b(1)\chi_a(2) + \chi_b(1)\chi_b(2)], \tag{6.67}$$

$\chi_a(1)\chi_a(2)$ entspricht dem Zustand $H_a^- H_b^+$ (beide Elektronen sind am Atom H_a lokalisiert), $\chi_b(1)\chi_b(2)$ dem Zustand $H_a^+ H_b^-$.

$\chi_a(1)\chi_b(2) + \chi_a(2)\chi_b(1)$ entspricht der reinen kovalenten Bindung, die dadurch charakterisiert ist, daß sich ein Elektron im Feld des Kerns a und ein Elektron im Feld des Kerns b befindet. Bindungen, die durch die Wechselwirkung zweier Elektronen im Feld zweier Kerne zustande kommen, werden kovalente Bindungen genannt. Bei der Ausbildung kovalenter Bindungen ist jedoch die Wahrscheinlichkeit nicht auszuschließen, daß ionische Strukturen (z. B. $H_a^- H_b^+$ und $H_a^+ H_b^-$ an der Bindung im H_2-Molekül) beteiligt sind. Der Beitrag ionischer Strukturen ist jedoch bei homonuklearen Bindungen gering.

Wir betrachten nun die Bindung zwischen zwei verschiedenen Atomen A und B. An ihr seien je ein Orbital und je ein Elektron der Atome beteiligt. Die Molekülorbitale φ_i werden dann als Linearkombinationen der Atomorbitale angesetzt

$$\varphi = c_1\chi_a + c_2\chi_b. \tag{6.68}$$

Die Vernachlässigung der Elektronenwechselwirkung bedeutet

$$F_{kl} = H_{kl}. \tag{6.69}$$

Aus

$$\det |H_{kl} - S_{kl}\varepsilon| = 0 \tag{6.70}$$

wird mit $S_{kl} = \delta_{kl}$

$$\begin{vmatrix} H_{aa} - \varepsilon & H_{ab} \\ H_{ba} & H_{bb} - \varepsilon \end{vmatrix} = 0. \tag{6.71}$$

Daraus resultiert eine Gleichung zweiten Grades bezüglich ε

$$(H_{aa} - \varepsilon)(H_{bb} - \varepsilon) - H_{ab}^2 = 0 \tag{6.72}$$

mit den Lösungen

$$\varepsilon = \frac{H_{aa} + H_{bb}}{2} \pm \frac{1}{2}\sqrt{(H_{aa} + H_{bb})^2 + 4(H_{ab}^2 - H_{aa}H_{bb})}. \tag{6.73}$$

Mit den Abkürzungen $H_{aa}/H_{bb} = p$ und $H_{ab}/(H_{aa} + H_{bb}) = s$ wird aus (6.73)

$$\varepsilon' = \frac{\varepsilon}{H_{aa} + H_{bb}} = \frac{1}{2} \pm \frac{1}{2}\sqrt{1 + 4\left[s^2 - \frac{p}{(1+p)^2}\right]}$$
$$= \frac{1}{2}\left(1 \pm \sqrt{\frac{(1-p)^2}{(1+p)^2} + 4s^2}\right). \tag{6.74}$$

Für stark verschiedene Kerne ($p \ll 1$) erhält man

$$\varepsilon' \approx \frac{1}{2}\left(1 \pm \sqrt{1 + 4s^2}\right) \simeq \frac{1}{2}\,[1 \pm (1 + 2s^2)]. \tag{6.75}$$

Da s klein gegen 1 ist, wurden in der Entwicklung der Wurzel nur die Terme bis s^2 berücksichtigt. Die Energie für das bindende Molekülorbital ist dann

$$\varepsilon_1 \approx H_{aa} + H_{bb} + \frac{H_{ab}^2}{(H_{aa} + H_{bb})}. \tag{6.76}$$

Es ist interessant, die Abhängigkeit der Koeffizienten in (6.68) von den Bindungseigenschaften des Moleküls AB, ausgedrückt durch die Parameter p und s, zu untersuchen. Dazu betrachten wir die Säkulargleichung

$$c_1(H_{aa} - \varepsilon) + c_2 H_{ab} = 0. \tag{6.77}$$

Da die Molekülorbitale normiert sind, gilt

$$c_1^2 + c_2^2 = 1. \tag{6.78}$$

Der Ausdruck $(c_2/c_1)^2$ ist ein Maß für den Anteil der ionischen Struktur A^+B^- an der Bindung. Wenn $(c_2/c_1) \approx 0$, dominiert die Struktur A^+B^-; ist $(c_2/c_1) \gg 1$, dann handelt es sich um die Struktur A^-B^+. $(c_2/c_1) = 1$ entspricht einer reinen kovalenten Bindung $A-B$. Wird der Ausdruck für ε_1 aus (6.74) in (6.77) eingesetzt, dann ist

$$\left(\frac{c_2}{c_1}\right)^2 = \left\{\frac{1}{2}\left[\frac{(p-1)}{s(p+1)} - \sqrt{\frac{1}{s^2}\frac{(p-1)^2}{(p+1)^2} + 4}\right]\right\}^2. \tag{6.79}$$

Mit

$$l = \frac{p-1}{p+1}\,\frac{1}{s} = \frac{H_{aa} - H_{bb}}{H_{ab}} \tag{6.80}$$

wird aus (6.79)

$$\left(\frac{c_2}{c_1}\right)^2 = \left[\frac{1}{2}\left(l - \sqrt{l^2 + 4}\right)\right]^2. \tag{6.81}$$

Die Abhängigkeit der Größe $(c_2/c_1)^2$ von l ist in Abb. 25 dargestellt. Der Parameter l charakterisiert die Resonanzeigenschaften einer Bindung. Bei Vergrößerung des Resonanzintegrals H_{ab} nehmen die Werte für l ab.

Ist das Elektronenpaar nicht symmetrisch zwischen den Kernen verteilt, sondern mehr in Richtung eines der Kerne verschoben, dann spricht man von einer polaren Atombindung. Bei der Lokalisierung des Bindungselektronenpaares an einem Zentrum wird die Bindung durch die Wechselwirkung zwischen zwei Ladungen mit verschiedenen Vorzeichen realisiert. In diesem Fall handelt es sich um eine reine Ionenbindung. Im NaCl ist etwa 0,8 einer Elektronenladung am Chloratom lokalisiert, d. h. in der Formelschreibweise $Na^{+0,8}\ Cl^{-0,8}$.

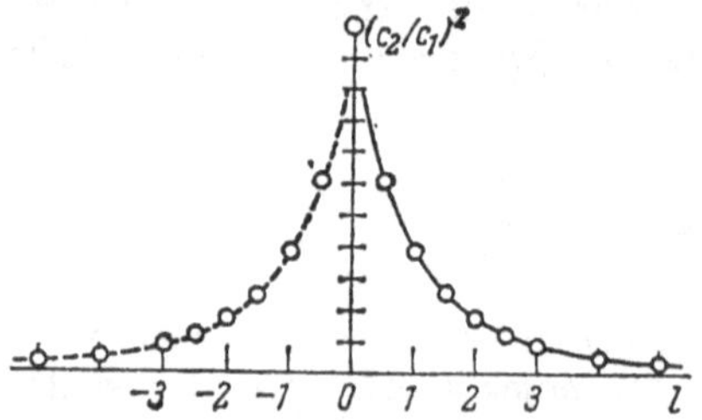

Abb. 25: Die Abhängigkeit $(c_2/c_1)^2$ von l

6.10. Experimentelle Methoden zur Untersuchung von Bindungseigenschaften

Daten über die Molekülstruktur, den Typ chemischer Bindungen usw. sind durch physikalisch-chemische Meßmethoden zugänglich. Besonders wertvolle Informationen liefern die verschiedenen Methoden der Molekülspektroskopie und die Beugungsmethoden. Vom Standpunkt der Quantenmechanik stellen die gemessenen Werte der Moleküleigenschaften die Mittelwerte der Operatoren dar, die bestimmten dynamischen Variablen entsprechen. In den Experimenten spielen nicht die Wellenfunktionen ψ selbst, sondern vielmehr die Mittelwerte bzw. Eigenwerte $\int \psi^* \hat{A}\, \psi\, d\tau$ eine Rolle. Bei der physikalischen Untersuchung der verschiedenen Molekülparameter handelt es sich also immer um das Auffinden der Wellenfunktion ψ über die experimentell mit Hilfe physikalisch-chemischer Meßmethoden zugänglichen Größen $\int \psi^* \hat{A} \psi\, d\tau$.

Die Wellenfunktion ψ kann in der Form

$$\psi = \psi(\lambda_1, \lambda_2, \ldots, \lambda_n) \tag{6.82}$$

geschrieben werden, die $\lambda_1, \lambda_2, \ldots, \lambda_n$ sind ein bestimmter Satz von Parametern. Diese Parameter sind in der LCAO-MO-Methode z. B. die Koeffizienten c_{ik} der Atomorbitale oder aber solche Größen wie die Bindungsordnungen, der Ionencharakter der Bindungen, die Hybridisierung u. a.. Ziel jeder physikalisch-chemischen Meßmethode ist die Bestimmung dieser Parameter λ_i.

Bei physikalisch-chemischen Untersuchungen können zwei Arten von Meßmethoden unterschieden werden. Zur ersten Gruppe gehören Verfahren zur Bestimmung der Molekülgeometrie, d. h. der Bindungsstände und

Valenzwinkel. Dazu zählen die Röntgenstrukturanalyse und die Elektronen- und Neutronenbeugungsmethoden. Die mit Hilfe dieser Verfahren gewonnenen Informationen über die Anordnung der Atome im Molekül sind die Grundlage für die Berechnung der Elektronenzustände, wie bei der Behandlung der ROOTHAANschen Gleichungen in Abschnitt 5.2. gezeigt wurde. Eine Reihe weiterer Methoden (NMR- Mikrowellen-, IR- und RAMAN-Spektroskopie, Dipolmomentmessung) liefert qualitative Aussagen über die relative Atomanordnung im Molekül (Molekülsymmetrie, Entfernungen zwischen Kernen mit magnetischen Momenten, Anordnung von Bindungsdipolen im Molekül, Trägheitsmomente).

Zur zweiten Gruppe von Meßmethoden zählen solche, die direkt oder indirekt Aussagen über die Elektronenzustände gestatten. Hierbei handelt es sich um solche Bindungseigenschaften wie Polarität, Bindungsfestigkeit, Anregungsenergien usw.. Dazu gehören die Methoden der Elektronenspektroskopie in Absorption und Emission, die Schwingungsspektroskopie, die Massenspektroskopie, die Elektronenspinresonanz-(EPR)- und Kernresonanz-(NMR)-Spektroskopie u. a..

In Tab. 7 sind die wichtigsten physikalisch-chemischen Untersuchungsmethoden zusammengestellt, zusammen mit Hinweisen über die meßbaren Größen und die mit ihrer Hilfe zugänglichen Parameter.

6.11. Elektronenmangel-Verbindungen

Verbindungen des Lithiums, Berylliums, Bors, Aluminiums sowie einiger anderer Elemente mit Wasserstoff oder Kohlenwasserstoffresten liegen gewöhnlich nicht in monomerer Form vor [38, 39, 40].

1. Verbindungen vom Typ R — Li:

Diese Verbindungen liegen meist als Assoziate vor. Lithiumäthyl und Lithiumbutyl existieren beispielsweise im gasförmigen Zustand und in Lösung als Hexamere $(C_2H_5Li)_6$ bzw. $(C_4H_9Li)_6$, Phenyllithium ist in ätherischer Lösung als Dimeres stabil. Für das dimere Phenyllithium läßt sich folgende Struktur formulieren:

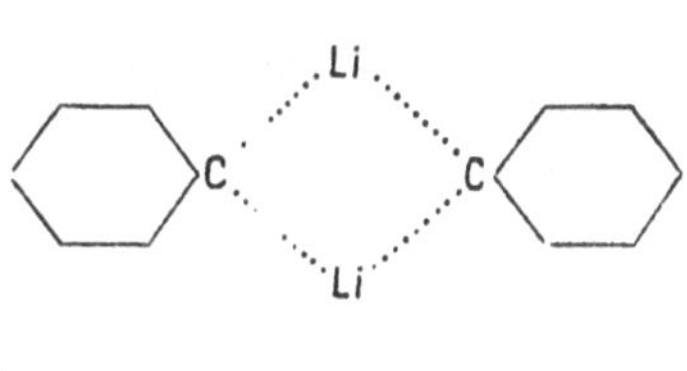

Tabelle 7: Physikalisch-chemische Methoden zur Untersuchung von Bindungseigenschaften

Methode	Meßgröße	Anwendungsbereich	erfaßte Parameter
NMR-Spektroskopie	Chemische Verschiebung, Spin-Spin-Kopplungskonstanten	Flüssigkeiten und Lösungen	Elektronendichteverteilung, Konformation und Symmetrie von Molekülen
ESR-Spektroskopie	Hyperfeinstrukturaufspaltung und -kopplung	Paramagnetische Verbindungen	Elektronen- und Spindichteverteilung in paramagnetischen Molekülen
Mikrowellen-Spektroskopie	Frequenzen von Rotationsübergängen	Gase und Dämpfe von Molekülen mit permanentem Dipolmoment	Molekülgeometrie, Dipolmomente
Kernquadrupolspektroskopie	Kernquadrupolkopplungskonstanten	Gase, Dämpfe und Festkörper	Elektronenverteilung, Hybridisierung, Ionencharakter von Bindungen
Rotations-Schwingungs-(IR- und RAMAN-) Spektroskopie	Kraftkonstanten, Lage der Rotations- und Schwingungsniveaus	alle Aggregatzustände	Konfiguration und Molekülsymmetrie, Bindungsgrad und Polarität von Bindungen
Elektronenspektroskopie	Übergangsenergien und -momente, Polarisationsgrad	alle Aggregatzustände	relative Lage, Multiplizität und Symmetrie von Energieniveaus

Methode	Meßgröße	Anwendungsbereich	erfaßte Parameter
Photoelektronen-Spektroskopie	Ionisierungs-energien	Gase und Festkörper	absolute Lage von Elektronenniveaus, Beeinflussung der Lage von Energie-niveaus durch die Elektronenverteilung, Atomladungen im Molekül
MÖSSBAUER-Spektroskopie	Isomerieverschiebung, Quadrupol- und Hyper-feinaufspaltung	Kristalle und schwere Komplexe	Energieniveaus von Atomen in Molekülen, *s*-Elektronendichte
Röntgenstrukturanalyse, Elektronen- und Neutronenbeugungsmethoden	Bindungswinkel und -abstände	Festkörper und Gase (Elektronenbeugung)	Molekülsymmetrie und -geometrie
Massenspektroskopie	Ionisierungsenergien	Gase und Dämpfe	relative Lage besetzter Energieniveaus in Molekülen, Bindungs- und Disso-ziationsenergien
Dipolmomentmessung	Dipolmoment	Lösungen, Gase, Dämpfe	Symmetrie und Konfiguration von Molekülen, Polarität von Bindungen
Thermochemie	Verbrennungs- und Bildungswärmen	alle Aggregatzustände	Dissoziations- und Bindungsenergien
Polarographie	Polarographische Halbstufenpotentiale	Lösungen leicht reduzier- und oxydierbarer Moleküle	relative Lage von Energieniveaus. Elektronenaffinität und Ionisierungsenergien

Das Lithiumatom betätigt in diesem Molekül zwei Bindungen, in höher aggregierten Verbindungen kann die Koordinationszahl bis auf vier anwachsen.

2. Verbindungen vom Typ R – Be:

Beryllium ist zweiwertig, Dimethylberyllium liegt aber vermutlich als unendliches Polymeres vor:

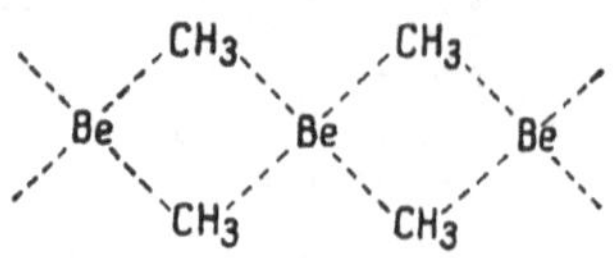

Alle C—Be-Bindungslängen sind in dem Polymeren gleich, jedes Berylliumatom betätigt formal vier, jedes Kohlenstoffatom formal fünf Bindungen.

3. Borwasserstoffe:

Obwohl Bor dreiwertig ist, hat der einfachste Borwasserstoff – das Diboran – eine dimere Struktur.

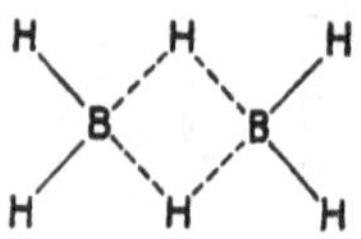

In dieser Struktur betätigt jedes Boratom formal vier Bindungen, die Brückenwasserstoffatome betätigen je zwei formale Bindungen [41].

4. Aluminiumalkyle AlR_3:

Aluminiumtrimethyl hat die folgende dimere Struktur,

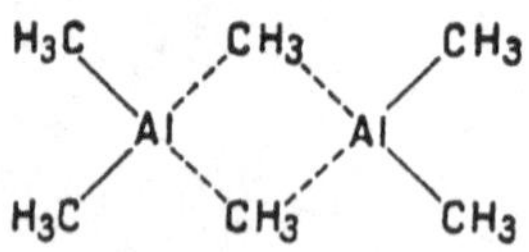

in der jedes Aluminiumatom formal mit vier Methylgruppen gebunden ist und jedes Kohlenstoffatom in der Brücke formal fünf Bindungen betätigt.

Die Verallgemeinerung dieser Strukturvorstellungen führt zu den folgenden Schlußfolgerungen [41, 42]:

a) In den betrachteten Molekülen sind keine Atome mit freien Elektronenpaaren eingebaut.

b) Die Lithium-, Beryllium-, Bor- und Aluminiumatome zeigen anomale Valenzeigenschaften: Die Zahl der von ihnen betätigten Bindungen ist größer als die Zahl der Valenzelektronen.

c) An den Brückenbindungen sind vier Elektronen beteiligt.

In Tab. 8 sind einige Strukturparameter für die oben aufgeführten Verbindungen zusammengestellt. Der MeC(H)Me-Valenzwinkel ist in allen Fällen kleiner als 90°. Das ist vermutlich die Folge davon, daß die Atomorbitale der Metallatome nicht nur mit den Orbitalen der Alkylreste bzw. der Wasserstoffatome, sondern auch untereinander in Wechselwirkung treten.

Tabelle 8: Strukturparameter einiger Elektronenmangel-Verbindungen

Struktur der Verbindungen		Bildungswärme in kcal/mol	Bindungsabstand R_{Me-Me} (als Summe der Kovalenzradien) in Å
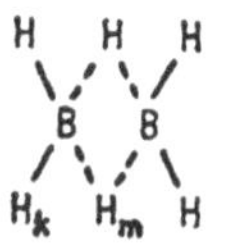	$r_{BB} = 1{,}78$ Å $r_{BH_k} = 1{,}19$ Å $r_{BH_m} = 1{,}34$ Å $\sphericalangle\ H_mBH_m = 100°$	32	1,82
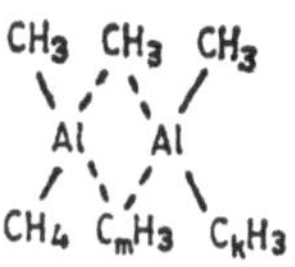	$r_{AlAl} = 2{,}55$ Å $r_{AlC_k} = 1{,}99$ Å $r_{AlC_m} = 1{,}24$ Å $\sphericalangle\ C_mAlC_m = 110°$	2,0	2,86
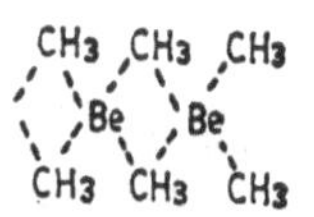	$r_{BeBe} = 2{,}10$ Å $r_{BeC} = 1{,}93$ Å $\sphericalangle\ CBeC = 114°$	—	2,26

Die Bor- und Aluminiumatome verfügen über unbesetzte $2p$- bzw. $3d$-Atomorbitale. Der Grundzustand des Boratoms ist charakterisiert durch die Elektronenkonfiguration $(1s)^2\ (2s)^2\ (2p_x)^1\ (2p_y)^0\ (2p_z)^0$. Bei der Anregung eines $2s$-Elektrons in ein $2p$-Atomorbital resultiert der Valenzzustand mit der Elektronenkonfiguration

$$(1s)^2(2s)^2(2p_x)^1(2p_y)^0(2p_z)^0 \rightarrow (1s)^2(2s)^1(2p_x)^1(2p_y)^1(2p_z)^0. \quad (6.83)$$

Es ist anzunehmen, daß außerdem eine Hybridisierung zu sp^3-Hybridorbitalen erfolgen kann

$$(2s)^1(2p_x)^1(2p_y)^1(2p_z)^0 \rightarrow \psi_1{}^1\psi_2{}^1\psi_3{}^1\psi_4{}^0 = \psi_1{}^1\psi_2{}^1[\psi_3{}^1\psi_4{}^0]. \quad (6.84)$$

An den Molekülorbitalen für die Brückenbindungen im Diboran sind zwei Hybridorbitale eines jeden Boratoms beteiligt, die mit nur einem Elektron besetzt sind. Analoge Überlegungen gelten für die Aluminiumtrialkyle.

Die Struktur der Elektronenmangel-Verbindungen kann mit den folgenden Annahmen verstanden werden:

a) Die Struktur der *R*-Li- und $(CH_3)_2Be$-Polymeren und der Aluminiumtrialkyle ist dadurch zu verstehen, daß je ein Hybridorbital und Elektron eines jeden Kohlenstoffatoms und je zwei Orbitale und je ein Elektron jedes Metallatoms an der Brückenbindung beteiligt sind. Die Orbitale der Metallatome sind nahezu tetraedrisch angeordnet. Für das Phenyllithium ergibt dieses Konzept das folgende Bild

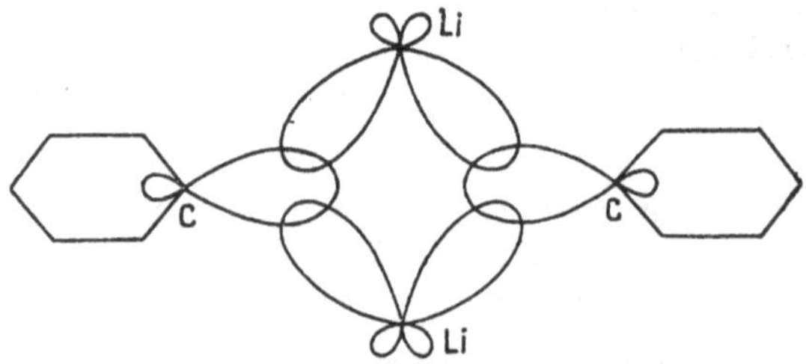

b) Bei der Bildung derartiger Polymerer resultieren Molekülorbitale, die vier Zentren umfassen (Vierzentren-Molekülorbitale).

c) Die Bindungen entstehen durch elektrostatische Wechselwirkungen der über die vier Atome delokalisierten Elektronen.

6.12. Donator-Akzeptor-Verbindungen

Zwischen Molekülen mit Atomen mit einsamen Elektronenpaaren und Molekülen mit energetisch tiefliegenden unbesetzten Orbitalen besteht die Möglichkeit zur Ausbildung von sogenannten Donator-Akzeptor-Bindungen [37, 43]. Beispiele dafür sind Molekülkomplexe von Verbindungen wie *R*OLi, $BeCl_2$, Aluminiumchloride u. a.. Die Strukturen einiger dieser Molekülkomplexe sind in Abb. 26 dargestellt.

Das Lithiummethylat bildet ein in organischen Lösungsmitteln unlösliches Schichtpolymer, in dem jedes Lithiumatom von vier Sauerstoffatomen umgeben ist. Für die Bindungsbildung wird die Beteiligung von vier Hybridorbitalen je Lithium- und Sauerstoffatom wahrscheinlich gemacht [44]. Demgegenüber bildet das Lithium-tert.-butylat in Cyclohexanlösung Hexamere, die sich aus zwei Trimeren-Einheiten aufbauen (Abb. 27). Die O---Li- und O—Li-Bindungen werden als gleichlang angenommen. In der Sechsringstruktur ist die Ausbildung von Sechszentren-Molekülorbitalen

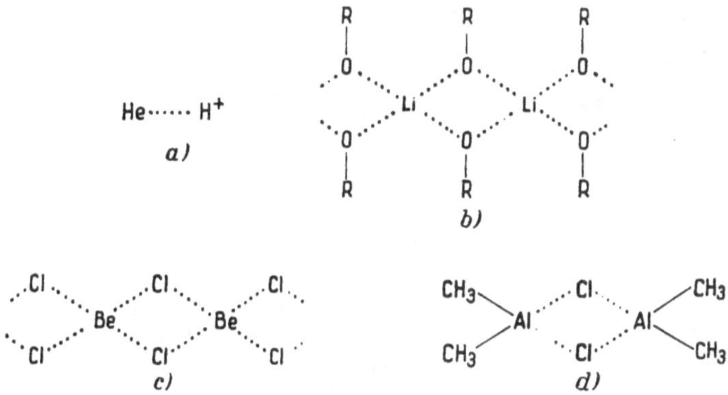

Abb. 26: Die Struktur von Molekülkomplexen mit Donator—Akzeptor-Bindungen a) HeH^+-Molekülion; b) Schichtpolymerstruktur von $[(OR)_2Li]_x$; c) $(BeCl_2)_x$; d) Dimeres Dimethylaluminiumchlorid

möglich, die sich als Linearkombinationen aus Sauerstoff—sp^2- und Lithium—sp^2-Hybridorbitalen ansetzen lassen [45]. Das Orbitalschema der Bindungsbildung ist in Abb. 28 gezeigt, die $2p_z$-Atomorbitale der Lithium- und Sauerstoffatome sind senkrecht zur Molekülebene angeordnet und in der Abbildung weggelassen. Die $2p_z$-Atomorbitale der Sauerstoffatome sind durch freie Elektronenpaare besetzt, die der Lithiumatome sind unbesetzt. Neben den aus Abb. 28 ersichtlichen lokalisierten Bindungen ist, ähnlich wie im Benzol, die Ausbildung von delokalisierten π-Bindungen möglich. Die quantenchemische Behandlung schon der *R*-O-Li-Einheit bereitet Schwierigkeiten, da pro O- und Li-Atom drei Atomorbitale bei der Bindungsbildung zu berücksichtigen sind.

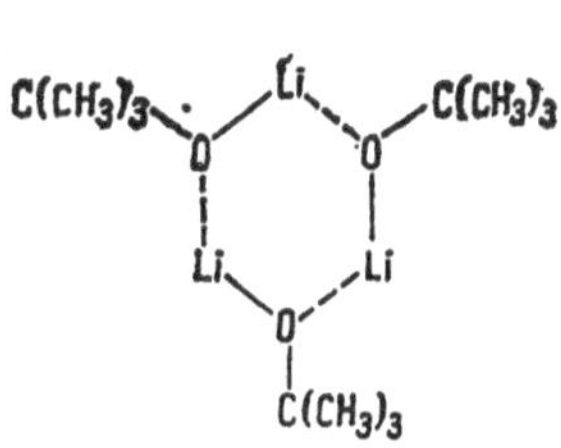

Abb. 27: Das trimere Lithium-tert.-butylat

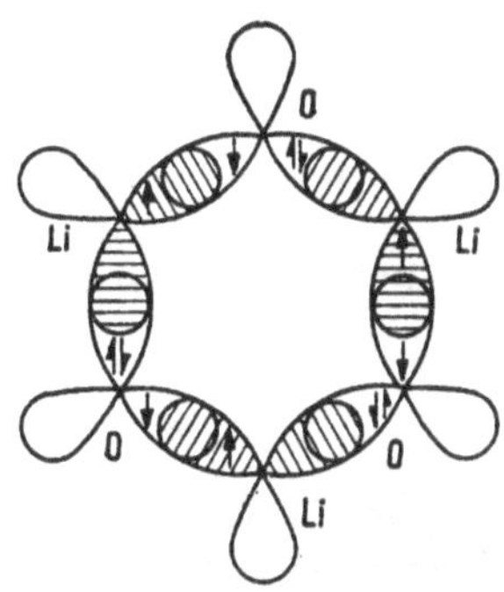

Abb. 28: Orbitalüberlappung im trimeren Lithium-tert.-butylat
(Die $2p_z$-Atomorbitale sind nicht eingezeichnet)

Im dimeren Aluminiumchlorid sind alle Al-Cl-Brückenbindungen gleichlang. Obwohl die zwei Al—Cl-Bindungen normale kovalente Bindungen darstellen und die beiden Al---Cl-Bindungen Donator-Akzeptor-Bindungen sind, werden sie als gleichwertig angesehen.

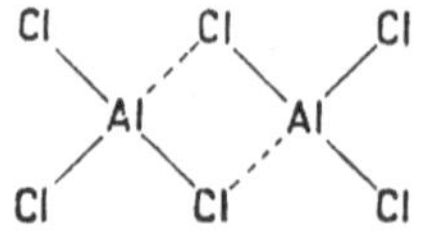

Das entspricht der quantenchemischen Betrachtungsweise, wonach lokalisierte Orbitale der AlCl-Bindung durch Überlappung der Hybridorbitale der Aluminium- und der Chloratome sowohl im Falle von kovalenten Al—Cl-Bindungen als auch im Fall von Donator-Akzeptor-Bindungen entstehen. Der Unterschied bei der Bindungsbildung besteht darin, daß an der kovalenten Bindung je ein Elektron der beiden Atome beteiligt ist, während die Bindungselektronen der Donator-Akzeptor-Bindung nur von einem Atom stammen:

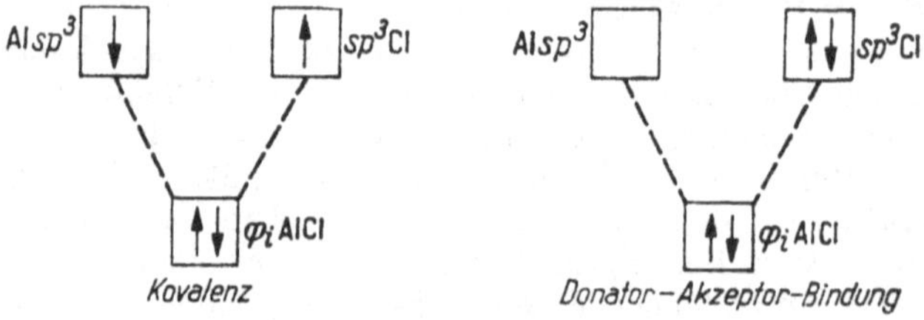

Die einfachste Donator-Akzeptor-Verbindung ist das HeH^+-Molekülion, das man sich auf folgende Weise entstanden denken kann

$$He + H^+ \rightarrow HeH^+. \tag{6.85}$$

Die Bindung wird durch das Elektronenpaar des Heliumatoms vermittelt. In erster Näherung kann angenommen werden, daß sich die HeH^+-Molekülorbitale aus den 1s-Funktionen des Helium- und des Wasserstoffatoms aufbauen

$$\varphi = c_1\chi_1 + c_2\chi_2, \tag{6.86}$$

χ_1 ist die Wellenfunktion des 1s-Orbitals des Heliumatoms, χ_2 die des Wasserstoffatoms.

Aus der Säkulardeterminante

$$\begin{vmatrix} \alpha_1 - \varepsilon & \beta \\ \beta & \alpha_2 - \varepsilon \end{vmatrix} = 0 \tag{6.87}$$

wird die Energie für das bindende Molekülorbital zu

$$\varepsilon = \frac{\alpha_1 + \alpha_2}{2} + \sqrt{\frac{(\alpha_1 - \alpha_2)^2}{4} + \beta^2} = \frac{\alpha_1 + \alpha_2}{2} + k\beta \quad (k > 1) \tag{6.88}$$

erhalten. Die Elektronenverteilung wird wie im Falle des H_2^+-Molekülions gefunden. Bereits die erste Näherung macht die Bindungsbildung bei Annäherung des Protons an das Heliumatom deutlich, wobei ein Molekülorbital entsteht, das beide Zentren umschließt. Genauere Untersuchungen haben gezeigt, daß die Bindung im HeH^+-Molekülion etwa 2/3 Kovalenzcharakter hat und zu etwa 1/3 auf Donator-Akzeptor-Wechselwirkung beruht [43].

6.13. Wasserstoffbrücken

Zu den in der Natur weitverbreiteten Bindungstypen, die einen großen Einfluß auf die physikalischen und chemischen Eigenschaften chemischer Verbindungen haben, gehören die Wasserstoffbrückenbindungen.

Wasserstoffbrückenbindungen bilden sich zwischen den Wasserstoffatomen von Hydroxyl- und Aminogruppen und Atomen mit großer Elektronegativität (N, O, F, Cl, gelegentlich auch C) aus [36, 37, 46].

Derartige Bindungen können sowohl innerhalb eines Moleküls (intramolekulare Wasserstoffbrückenbindung) als auch zwischen verschiedenen Molekülen (intermolekulare Wasserstoffbrückenbindung) wirken.

Sie spielen eine große Rolle beim Aufbau biologisch wichtiger Systeme. Die Bindungsenergien für Wasserstoffbrückenbindungen liegen im allgemeinen zwischen 2 und 10 kcal/mol, in einigen Fällen erreichen sie auch weit höhere Werte (z. B. beträgt die Bindungsenergie für die Wasserstoffbrückenbindung im HF_2^--Ion etwa 27 kcal/mol).

Tabelle 9: Kovalenz- und Ionenradien einiger Atome bzw. Ionen

Atom	Kovalenzradius in Å	Ion	Ionenradius in Å
H	0,3	H^+	10^{-5}
Li	1,34	Li^+	0,6
Na	1,54	Na^+	0,95
K	1,96	K^+	1,33
Rb	2,11	Rb^+	1,48
F	0,72	F^-	1,35
O	0,74	O^{2-}	1,40
N	0,74		
C	0,77		
Cl	0,99	Cl^-	1,80

Die einfachste Erklärung für das Zustandekommen von H-Brückenbindungen ist die Annahme einer elektrostatischen Anziehung zwischen dem partiell positiv geladenen H-Atom und einem freien Elektronenpaar eines Heteroatoms.

Da die Energie der COULOMB-Wechselwirkung dem Abstand umgekehrt proportional ist, wird diese Art der Wechselwirkung nur bei kleinen Atomabständen wirksam. Die Daten in Tab. 9 zeigen, daß das Wasserstoffatom wegen seines besonders kleinen Kovalenz- bzw. Ionenradius zur Ausbildung derartiger Bindungen besonders geeignet ist.

Mit dem Konzept der Donator-Akzeptor-Bindung läßt sich das Zustandekommen von Wasserstoffbrückenbindungen qualitativ erklären. Die Bindung wird durch ein Elektronenpaar des Donatormoleküls vermittelt. Voraussetzung für die Ausbildung der Donator-Akzeptor-Bindung ist das Vorhandensein tiefliegender unbesetzter Orbitale im Akzeptormolekül. Als Akzeptor kann beispielsweise ein Atom oder Molekülteil mit einer positiven Partialladung fungieren.

Eine Donator-Akzeptor-Wechselwirkung resultiert zwanglos bei einer quantenchemischen Untersuchung solcher Bindungssysteme. Beim Studium der Wasserstoffbrückenbindung

$$R_1 - A - H \cdots B - R_2 \tag{6.89}$$

wird wie folgt vorgegangen:

a) Die Molekülorbitale umfassen das gesamte Bindungssystem.

b) Die MOs werden durch den LCAO-Ansatz gebildet.

c) Unter Berücksichtigung der Konfiguration der Bindungspartner werden die Matrixelemente der ROOTHAAN-Gleichungen berechnet, d. h. die H_{BH} und S_{BH} sind zu finden, die den Kovalenzanteil der $B \cdots H$- Bindung bestimmen.

Kürzlich erschien eine Übersicht über quantenchemische Ansätze zur Untersuchung von Wasserstoffbrückenbindungen[1]). Die Entwicklung von Allvalenzelektronen- und ab-initio-Verfahren brachte auf diesem Gebiet weitere Fortschritte[2]).

Durch die explizite Berücksichtigung der $1s$-Orbitale der Wasserstoffatome ist die Möglichkeit gegeben, Wasserstoffbrückenbindungsenergıen

$$\Delta E_{HB} = E(A - \mathrm{H} \cdots B) - \{E(B) + E(A - \mathrm{H})\}$$

zu berechnen und die Geometrie bzw. Stereochemie der Wasserstoffbrücken mit Hilfe von Potentialkurvenberechnungen zu optimieren. Mit diesen

---

[1]) S. BRATOZ: Advances quant. Chem. 3, 209 (1967)

[2]) P. SCHUSTER: Theoret. chim. Acta [Berlin] 19, 212 (1970), Z. Chem. 13, 41 (1973)

Methoden läßt sich eine Ladungsübertragung vom Molekül mit freien Elektronenpaaren als Elektronendonator über die Wasserstoffbrückenbindung hinweg nachweisen.

In den Wasserstoffbrückenbindungen verhält sich der Wasserstoff wie ein zweiwertiges Atom, es ist an der Ausbildung von Mehrzentrenorbitalen beteiligt, die die Kerne A, H und B umfassen.

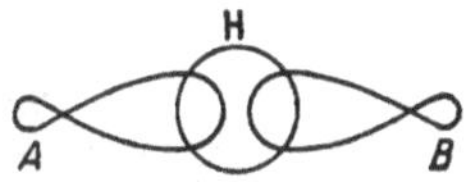

Struktur und Eigenschaften von Assoziaten mit Wasserstoffbrückenbindungen sollen an einigen Beispielen erklärt werden:

1. HF-Assoziate:

Der HFH-Bindungswinkel in den Assoziaten liegt in der Größenordnung von 120° (sp^2-Hybridorbitale der Fluoratome). Dagegen sind die Atome F ··· H ··· F linear angeordnet, was die Existenz von cyclischen Hexameren $(HF)_6$ mit einem Dipolmoment μ = Null erklärt. Daneben ist die Ausbildung von Kettenstrukturen möglich.

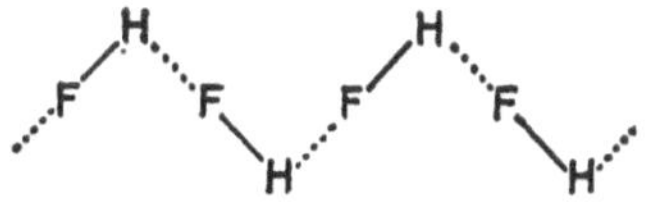

2. Alkohole:

Die Geometrie der Alkoholassoziate kann unter der Annahme der sp^2-Hybridisierung der Sauerstoffatome verstanden werden. In fester und flüssiger Phase liegen ketten- oder ringförmige Assoziate vor

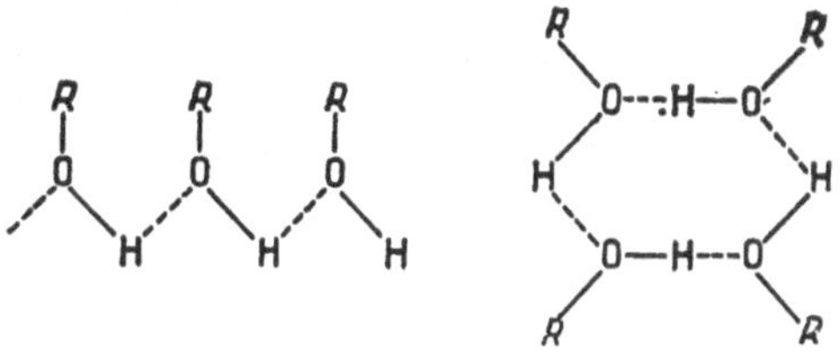

Ein Vergleich einiger physikalischer Konstanten des Äthanols mit denen des isomeren Dimethyläthers zeigt die Rolle der Wasserstoffbrückenbindungen:

	Äthanol	Dimethyläther
Schmelzpunkt, °C	−115	−141
Schmelzwärme, kcal/mol	1,15	0,95
Siedepunkt, °C	78	− 25
Verdampfungswärme, kcal/mol	10,2	4,4

3. Wasser:

Einige Anomalien des Wassers (Schmelz- und Verdampfungswärme, Siedepunkt) lassen sich nur auf Grund der Annahme von größeren Assoziaten, in denen die Einzelmoleküle durch Wasserstoffbrücken zusammengehalten werden, erklären. Wasserstoffbrückenbindungen bestimmen auch die Struktur des Eises. Röntgenstrukturanalysen und Neutronenbeugungsversuche sprechen dafür, daß jedes Sauerstoffatom von vier Wasserstoffatomen umgeben ist. Die Bindungslängen für die O—H-Bindungen betragen 1,00 Å, die für die O ··· H-Bindungen 1,76 Å. Die Struktur des Wassers bleibt im Eis unverändert.

4. Carbonsäuren:

Die Carbonsäuren liegen häufig als Dimere vor

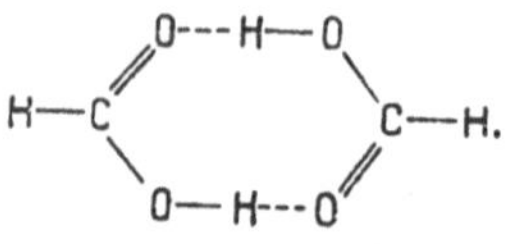

5. Acetylaceton:

Acetylaceton existiert in zwei tautomeren Formen, der Keto- und der Enol-Form. Die physikalischen Eigenschaften der Enol-Form (niedrigerer Siedepunkt gegenüber der Keto-Form, geringere Wasserlöslichkeit, gleiche Verdampfungswärme wie Keto-Form) lassen sich gut mit der Annahme intramolekularer Wasserstoffbrücken erklären. Durch die Ausbildung intermolekularer Wasserstoffbrückenbindungen wäre dieses Verhalten unverständlich. Die O—H-Bindungen in diesem quasiaromatischen Ring sind ausgeglichen (die C=C-Doppel- und C—C-Einfachbindungen sind gleichlang, dasselbe trifft für die C=O- und C—O- sowie für die C—H- und die O ··· H-Bindungen zu).

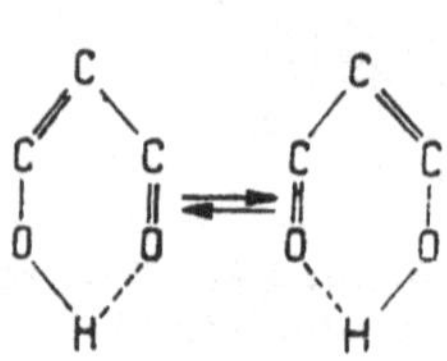

6. Wasserstoffbrückenbindungen unter Beteiligung von Kohlenstoffatomen [47]:
   Ein Beispiel dafür sind die Wasserstoffbrücken zwischen n-Amylalkohol und Benzylisonitril in Tetrachlorkohlenstofflösung.

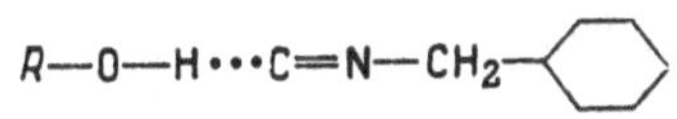

Die experimentellen Daten über Wasserstoffbrückenbindungen lassen sich wie folgt zusammenfassen:

a) Die $A - \mathrm{H}$- und $A \cdots \mathrm{H}$-Bindungslängen ($A = \mathrm{O, F}$) können ausgeglichen sein (Acetylaceton, FHF^-, $(HF)_6$), aber auch stark voneinander abweichen (Alkohole).

b) In vielen Assoziaten mit Wasserstoffbrücken sind Übergänge der Protonen aus einer Gleichgewichtslage in eine andere möglich (Tunneleffekt). Die Aufspaltung der Schwingungsniveaus in den IR-Spektren des Imidazols in unpolaren Lösungsmitteln kann durch einen derartigen Übergang erklärt werden

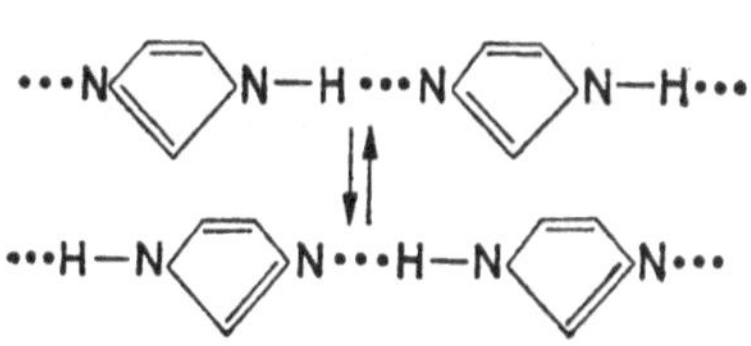

Die Wasserstoffbrückenbindung kann in derartigen Fällen als ein „Oszillieren" eines Protons im Felde zweier einsamer Elektronenpaare angesehen werden.

7 Näherungen der Roothaanschen Methode und einige Rechenbeispiele

7.1. Das Poplesche SCF-Verfahren [28, 48, 111]

Die Wellenfunktion eines Moleküls wird aus Spinorbitalen ψ_i in Form einer orthonormierten antisymmetrischen Produktfunktion Ψ als SLATER-Determinante

$$\Psi = \det |\psi_1 \psi_2 \dots \psi_n| \tag{7.1}$$
$(n = \text{Zahl der Elektronen})$

angesetzt. Die Spinorbitale setzen sich zusammen aus den Spinfunktionen α oder β und den mit dem LCAO-MO-Ansatz konstruierten Ortsfunktionen (Molekülorbitale φ_i):

$$\psi_1 = \varphi_1 \alpha \quad \psi_2 = \varphi_1 \beta \cdots \psi_{n-1} = \varphi_{n/2} \alpha \quad \psi_n = \varphi_{n/2} \beta \tag{7.2}$$

mit

$$\varphi_i = \sum_\mu c_{\mu i} \chi_\mu . \tag{7.3}$$

Mit dem Variationsprinzip lassen sich die Koeffizienten $c_{\mu i}$ bestimmen. Über die sog. Säkulargleichungen

$$\sum_\mu F_{\mu\nu} c_{\mu i} = E_i \sum_\mu S_{\mu\nu} c_{\mu i} \tag{7.4}$$

und die Säkulardeterminante

$$\det |F_{\mu\nu} - S_{\mu\nu} E_i| = 0 \tag{7.5}$$

sind $c_{\mu i}$ und E_i zugänglich.

$F_{\mu\nu}$ in den Gl. (7.4) bzw. (7.5) ist wie folgt definiert:

$$\begin{aligned} F_{\mu\nu} &= H_{\mu\nu}^{core} + \sum_{i,\varrho,\sigma} c_{\varrho i}^* c_{\sigma i} \, [2\langle\mu\nu|\varrho\sigma\rangle - \langle\mu\sigma|\nu\varrho\rangle] \\ &= H_{\mu\nu}^{core} + \sum_{\varrho,\sigma} (\sum_i 2 c_{\varrho i}^* c_{\sigma i}) \left[\langle\mu\nu|\varrho\sigma\rangle - \frac{1}{2}\langle\mu\sigma|\nu\varrho\rangle\right] \\ &= H_{\mu\nu}^{core} + \sum_{\varrho,\sigma} P_{\varrho\sigma} \left[\langle\mu\nu|\varrho\sigma\rangle - \frac{1}{2}\langle\mu\sigma|\nu\varrho\rangle\right] \end{aligned} \tag{7.6}$$

mit

$$H_{\mu\nu}^{core} = \int \chi_\mu^* \left\{ -\frac{1}{2} \nabla^2 - \sum_A \frac{Z_A}{r_A} \right\} \chi_\nu d\tau$$

$$= \int \chi_\mu^* \hat{H}_{core} \chi_\nu d\tau \tag{7.7}$$

und

$$P_{\varrho\sigma} = 2 \sum_{i=1}^{bes.} c_{\varrho i}^* c_{\sigma i} \tag{7.8}$$

und

$$\langle \mu\nu | \varrho\sigma \rangle = \iint \chi_\mu(1) \chi_\varrho(2) \frac{1}{r_{12}} \chi_\nu(1) \chi_\sigma(2) d\tau_1 d\tau_2. \tag{7.9}$$

Das Gleichungssystem (7.4) ist sowohl für die π-Elektronennäherung als auch für die quantenchemischen Allvalenzelektronenbehandlungen verwendbar.

Die π-Elektronennäherung ist dadurch charakterisiert, daß in Molekülen mit π-Elektronen nur diese explizit berücksichtigt werden und die Gesamtwellenfunktion in einen σ-Anteil und in eine π-Wellenfunktion separiert wird:

$$\psi = \psi_\sigma \psi_\pi. \tag{7.10}$$

Die σ-Elektronen und die Elektronen innerer Schalen werden als nichtpolarisierbarer Rumpf, in dessen Feld sich die π-Elektronen befinden, angenommen. Ihr Einfluß wird in $\hat{H}_{core}$

$$\hat{H}_{core} = -\frac{1}{2} \nabla^2 - \sum_A \frac{Z_A}{r_A} \tag{7.11}$$

einbezogen. Dabei wird ein effektives Z_A verwendet, um die Abschirmung der π-Elektronen durch die σ-Elektronen zu berücksichtigen.

Die Überlappungsintegrale $S_{\mu\nu}$ werden $S_{\mu\nu} = \delta_{\mu\nu}$ gesetzt. Weiterhin wird auf alle Elektronenwechselwirkungsintegrale die ZDO-(*z*ero *d*ifferential *o*verlap)-Näherung angewendet, d. h. alle Integrale $\langle \mu\nu | \varrho\sigma \rangle$ werden Null gesetzt, wenn $\mu \neq \nu$ und $\varrho \neq \sigma$:

$$\langle \mu\nu | \varrho\sigma \rangle = \langle \mu\mu | \varrho\varrho \rangle \, \delta_{\mu\nu} \delta_{\varrho\sigma} = \gamma_{\mu\varrho}. \tag{7.12}$$

Schließlich erhält man die Matrixelemente

$$F_{\mu\mu} = I_\mu + \frac{1}{2} P_{\mu\mu} \gamma_{\mu\mu} + \sum_{\sigma \neq \mu} (P_{\sigma\sigma} - Z_\sigma) \gamma_{\mu\sigma} \tag{7.13}$$

und

$$F_{\mu\nu} = \beta_{\mu\nu} - 1/2 P_{\mu\nu}\gamma_{\mu\nu}. \tag{7.14}$$

In (7.13) und (7.14) ist I_μ das Valenzzustandsionisierungspotential des Atoms μ, die $P_{\mu\nu}$ sind Elemente der Bindungsordnungsmatrix

$$P_{\mu\nu} = 2 \sum_{i=1}^{bes.} c_{\mu i}^* c_{\nu i}, \tag{7.15}$$

die $\gamma_{\mu\mu}$ bzw. $\gamma_{\mu\nu}$ sind Einzentren- bzw. Zweizentren-Wechselwirkungsintegrale, Z_σ ist die Rumpfladung des seiner π-Elektronen entblößten Atomes σ, und $\beta_{\mu\nu}$ sind empirisch festgelegte Resonanzintegrale. Die Resonanzintegrale werden Null gesetzt, wenn μ und ν nicht nächste Nachbaratome sind, d. h.

$$\beta_{\mu\nu} = \begin{cases} \beta & \text{für } \mu \text{ und } \nu \text{ benachbart,} \\ 0 & \text{wenn } \mu \text{ und } \nu \text{ nicht benachbart sind.} \end{cases}$$

Durch iterative Lösung von (7.4) bzw. (7.5) werden Eigenwerte und SCF-Wellenfunktionen erhalten, mit denen sich Moleküleigenschaften, die wesentlich von den π-Elektronen bestimmt werden, gut interpretieren lassen.[1])

7.2. Das HMO-(Hückelsche MO)-Verfahren [48,49]

Gegenüber dem POPLEschen SCF-Verfahren werden im HMO-Formalismus weitere Näherungen eingeführt.

Die Vernachlässigung der Elektronenwechselwirkung bedeutet

$$F_{\mu\mu} = H_{\mu\mu},$$
$$F_{\mu\nu} = H_{\mu\nu}. \tag{7.16}$$

Im Falle von Kohlenwasserstoffen mit konjugierten π-Elektronensystemen werden

$$H_{\mu\mu} = \alpha_\mu = \alpha \tag{7.17a}$$

und

$$H_{\mu\nu} = \beta_{\mu\nu} = \beta \tag{7.17b}$$

---

[1]) Über Einzelheiten der Methodik und Parametrisierungsfragen informiere man sich in der Originalarbeit [28] und in den neueren Übersichtsartikeln:
K. JUG: Theoret. chim. Acta [Berlin] **14**,91 (1969),
M. KLESSINGER: Fortschr. chem. Forsch. **9**, 354 (1968).

gesetzt. Wie im POPLEschen SCF-Verfahren werden nur für Bindungen zwischen benachbarten Atomen für die Resonanzintegrale $\beta_{\mu\nu}$ von Null verschiedene Werte angesetzt.

Am Butadienmolekül

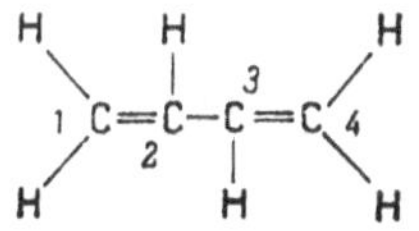

soll die Durchrechnung eines Beispiels gezeigt werden.

Die π-Molekülorbitale für das Butadien werden als Linearkombination der $2p_z$-Atomorbitale der Kohlenstoffatome dargestellt:

$$\varphi_i = \sum_{\mu=1}^{4} c_{\mu i}\chi_\mu ,$$

$$\chi_1 = 2p_{C_1}, \quad \chi_2 = 2p_{C_2}, \quad \chi_3 = 2p_{C_3}, \quad \chi_4 = 2p_{C_4}. \tag{7.18}$$

Das Gleichungssystem

$$\sum_\mu H_{\mu\nu}c_{\mu i} = E_i \sum_\mu \delta_{\mu\nu}c_{\mu i} \tag{7.19}$$

bzw.

$$\sum_\mu c_{\mu i}(H_{\mu\nu} - \delta_{\mu\nu}E_i) = 0 \tag{7.20}$$

ist zu lösen. Wie in der POPLEschen Näherung ist auch hier $S_{\mu\nu} = \delta_{\mu\nu}$. Damit die Koeffizienten $c_{\mu i}$ von Null verschiedene Werte annehmen, muß die Säkulardeterminante

$$\det |H_{\mu\nu} - \delta_{\mu\nu}E_i| = 0 \tag{7.21}$$

verschwinden. Im Falle des Butadiens hat (7.21) folgendes Aussehen:

$$\begin{vmatrix} \alpha - E & \beta & 0 & 0 \\ \beta & \alpha - E & \beta & 0 \\ 0 & \beta & \alpha - E & \beta \\ 0 & 0 & \beta & \alpha - E \end{vmatrix} = 0. \tag{7.22}$$

Division aller Matrixelemente durch β und die Substitution $(\alpha - E)/\beta = x$ vereinfacht (7.22) zu

$$\begin{vmatrix} x & 1 & 0 & 0 \\ 1 & x & 1 & 0 \\ 0 & 1 & x & 1 \\ 0 & 0 & 1 & x \end{vmatrix} = 0. \tag{7.23}$$

Daraus resultiert eine Gleichung vierten Grades

$$x^4 - 3x^2 + 1 = 0 \tag{7.24}$$

mit den Lösungen

$$x_1 = -1{,}62 \quad x_3 = 0{,}62$$

$$x_2 = -0{,}62 \quad x_4 = 1{,}62.$$

Die Energie der Molekülorbitale mit α als Nullpunkt der Energieskala ist dann

$$E_1 = \alpha + 1{,}62\beta \quad E_3 = \alpha - 0{,}62\beta \tag{7.25}$$

$$E_2 = \alpha + 0{,}62\beta \quad E_4 = \alpha - 1{,}62\beta.$$

Entsprechend dem PAULI-Prinzip kann jedes Orbital mit zwei Elektronen mit antiparallelem Spin besetzt werden. Da α und β negative Energiegrößen sind, sind im Grundzustand des Butadienmoleküls die energetisch am tiefliegendsten Molekülorbitale E_1 und E_2 mit den vier Elektronen des π-Elektronensystems besetzt.

7.3. Die Beschreibung von Verbindungen mit Heteroatomen

In π-Elektronensystemen mit Heteroatomen X werden nicht mehr alle COULOMB-Integrale α_μ und Resonanzintegrale $\beta_{\mu\nu}$ gleichgesetzt. Die COULOMB- und Resonanzintegrale für die Heteroatome X werden als empirisch gewählte Parameter behandelt:

$$\alpha_X = \alpha_C + h_X\beta_{CC} = \alpha + h_X\beta \tag{7.26}$$

$$\beta_{CX} = k_{CX}\beta_{CC} = k_{CX}\beta.$$

Beispielsweise kann für das Pyridin folgende Parametrisierung verwendet werden

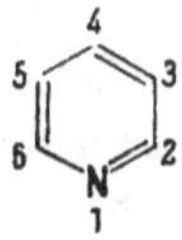

$$\alpha_N = \alpha + h_N\beta,$$
$$\beta_{12} = \beta_{16} = k_{CN}\beta,$$
$$\alpha_2 = \alpha_3 = \alpha_4 = \alpha_5 = \alpha_6 = \alpha,$$
$$\beta_{23} = \beta_{34} = \beta_{45} = \beta_{56} = \beta.$$

Die Determinante zur Ermittlung der Orbitalenergien hat die Form

$$\begin{vmatrix} \alpha + h_N\beta - E & k_{CN}\beta & 0 & 0 & 0 & k_{CN}\beta \\ k_{CN}\beta & \alpha - E & \beta & 0 & 0 & 0 \\ 0 & \beta & \alpha - E & \beta & 0 & 0 \\ 0 & 0 & \beta & \alpha - E & \beta & 0 \\ 0 & 0 & 0 & \beta & \alpha - E & \beta \\ k_{CN}\beta & 0 & 0 & 0 & \beta & \alpha - E \end{vmatrix} = 0.$$

Ihre Lösungen sind

$$E_i = \alpha + k_i\beta. \qquad (7.27)$$

Die positiven k_i-Werte entsprechen den bindenden Molekülorbitalen.

Die Auswahl der Heteroatomparameter h_X und k_{CX} kann nach verschiedenen Gesichtspunkten erfolgen.

Die COULOMB-Parameter h_X können zu den Ionisierungspotentialen der Atome X in Beziehung gesetzt werden. Das Vorzeichen für h_X ergibt sich aus dem Vergleich der Ionisierungspotentiale der Heteroatome mit dem des Kohlenstoffatoms. Da $H_{\mu\mu}$ proportional I_μ ist, wird h_X positiv, wenn das Ionisierungspotential des Heteroatoms X größer ist als das des Kohlenstoffatoms und umgekehrt. Die genaue Justierung von h_X erfolgt durch Vergleich berechneter mit experimentellen Moleküldaten.

Zur Abschätzung der Resonanzintegralparameter k_{CX} können Beziehungen zu Bindungslängen, Bindungsenergien oder anderen Bindungseigenschaften herangezogen werden.

Anhand von Bindungsenergien werden k_{CX}-Werte wie folgt erhalten: Die π-Bindungsenergie für Äthylen ist über die Säkulardeterminante

$$\begin{vmatrix} \alpha - E & \beta \\ \beta & \alpha - E \end{vmatrix} = 0$$

mit den Lösungen

$$E_1 = \alpha + \beta, \quad E_2 = \alpha - \beta$$

zugänglich. Im elektronischen Grundzustand ist das Molekülorbital E_1 mit zwei Elektronen besetzt, für die π-Elektronenenergie des Äthylens resultiert

$$2E_1 = 2\alpha + 2\beta.$$

Die Energie für zwei isolierte sp^2-hybridisierte Kohlenstoffatome beträgt $2E' = 2\alpha$. Die Differenz $2E_1 - 2E' = 2\beta$ stellt näherungsweise die π-Bindungsenergie im Äthylen dar. Andererseits kann dieser Energiebetrag als Differenz zwischen den Bindungsenergien einer formalen Doppelbindung und einer formalen Einfachbindung verstanden werden

$$2\beta = E_{C=C} - E_{C-C}.$$

Analog gilt für die Bindung eines Kohlenstoffatoms mit einem Heteroatom X

$$2\beta_{CX} = E_{C=X} - E_{C-X}, \tag{7.28}$$

und folglich ist

$$k_{CX} = \frac{E_{C=X} - E_{C-X}}{E_{C=C} - E_{C-C}}. \tag{7.29}$$

Tabelle 10: Heteroatomparameter in der HMO-Methode

Heteroatom X	h_X	k_{CX}
B	−1,0	0,7
C	0,0	1,0
$\dot{N}$	0,5	0,8
$\ddot{N}$	1,5	1,0
$N^{\oplus}$	2,0	0,7 (N − $\dot{O}$)
$\dot{O}$	1,0	0,8
$\ddot{O}$	2,0	1,0
$\overset{\oplus}{\ddot{O}}$	2,5	1,0

Für einige Heteroatome sind die h_X- und k_{CX}-Parameter in Tab. 10 zusammengefaßt. Über weitere Ansätze zur Abschätzung der Heteroatomparameter informiere man sich in den Monographien [48, 49, 50].

7.4. Anwendung der HMO-Methode zur Erklärung einiger Eigenschaften konjugierter und aromatischer π-Elektronensysteme

In Kohlenwasserstoffen mit konjugierten Doppelbindungen wechseln Doppelbindungen mit Einfachbindungen ab

$$CH_2{=}CH{-}CH{=}CH_2,$$

$$CH_2{=}CH{-}CH{=}CH{-}CH{=}CH_2.$$

Diese Verbindungen zeichnen sich durch besondere Eigenschaften aus, die sich von denen der Verbindungen mit isolierten Doppelbindungen (hier sind zwei Doppelbindungen durch mehr als eine Einfachbindung getrennt) unterscheiden. Beispielsweise unterscheiden sich die Eigenschaften des 1.3-Butadiens von denen des 1.4-Pentadiens

$$\underset{1}{CH_2}{=}\underset{2}{CH}{-}\underset{3}{CH_2}{-}\underset{4}{CH}{=}\underset{5}{CH_2}$$

in folgenden Punkten:

a) Während im 1.4-Pentadien reine Einfach- und Doppelbindungen vorliegen, ist im 1.3-Butadien ein weitgehender Bindungsausgleich festzustellen.
b) Die Hydrierungswärmen beider Moleküle unterscheiden sich um den Betrag der Delokalisierungsenergie für das Butadien.

Die quantenchemische Behandlung des Butadiens im HMO-Modell führt über die Säkulardeterminante (7.22) zu den Orbitalenergien (7.25). Die Energieniveaus E_1 und E_2 sind mit jeweils zwei Elektronen besetzt. Zur Bestimmung der Koeffizienten $c_{\mu i}$ des LCAO-MO-Ansatzes (7.18) werden die gefundenen Eigenwerte E_i in das Gleichungssystem (7.20) eingesetzt. Mit E_1 ergibt sich für die Koeffizienten $c_{\mu 1}$ das Gleichungssystem

$$\begin{aligned} c_{11}[\alpha - (\alpha + 1{,}62\beta)] + c_{21}\beta &= 0, \\ c_{11}\beta + c_{21}[\alpha - (\alpha + 1{,}62\beta)] + c_{31}\beta &= 0, \\ c_{21}\beta + c_{31}[\alpha - (\alpha + 1{,}62\beta)] + c_{41}\beta &= 0, \\ c_{31}\beta + c_{41}[\alpha - (\alpha + 1{,}62\beta)] &= 0. \end{aligned} \tag{7.30}$$

Die Molekülorbitale sind normiert, d. h.

$$c_{11}^2 + c_{21}^2 + c_{31}^2 + c_{41}^2 = 1. \tag{7.31}$$

Zur Ermittlung der vier Koeffizienten $c_{\mu 1}$ ($\mu = 1$ bis 4) stehen fünf Bestimmungsgleichungen zur Verfügung. Eine der Gleichungen von (7.30) ist nicht linear unabhängig (z. B. kann aus den ersten drei die letzte erhalten werden), deshalb werden von (7.30) drei Gleichungen und die Normierungsbedingung (7.31) zur Bestimmung der $c_{\mu 1}$ verwendet:

$$\begin{aligned} -1{,}62\beta c_{11} + \beta c_{21} &= 0, \\ \beta c_{11} - 1{,}62\beta c_{21} + \beta c_{31} &= 0, \\ \beta c_{21} - 1{,}62\beta c_{31} + \beta c_{41} &= 0. \end{aligned} \tag{7.32}$$

Daraus werden die Lösungen

$$c_{11} = 0{,}37; \quad c_{21} = 0{,}60; \quad c_{31} = 0{,}60 \quad \text{und} \quad c_{41} = 0{,}37 \tag{7.33}$$

erhalten. Die Wellenfunktion für das Molekülorbital E_1 hat dann die Form

$$\varphi_1 = 0{,}37\chi_1 + 0{,}60\chi_2 + 0{,}60\chi_3 + 0{,}37\chi_4. \tag{7.34}$$

Analog sind für die Eigenwerte E_2, E_3 und E_4 die Wellenfunktionen

$$\begin{aligned} \varphi_2 &= 0{,}60\chi_1 + 0{,}37\chi_2 - 0{,}37\chi_3 - 0{,}60\chi_4, \\ \varphi_3 &= 0{,}60\chi_1 - 0{,}37\chi_2 - 0{,}37\chi_3 + 0{,}60\chi_4, \\ \varphi_4 &= 0{,}37\chi_1 - 0{,}60\chi_2 + 0{,}60\chi_3 - 0{,}37\chi_4 \end{aligned} \tag{7.35}$$

zugänglich.

Die Säkulardeterminante für das 1.4-Pentadien hat mit

$$\begin{aligned} &H_{12} = H_{45} = \beta, \\ &H_{23} = H_{34} = 0, \\ &H_{11} = H_{22} = H_{44} = H_{55} = \alpha, \\ &H_{33} = 0 \end{aligned} \tag{7.36}$$

das Aussehen

$$\begin{vmatrix} \alpha - E & \beta & 0 & 0 \\ \beta & \alpha - E & 0 & 0 \\ 0 & 0 & \alpha - E & \beta \\ 0 & 0 & \beta & \alpha - E \end{vmatrix} = 0. \tag{7.37}$$

Die Lösungen sind

$$E_1 = \alpha + \beta, \quad E_3 = \alpha - \beta,$$
$$E_2 = \alpha + \beta, \quad E_4 = \alpha - \beta \tag{7.38}$$

und die dazugehörigen Wellenfunktionen

$$\varphi_1 = \frac{1}{\sqrt{2}}(\chi_1 + \chi_2), \quad \varphi_3 = \frac{1}{\sqrt{2}}(\chi_1 - \chi_2),$$
$$\varphi_2 = \frac{1}{\sqrt{2}}(\chi_4 + \chi_5), \quad \varphi_4 = \frac{1}{\sqrt{2}}(\chi_4 - \chi_5). \tag{7.39}$$

Der Vergleich der Ergebnisse für beide Moleküle (1.3-Butadien und 1.4-Pentadien) offenbart die Unterschiede in den Eigenschaften der Verbindungen mit isolierten und konjugierten Doppelbindungen:

a) Im Falle konjugierter Doppelbindungen kommt es infolge durchgehender Überlappung der $2p_z$-Orbitale zu einem weitgehenden Bindungsausgleich zwischen Einfach- und Doppelbindungen.
b) Die π-Molekülorbitale im Butadien erstrecken sich über das gesamte Molekül, während sie im 1.4-Pentadien auf die zwei Doppelbindungen lokalisiert sind.
c) Die π-Elektronenenergien beider Moleküle sind völlig verschieden.

Die π-Elektronenenergie für das Butadien ist

$$E_\pi = 2(\alpha + 1{,}62\beta) + 2(\alpha + 0{,}62\beta) = 4\alpha + 4{,}48\beta, \tag{7.40}$$

die des 1.4-Pentadiens

$$E_\pi = 2(\alpha + \beta) + 2(\alpha + \beta) = 4\alpha + 4\beta. \tag{7.41}$$

Die π-Elektronenenergiedifferenz $\Delta E_\pi^{\text{Delok.}} = 0{,}48\beta$ wird Delokalisierungsenergie genannt.

Die Delokalisierungsenergie $\Delta E_\pi^{\text{Delok.}}$ ist als Differenz zwischen der π-Elektronenenergie von n konjugierten Doppelbindungen und der von n isolierten Doppelbindungen (n Äthyleneinheiten) definiert:

$$\Delta E_\pi^{\text{Delok.}} = E_\pi - nE_\pi\,(\text{Äthylen}). \tag{7.42}$$

Je größer die Delokalisierungsenergie $\Delta E_\pi^{\text{Delok.}}$ ist, desto stabiler ist das Bindungssystem. Damit erklärt sich auch die höhere Hydrierungswärme für das 1.3-Butadien gegenüber dem 1.4-Pentadien.

Verbindungen mit aromatischem Charakter zeichnen sich durch eine besonders hohe Delokalisierungsenergie aus. Derartige Verbindungen sind durch eine cyclische Konjugation der Doppelbindungen charakterisiert. Die cyclische Konjugation der Doppelbindungen führt zu einem weitestgehenden Bindungsausgleich.

Der Prototyp einer aromatischen Verbindung ist das Benzol. Die C—C-Bindungen sind hier vollkommen ausgeglichen und haben eine Länge $r_{CC} = 1{,}397$ Å.

Für eine einfache quantenchemische Betrachtung soll das HMO-Verfahren herangezogen werden, da gerade bei den aromatischen Kohlenwasserstoffen wegen der Gleichwertigkeit der Kohlenstoffatome und dem weitestgehenden Bindungsausgleich die Bedingung

$$\beta_{12} = \beta_{23} = \cdots = \beta$$

erfüllt ist. In der HÜCKELschen Näherung wird für das Benzol

$$\begin{aligned} &\alpha_1 = \alpha_2 = \cdots = \alpha_6 = \alpha, \\ &\beta_{12} = \beta_{23} = \beta_{34} = \beta_{45} = \beta_{56} = \beta_{61} = \beta \end{aligned} \tag{7.43}$$

gesetzt. Die Säkulardeterminante hat folgendes Aussehen

$$\begin{vmatrix} \alpha - E & \beta & 0 & 0 & 0 & \beta \\ \beta & \alpha - E & \beta & 0 & 0 & 0 \\ 0 & \beta & \alpha - E & \beta & 0 & 0 \\ 0 & 0 & \beta & \alpha - E & \beta & 0 \\ 0 & 0 & 0 & \beta & \alpha - E & \beta \\ \beta & 0 & 0 & 0 & \beta & \alpha - E \end{vmatrix} = 0; \tag{7.44}$$

die Lösungen sind

$$\begin{aligned} &E_1 = \alpha + 2\beta, \quad E_4 = \alpha - \beta, \\ &E_2 = \alpha + \beta, \quad E_5 = \alpha - \beta, \\ &E_3 = \alpha + \beta, \quad E_6 = \alpha - 2\beta. \end{aligned} \tag{7.45}$$

Die sechs π-Elektronen besetzen im Grundzustand das Molekülorbital E_1 und die beiden entarteten MOs E_2 und E_3. Die dazugehörenden Wellenfunktionen sind

$$\begin{aligned} &\varphi_1 = \frac{1}{\sqrt{6}}(\chi_1 + \chi_2 + \chi_3 + \chi_4 + \chi_5 + \chi_6), \\ &\varphi_2 = \frac{1}{2}(\chi_2 + \chi_3 - \chi_5 - \chi_6), \\ &\varphi_3 = \frac{1}{\sqrt{12}}(2\chi_1 + \chi_2 - \chi_3 - 2\chi_4 - \chi_5 + \chi_6), \end{aligned} \tag{7.46}$$

die für die antibindenden MOs lassen sich mit Hilfe der Symmetrie des Moleküls leicht finden.

Benzol hat eine Delokalisierungsenergie

$$\Delta E_\pi^{Delok.} = 2(\alpha + 2\beta) + 4(\alpha + \beta) - 6(\alpha + \beta) = 2\beta. \qquad (7.47)$$

Die Delokalisierungsenergie des Benzols ist deutlich größer als die des Butadiens, auch wenn man die Delokalisierungsenergien pro formaler Doppelbindung $\Delta E_\pi^{Delok.}/n$ oder pro π-Elektron $\Delta E_\pi^{Delok.}/m$ vergleicht. Damit erklärt sich die besondere Stabilität des Benzols und der aromatischen Kohlenwasserstoffe. In der gleichen Größenordnung liegen die Delokalisierungsenergien kondensierter aromatischer Verbindungen. In der Reihe Benzol, Naphthalin, Anthracen nehmen ihre Werte zu.

Zur Einschätzung der Aromatizität einer Verbindung ist es zweckmäßig, außer der Delokalisierungsenergie (die ein Maß für die thermodynamische Stabilität ist) noch andere Eigenschaften (z. B. die Reaktivität) zu berücksichtigen.

Eine rein qualitative Einteilung cyclischer konjugierter π-Elektronensysteme in aromatische Verbindungen und solche mit mehr olefinischem Charakter kann mit der $4n + 2$-Regel von Hückel erfolgen. Sie besagt, daß sich planare cyclische π-Elektronensysteme, die sich aus trigonalhybridisierten Atomen aufbauen und $4n + 2\,\pi$-Elektronen ($n = 0, 1, 2, \cdots$) besitzen, durch eine relative Stabilität auszeichnen, $4n$-π-Elektronensysteme dagegen mehr olefinischen Charakter haben bzw. relativ instabil sein sollten.

Diese Regel gilt streng nur für monocyclische Verbindungen, gestattet aber auch Aussagen bei polycyclischen Molekülen.

Mit $n = 1$ besagt die Regel, daß Verbindungen mit sechs $(4n + 2)$ π-Elektronen, z. B.

Benzol Cyclopentadienyl-Anion Cycloheptatrienylium-Kation

relativ stabil sein sollten, während Verbindungen mit vier $(4n)\pi$-Elektronen, z. B.

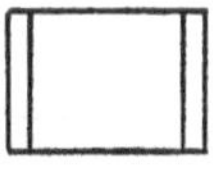

Cyclobutadien

instabil sein sollten.

Eine ausführliche Betrachtung dieser Regel findet man in der Monographie von A. Streitwieser [49].

7.5. Quantenchemische Größen zur Charakterisierung von Molekülen

7.5.1. *Die π-Elektronendichte*

Bei der Untersuchung von Moleküleigenschaften liefert die Elektronendichteverteilung im Molekül wertvolle Hinweise.

Die π-Elektronendichte an einem Atom wird durch Summierung der Koeffizientenquadrate über alle besetzten Molekülorbitale erhalten:

$$q_\mu = \sum_i N_i c_{\mu i}^2, \tag{7.48}$$

N_i ist die Anzahl der π-Elektronen, die das i-te MO besetzen ($N_i = 0,1$ oder 2).

Die Elektronendichte am Kohlenstoffatom 1 im Benzol berechnet sich zu

$$q_1 = 2\left(\frac{1}{\sqrt{6}}\right)^2 + 2\left(\frac{2}{\sqrt{12}}\right)^2 = 1. \tag{7.49}$$

Wegen der Gleichwertigkeit der Kohlenstoffatome im Benzol ist die π-Elektronendichte an jedem Kohlenstoffatom eins.

Ganz allgemein gilt für alternierende Kohlenwasserstoffe im Grund- und Anregungszustand, daß die Elektronendichte an jedem C-Atom Eins ist.

Alternierende Kohlenwasserstoffe sind dadurch charakterisiert, daß, wenn man die Kohlenstoffatome abwechselnd mit einem Stern versieht, jedes gesternte Kohlenstoffatom mit zwei ungesternten benachbart ist. Bei nichtalternierenden Kohlenwasserstoffen sind entweder zwei gesternte oder zwei ungesternte Atome benachbart. Beispielsweise ist Naphthalin ein alternierender, das isomere Azulen ein nichtalternierender Kohlenwasserstoff

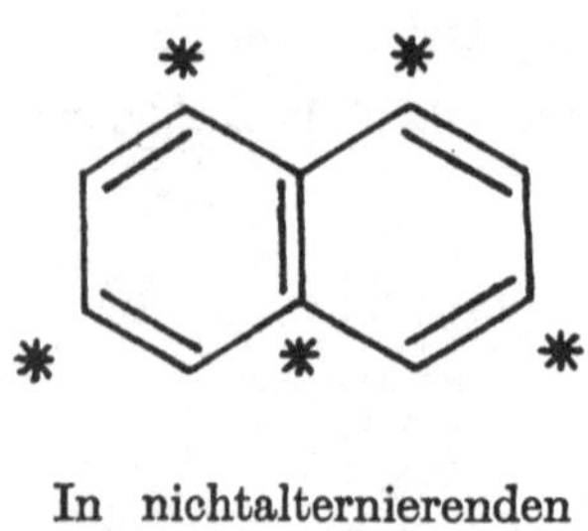

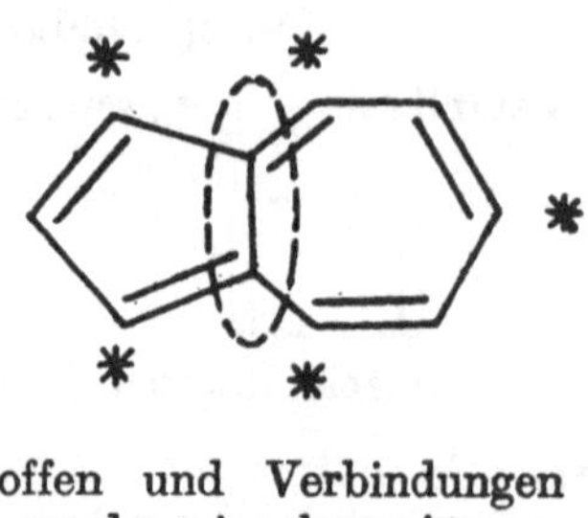

In nichtalternierenden Kohlenwasserstoffen und Verbindungen mit Heteroatomen weicht die Elektronendichte an den einzelnen Atomen von Eins ab.

7.5.2. *Die Bindungsordnung*

In den meisten Verbindungen mit π-Elektronen liegen die Werte für die Bindungslängen zwischen denen für eine reine Einfachbindung (Äthan: 1,54 Å) und einer reinen Doppelbindung (Äthylen: 1,34 Å).

COULSON führte als quantenchemischen Bindungsparameter die Bindungsordnung $P_{\mu\nu}$ ein, die durch die Gleichung

$$P_{\mu\nu} = \sum_i N_i c_{\mu i} c_{\nu i} \tag{7.50}$$

definiert ist. N_i ist wieder die Zahl der Elektronen im i-ten MO, die $c_{\mu i}$ und $c_{\nu i}$ sind die Koeffizienten für die Zentren μ und ν in der Wellenfunktion φ_i; summiert wird über alle Orbitale.

Für die Bindung im Äthylen ergibt sich die π-Bindungsordnung mit der Wellenfunktion

$$\varphi = \frac{1}{\sqrt{2}} (\chi_1 + \chi_2),$$

zu

$$P_{\mu\nu} = 2 \frac{1}{\sqrt{2}} \frac{1}{\sqrt{2}} = 1. \tag{7.51}$$

Die π-Bindungsordnungen im 1.3-Butadien berechnen sich mit den Koeffizienten

$$\varphi_1: \quad c_{11} = 0{,}37; \quad c_{21} = 0{,}60;$$

$$\varphi_2: \quad c_{12} = 0{,}60; \quad c_{22} = 0{,}37$$

zu

$$P_{12} = 2 \cdot 0{,}37 \cdot 0{,}60 + 2 \cdot 0{,}60 \cdot 0{,}37 = 0{,}89. \tag{7.52}$$

Für die Bindung C_2—C_3 resultiert mit den Koeffizienten

$$\varphi_1: \quad c_{21} = 0{,}60; \quad c_{31} = 0{,}60;$$

$$\varphi_2: \quad c_{22} = 0{,}37; \quad c_{32} = -0{,}37$$

die Bindungsordnung

$$P_{23} = 2 \cdot 0{,}6 \cdot 0{,}6 - 2 \cdot 0{,}37 \cdot 0{,}37 = 0{,}45. \tag{7.53}$$

Für Benzol berechnet sich für alle sechs C—C-Bindungen der gleiche Wert $P_{\mu\nu}$:

$$\varphi_1:\quad c_{11} = \frac{1}{\sqrt{6}};\qquad c_{21} = \frac{1}{\sqrt{6}};$$

$$\varphi_2:\quad c_{12} = 0;\qquad c_{22} = \frac{1}{\sqrt{2}};$$

$$\varphi_3:\quad c_{13} = \frac{2}{\sqrt{12}};\qquad c_{23} = \frac{1}{\sqrt{12}};$$

$$P_{12} = 2\cdot\frac{1}{\sqrt{6}}\cdot\frac{1}{\sqrt{6}} + 2\cdot 0\cdot\frac{1}{\sqrt{2}} + 2\cdot\frac{2}{\sqrt{12}}\cdot\frac{1}{\sqrt{12}} = \frac{1}{3} + \frac{1}{3} \simeq 0{,}67. \qquad (7.54)$$

Zwischen den Bindungsordnungen und den Bindungslängen lassen sich lineare und auch exponentielle Funktionen finden, mit deren Hilfe eine Abschätzung von Bindungsabständen möglich ist und die für iterative Näherungsverfahren (ω-Verfahren, variables β-Verfahren) Bedeutung haben [49].

7.5.3. *Die Freie Valenz*

Die Freie Valenz ist eine quantenchemische Version der THIELEschen Partialvalenztheorie.

Die Summe der π-Bindungsordnungen für die Bindungen, die von einem Atom ausgehen, ist

$$N_\mu = \sum_\nu P_{\mu\nu}. \qquad (7.55)$$

ν ist der Index der Atome, die mit dem Atom μ gebunden sind. Die Werte für die Kohlenstoffatome im Butadien sind

$$N_{C_1} = 0{,}89;\quad N_{C_2} = 1{,}34;\quad N_{C_3} = 0{,}89,$$

für Benzol ist $N_C = 1{,}34$. Die maximale Bindigkeit realisiert das zentrale Kohlenstoffatom im Trimethylenmethan

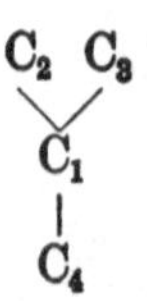

In diesem Molekül sind alle Kohlenstoffatome sp^2-hybridisiert, die π-Bindungen zum zentralen Kohlenstoffatom kommen durch Überlappung

zwischen den $2p_z$-Atomorbitalen, die senkrecht zur Molekülebene angeordnet sind, zustande.

Das Molekül hat die MO-Energien

$$E_1 = \alpha + \sqrt{3}\beta, \quad E_3 = \alpha,$$
$$E_2 = \alpha, \quad E_4 = \alpha - \sqrt{3}\beta.$$

Aus den Wellenfunktionen der mit den vier π-Elektronen besetzten Molekülorbitale E_1 und E_2

$$\varphi_1 = \frac{1}{\sqrt{2}}\chi_1 + \frac{1}{\sqrt{6}}\chi_2 + \frac{1}{\sqrt{6}}\chi_3 + \frac{1}{\sqrt{6}}\chi_4,$$
$$\varphi_2 = \frac{1}{\sqrt{3}}(\chi_2 + \chi_3 + \chi_4) \tag{7.56}$$

berechnet sich die π-Bindungsordnung für die drei äquivalenten Bindungen zu

$$P_{12} = 2 \cdot \frac{1}{\sqrt{2}} \cdot \frac{1}{\sqrt{6}} = \frac{1}{\sqrt{3}}. \tag{7.57}$$

Die Summe der Bindungsordnungen für die Bindungen, die vom zentralen C-Atom ausgehen, ist

$$N_{max} = 3\frac{1}{\sqrt{3}} = 1{,}73. \tag{7.58}$$

Dieses N ist der maximale Wert, den ein C-Atom haben kann (N_{max}).

Die Freie Valenz F_μ eines Kohlenstoffatoms ist definiert als Differenz aus dem Wert $N_{max} = 1{,}732$ und N_μ für dieses Kohlenstoffatom μ:

$$F_\mu = N_{max} - N_\mu. \tag{7.59}$$

Die Freie Valenz kann als Reaktivitätsindex für radikalische Reaktionen dienen. Sie ist jedoch oft überschätzt oder mißbräuchlich verwendet worden. Über quantenchemische Reaktivitätsberechnungen siehe [49, 112, 113].

7.5.4. *Moleküldiagramme*

Die Zahlenwerte der wichtigsten quantenchemischen Größen (Elektronendichte q_μ, Bindungsordnung $P_{\mu\nu}$ und Freie Valenz F_μ) werden zweckmäßig in Form von Moleküldiagrammen angegeben. Dazu wird das σ-Bindungsgerüst aufgezeichnet und an die Bindungen die Bindungsordnungen, an die Kohlenstoffatome die Elektronendichten geschrieben. Die Werte für die Freien Valenzen werden an Pfeilen, die von den einzelnen C-Atomen ausgehen, verzeichnet.

Die Moleküldiagramme des Butadiens und des Benzols haben folgendes Aussehen:

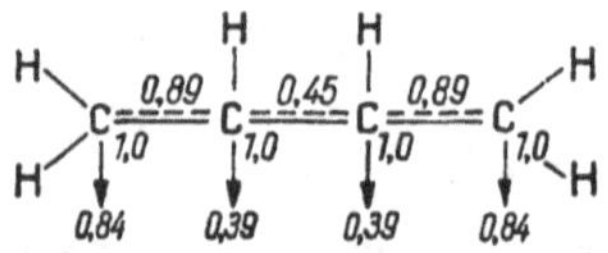

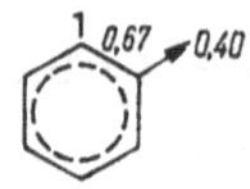

7.6. Allvalenzelektronenverfahren

Die quantenchemische Berechnung jedes beliebigen Moleküls kann auf die Lösung der ROOTHAANschen Gleichungen

$$\sum_{\mu} c_{\mu i}(F_{\mu\nu} - ES_{\mu\nu}) = 0 \tag{7.60}$$

zurückgeführt werden. In den letzten Jahren wurden eine Reihe von Verfahren zur Berechnung der Eigenschaften von Molekülen mit σ- und π-Elektronen mit unterschiedlichem Näherungscharakter entwickelt.

7.6.1. *Das EHT-(extended* HÜCKEL *theory) Verfahren von* HOFFMANN [51–54]

Es werden alle Valenzelektronen explizit in Betracht gezogen, lediglich die 1*s*-Atomorbitale (bzw. die Elektronen der inneren „Schalen") der Kohlenstoff- und Heteroatome bleiben unberücksichtigt. Zum Unterschied zu den meisten π-Elektronennäherungen werden alle Überlappungsintegrale berücksichtigt und mit SLATER-Orbitalen berechnet. Die Elektronenwechselwirkung wird wie bei der HMO-Methode vernachlässigt, d. h. an Stelle (7.60) steht

$$\sum_{\mu} c_{\mu i}(H_{\mu\nu} - ES_{\mu\nu}) = 0\,. \tag{7.61}$$

Für die Matrixelemente werden semiempirische Größen eingesetzt. $H_{\mu\mu}$ wird I_{μ}, dem Valenzzustandsionisierungspotential, gleichgesetzt, die Nichtdiagonalmatrixelemente $H_{\mu\nu}$ werden angenähert als

$$H_{\mu\nu} = kS_{\mu\nu}\frac{I_{\mu} + I_{\nu}}{2} \quad (k = 1{,}75)\,. \tag{7.62}$$

Bei der Berechnung von Kohlenwasserstoffen C_nH_m werden m 1*s*-Atomorbitale der Wasserstoffatome und $4n$ (2*s*-, $2p_x$-, $2p_y$-, $2p_z$-)Atomorbitale der Kohlenstoffatome verwendet, es resultiert eine Säkulardeterminante der Ordnung $4n + m$.

Der HOFFMANNsche Ansatz ist allgemein und auch auf Moleküle mit π-Elektronen anwendbar. Derartige Berechnungen an ungesättigten Verbindungen erlauben eine Unterscheidung zwischen π- und σ-Elektronendichten und -Bindungsordnungen. Dazu seien einige Beispiele (Äthylen, Butadien, Benzol) angeführt.

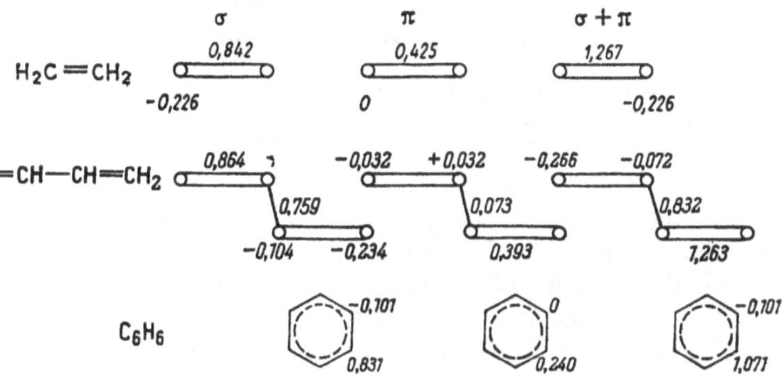

7.6.2. *Das Konzept der lokalisierten σ-Bindungen* (DEL RE [55, 56])

Voraussetzungen für dieses Verfahren sind:

1. Die Molekülorbitale werden aus Bindungsorbitalen gebildet, die aus Atomorbitalen zweier benachbarter Atome zusammengesetzt sind.
2. Die Überlappung und die Elektronenwechselwirkung werden vernachlässigt.
3. Die Matrixelemente sind, ähnlich wie beim HMO-Verfahren, empirische Parameter

$$H_{\mu\mu} = \alpha + \delta_\mu \beta,$$
$$H_{\mu\nu} = \varepsilon_{\mu\nu}\,\beta. \tag{7.63}$$

4. $\varepsilon_{\mu\nu}$ ist von der Molekülstruktur unabhängig, δ_μ wird in Abhängigkeit vom strukturellen Bau der Moleküle gewählt.
5. Der Einfluß benachbarter Atome ν auf das Atom μ wird durch

$$\delta_\mu = \delta_\mu^0 + \sum_\nu \gamma_{\mu(\nu)} \delta_\nu, \tag{7.64}$$

berücksichtigt.

δ_μ^0 und $\gamma_{\mu(\nu)}$ sind empirische Parameter. δ_μ^0 hängt nur von den atomaren Eigenschaften von μ ab, $\gamma_{\mu(\nu)}$ von der Natur des Atomes μ und aller Nachbaratome ν.

Mit den μ Gleichungen (7.64) werden die atomaren Parameter δ_μ und damit die Diagonalmatrixelemente $H_{\mu\mu}$ für (7.63) berechnet.

Für Methan gelten die Bestimmungsgleichungen

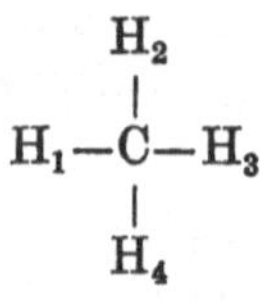

$$\begin{cases} \delta H_1 = \delta^\circ H + \gamma H(C)\delta C, \\ \delta H_2 = \delta^\circ H + \gamma H(C)\delta C, \\ \delta H_3 = \delta^\circ H + \gamma H(C)\delta C, \\ \delta H_4 = \delta^\circ H + \gamma H(C)\delta C, \\ \delta C \;= \delta^\circ C + \gamma C(H)\delta H. \end{cases}$$

Deren Lösungen ergeben die Matrixelemente

$$H_{11} = H_{22} = H_{33} = H_{44} = \alpha + \delta H\beta,$$
$$H_{CC} = \alpha + \delta C\beta.$$

Auch bei diesem Verfahren ist die Parameterwahl schwer zu begründen. Einfache Beziehungen der Parameter zu physikalischen Eigenschaften der Atome und Bindungen erlauben eine qualitative Erklärung:

a) $\varepsilon_{\mu\nu}$ steht im Zusammenhang mit der Bindungsenergie. Bei homonuklearen Bindungen ist die Bindungsenergie etwa proportional $\varepsilon_{\mu\nu}\beta$.
b) Zwischen den δ_μ^0-Werten und den Ionisierungspotentialen der Atome I_μ besteht Proportionalität.
c) $\gamma_{\mu(\nu)}$ wird empirisch justiert.

In Tab. 11 sind die von DEL RE empfohlenen Parameter für einige Bindungen zusammengestellt.

Tabelle 11: Bindungsparameter von DEL RE

Parameter	Bindung $\mu\nu$ C – H	C – C	C – N	C – O	N – H	O – H
$\varepsilon_{\mu\nu}$	1,00	1,00	1,00	0,95	0,45	0,45
$\gamma_{\mu(\nu)}$	0,3	0,1	0,1	0,1	0,3	0,3
$\gamma_{\nu(\mu)}$	0,4	0,1	0,1	0,1	0,4	0,4
δ_μ^0	0,07	0,07	0,07	0,07	0,24	0,4
δ_ν^0	0,0	0,07	0,24	0,4	0,0	0,0

7.6.3. *Allvalenzelektronen-SCF-Verfahren*[1]) *und das CNDO/2-(complete neglect of differential overlap) Verfahren*

Jedes Atom A trägt zum molekularen Elektronensystem mit den Valenzelektronen in verschiedenen Atomorbitalen μ, ν bei (z. B. Kohlenstoff: $2s$, $2p_x$, $2p_y$, $2p_z$).

[1]) Ausführliche Beschreibungen und Einschätzungen der Verfahren findet man bei
H. H. JAFFÉ: Accounts of Chemical Research **2**, 136 (1969)
G. KLOPMAN, B. O'LEARY: Fortschr. Chem. Forsch. **15**, 445 (1970)
K. JUG: Theoret. chim. Acta [Berlin] **14**, 91 (1969)

Bei der Methode wird die ZDO-(zero *d*ifferential *o*verlap)-Näherung angewendet. Das bedeutet, daß

a) $S_{\mu\nu} = \delta_{\mu\nu}$ und

b) alle Integrale $\langle\mu\nu|\varrho\sigma\rangle$ nur dann nicht Null sind, wenn $\mu = \nu$ und $\varrho = \sigma$.

Dann resultieren die Elektronenwechselwirkungsintegrale $\gamma_{\mu\varrho} = \langle\mu\mu|\varrho\varrho\rangle$, die zwischen den Orbitalen an den Zentren A und B durch ein einziges γ_{AB} angenähert werden, das theoretisch berechnet wird:

$$\gamma_{AB} = \iint s_A(1)\, s_B(2) \frac{1}{r_{12}}\, s_A(1)\, s_B(2)\, d\tau_1\, d\tau_2. \tag{7.65}$$

Die **Matrixelemente** $F_{\mu\mu}$ und $F_{\mu\nu}$ ergeben sich zu

$$F_{\mu\mu} = -\frac{1}{2}(I_\mu + A_\mu) + [(P_{AA} - Z_A) - \frac{1}{2}(P_{\mu\mu} - 1)]\,\gamma_{AA} + \sum_{B \neq A} (P_{BB} - Z_B)\,\gamma_{AB} \tag{7.66}$$

und

$$F_{\mu\nu} = \frac{1}{2} S_{\mu\nu} (\beta_A{}^0 + \beta_B{}^0) - \frac{1}{2} P_{\mu\nu}\,\gamma_{AB}. \tag{7.67}$$

Die $P_{\mu\nu}$ und $P_{\mu\mu}$ sind die Elemente der Bindungsordnungsmatrix, in P_{AA} bzw. P_{BB} ist über die Orbitalelektronendichten am Atom A bzw. B summiert.

Die $\beta_A{}^0$ und $\beta_B{}^0$ sind Parameter, die empirisch so gewählt werden, daß die Ergebnisse mit denen genauer LCAO-SCF-Berechnungen an zweiatomigen Molekülen übereinstimmen. Z_A bezeichnet die Rumpfladung des Atomes A, I_μ und A_μ sind die Atomionisierungspotentiale und Atomelektronenaffinitäten, die aus experimentellen Atomspektraldaten abgeleitet werden.

Die Methode ist gut geeignet, Bindungsabstände und -winkel zu reproduzieren. Die Dipolmomente werden in guter Übereinstimmung mit dem Experiment erhalten. Auch die Korrelation berechneter Größen mit NMR-Daten ist gut. Dagegen versagt die Methode bei der Berechnung von Bildungswärmen, Ionisierungspotentialen, Elektronenaffinitäten und Spektraldaten.

7.6.4. *Modifizierte Verfahren*

Mit einer vollkommen neuen Parametrisierung und dem Einschluß einer begrenzten Konfigurationswechselwirkung ist die CNDO/2-Methode von Del Bene und Jaffe in der Lage, Spektraldaten von konjugierten π-Elektronensystemen in guter Übereinstimmung mit dem Experiment zu berechnen.

Die Berücksichtigung der Einzentren-Austauschintegrale im CNDO-Formalismus — INDO-(*i*ntermediate *n*eglect of *d*ifferential *o*verlap)-Verfahren — führte zur erfolgreichen Interpretation von Spindichten und Hyperfeinkopplungskonstanten bei „open shell"-Systemen. Auch die Molekülgeometrie wird zufriedenstellend reproduziert [114].

Das PNDO-(*p*artial *n*eglect of *d*ifferential *o*verlap) Verfahren von DEWAR und KLOPMAN beruht auf dem CNDO-Formalismus. Durch die Aufhebung der sphärischen Symmetrie der Atomorbitale in den Zweielektronenintegralen müssen zehn verschiedene dieser Integraltypen halbempirisch berechnet werden [115]. Das Verfahren liefert Bildungswärmen und Ionisierungspotentiale für gesättigte und ungesättigte Kohlenwasserstoffe mit guter Genauigkeit. Bei der Berechnung der Bindungslängen und Spektraldaten ist die Übereinstimmung weniger zufriedenstellend.

Speziell für Bildungswärmen parametrisiert wurden die verschiedenen Versionen der MINDO-(*m*odified *i*ntermediate *n*eglect of *d*ifferential *o*verlap)-Methode [116, 117].

Die Aufhebung der sphärischen Approximation der p-Orbitale im NDDO-(*n*eglect of *d*iatomic *d*ifferential *o*verlap)-Verfahren erlaubt eine adäquate Erfassung von „lone pair"-Elektronen [118—120].

Für quantenbiochemische Probleme besonders geeignet zu sein scheint die PCILO-(*p*erturbative *c*onfiguration *i*nteraction using *l*ocalized *o*rbitals)-Methode [121, 122], da man mit ihr relativ große Moleküle mit verhältnismäßig geringem Rechenzeitaufwand untersuchen kann.

8 Quantenchemie einiger wichtiger biologischer Systeme

8.1. Nukleinsäuren

Die Nukleinsäuren stellen komplizierte hochmolekulare Verbindungen dar. Gegenwärtig sind zwei Typen von Nukleinsäuren bekannt: die Desoxyribonukleinsäure (DNS) und die Ribonukleinsäure (RNS). Die DNS ist Träger des „genetischen Codes", der die Weitergabe der Erbinformationen in den Generationsfolgen lebender Organismen bewirkt, während die RNS die Prozesse der Biosynthese von Eiweißen regelt. In diesem Abschnitt beschränken wir uns auf die Betrachtung der Struktur der besser untersuchten DNS.

8.1.1. Die Zusammensetzung der DNS

Die DNS ist aus einfach gebauten Komponenten zusammengesetzt. Beim vollständigen Abbau beliebiger Desoxyribonukleinsäuren werden vier stickstoffhaltige Basen isoliert, zwei Purinbasen — Adenin und Guanin, sowie zwei Pyrimidinbasen — Cytosin und Thymin.

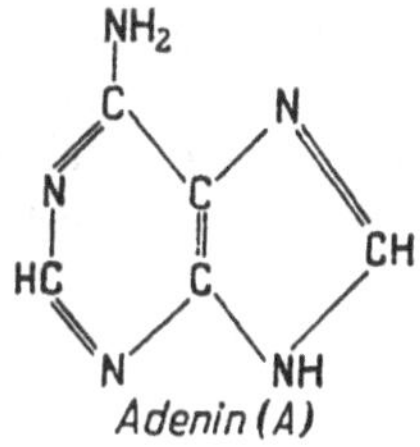

Adenin (A)

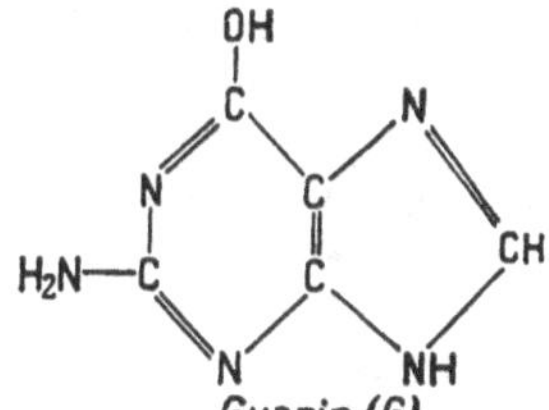

Guanin (G)

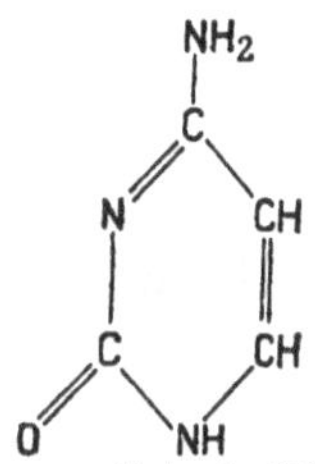

Cytosin (C)

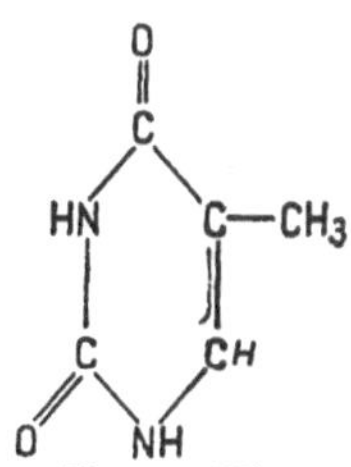

Thymin (T)

Weitere Bestandteile der DNS sind Desoxyribose (eine Pentose) und Phosphorsäure.

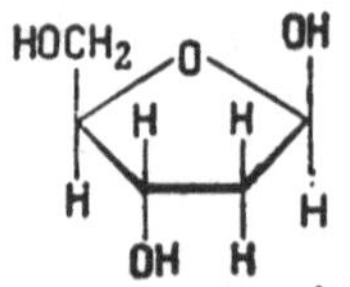

Desoxyribose (Z)

Wichtige Struktureinheiten der Nukleinsäuren sind die sogenannten Nukleotide. In jedem Nukleotid sind Base, Zucker und Phosphorsäure in streng definierter Weise miteinander verbunden. Die DNS-Moleküle bilden sich durch Polymerisation dieser Nukleotide. Das Molekulargewicht der Desoxyribonukleinsäuren erreicht Werte von bis zu 8×10^6, jedes DNS-Molekül enthält bis zu $2{,}5 \times 10^4$ Nukleotid-Einheiten.

In den Jahren 1947 bis 1950 wurde durch Chargaff und Mitarb. [57] und später durch Bjeloserski und Spirin [58] festgestellt, daß sich die Zusammensetzung der Nukleotid-Bausteine der DNS in Abhängigkeit davon, von welchem Organismus die DNS stammt, zwar stark ändert, daß aber folgende Regelmäßigkeiten für die Zusammensetzung der Nukleotide zutreffen:

1. Der Adeningehalt ist gleich dem Thymingehalt ($A = T$).
2. Der Guaningehalt ist gleich dem Cytosingehalt ($G = C$).
3. Die Zahl der Purinnukleotide ist gleich der Zahl der Pyrimidinnukleotide.

Folglich ist in jeder beliebigen Desoxyribonukleinsäure $G + T = A + C$, es ändert sich lediglich das Verhältnis $(G + C)/(A + T)$. Weiterhin wurde festgestellt, daß die Nukleotide in den DNS-Molekülen eine Kettenstruktur haben mit dem folgenden Anordnungsprinzip von Desoxyribose (Z), Phosphorsäuremolekülen (P) und den Basen:

$$\begin{array}{ccccccccc} -P & - & Z & - & P & - & Z & - & P- \\ & & | & & & & | & & \\ & & \text{Base} & & & & \text{Base} & & \end{array}$$

8.1.2. *Die Struktur der DNS*

Die Ergebnisse von Röntgenstrukturuntersuchungen und Modellbetrachtungen von Wilkinson und von Watson und Crick wurden ausgehend von der Voraussetzung, daß die DNS eine Doppelhelix darstellt, in der Zucker-Phosphat-Ketten mit Basenpaaren über Wasserstoffbrücken verbunden sind, erklärt [59]. Die Anordnung der Basenpaare ist spezifisch:

Adenin ist nur mit Thymin verbunden, Guanin nur mit Cytosin. Die DNS-Doppelhelix und ihr Bauprinzip ist in Abb. 29 dargestellt.

Der Durchmesser der Doppelhelix beträgt etwa 20 Å. Zu jedem Basenpaar gehört je eine Purin- und eine Pyrimidinbase (Abb. 30). Die Ringebenen der Basen sind zueinander parallel und senkrecht zur Achse der Doppelhelix angeordnet.

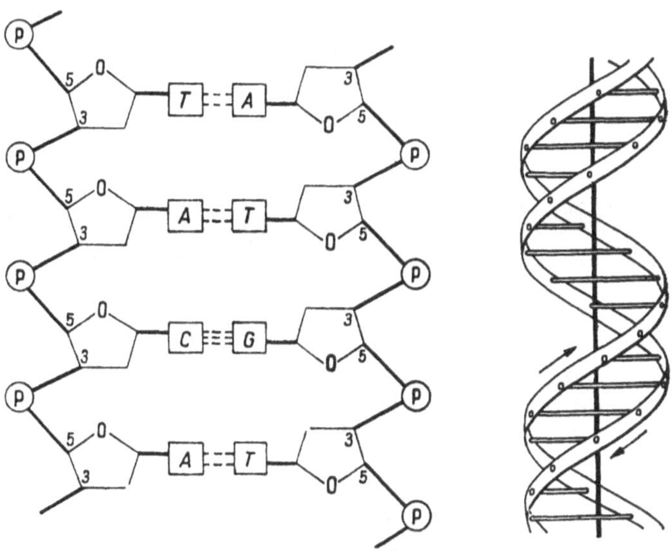

Abb. 29: **Die DNS-Doppelhelix und ihr Bauprinzip**

Die Moleküle A und T sind durch zwei Wasserstoffbrücken, G und C durch drei Wasserstoffbrücken verbunden. Alle anderen Paarkombinationen der Basen sind weniger beständig. So können sich in den Paaren $G-T$ und $C-A$ nur je zwei Wasserstoffbrücken ausbilden. Diese Systeme sind jedoch energetisch weniger günstig als die Basenpaare $A-T$ und $G-C$. Wenn beispielsweise einer der Fäden derDoppelhelix die Basensequenz *ATGA CTG* aufweist, dann muß der andere die Basenfolge *TACTGAC* besitzen. Eine solche Sequenz der Basenpaare wurde auch tatsächlich von Chargaff [57] experimentell gefunden.

Die Basenpaare $A-T$ und $G-C$ sind komplementär, die DNS-Moleküle bauen sich aus zwei komplementären Polynukleotidketten auf.

8.1.3. Der genetische Code

Da die paarweise Anordnung der Polynukleotidketten in der Doppelhelix komplementär erfolgt, enthält jede beliebige der möglichen Basenfolgen den genetischen Code. Bei der Reproduktion des DNS-Moleküls wird zu jeder Polynukleotidkette in der ursprünglichen Doppelhelix eine komplementäre Kette gebildet, es entstehen zwei völlig gleiche neue DNS-Moleküle. Dieser Prozeß ist in Abb. 31 gezeigt.

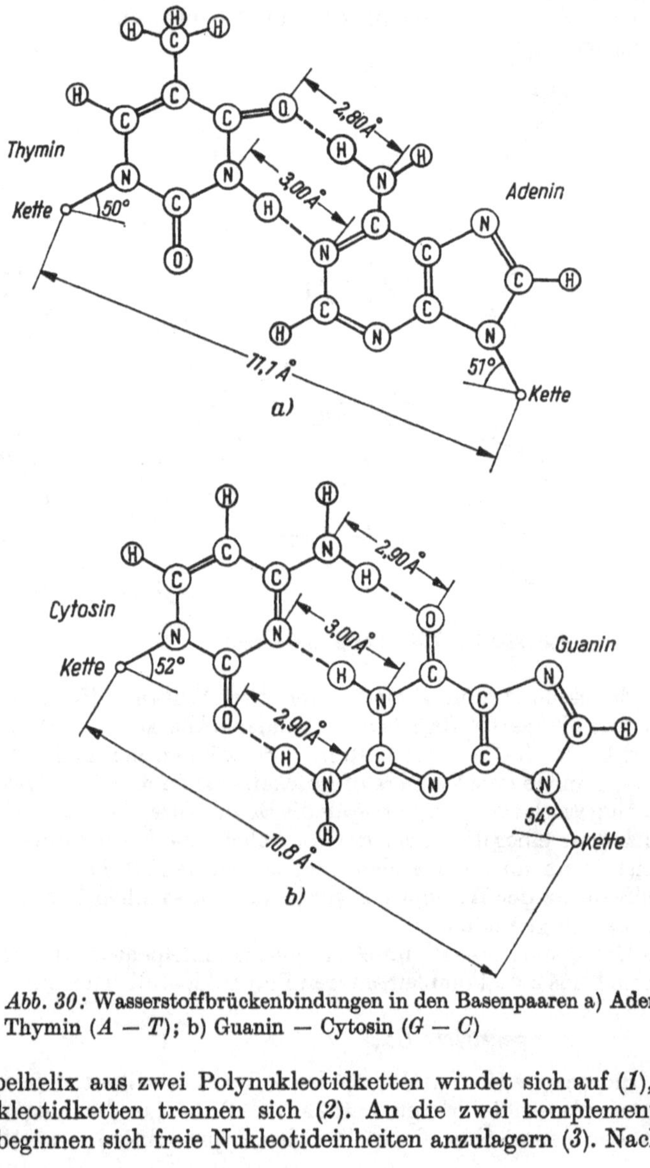

Abb. 30: Wasserstoffbrückenbindungen in den Basenpaaren a) Adenin — Thymin (*A* — *T*); b) Guanin — Cytosin (*G* — *C*)

Die Doppelhelix aus zwei Polynukleotidketten windet sich auf (*1*), und die Polynukleotidketten trennen sich (*2*). An die zwei komplementären Ketten (*2*) beginnen sich freie Nukleotideinheiten anzulagern (*3*). Nach der

Vereinigung der entsprechenden Basen bilden sich zwei neue DNS-Moleküle (4). Es ist anzunehmen, daß sich ein solcher Prozeß der Neubildung von DNS-Molekülen bei der Zellteilung vollzieht [60]. Prinzipiell besteht immer die Möglichkeit einer „fehlerhaften“ Paarung der Basen. Das führt zu Fehlern im genetischen Code und einer falschen Vermehrung der Zellen (Mutation). Man unterscheidet zwei Typen der Mutation: die spontane

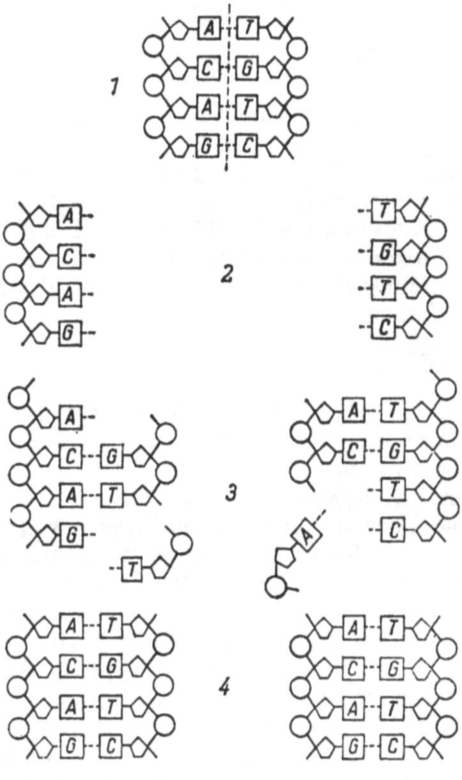

Abb. 31: Die Reduplikation eines DNS-Moleküls

Mutation und die induzierte, d. h. durch Reagentien hervorgerufene Mutation. Gut untersucht ist die Mutation, die durch UV-, Röntgen- oder γ-Strahlung induziert wird.

Die Aufklärung der Eigenschaften der Desoxyribonukleinsäuren umfaßt folgende Themenkomplexe:

a) Untersuchung der Struktur und der Eigenschaften der Bestandteile von DNS-Molekülen (Zucker, Phosphorsäure, Basen).

b) Untersuchung der Struktur der Basenpaare und der Wasserstoffbrückenbindungen zwischen den Basen.

c) Strukturaufklärung fehlerhaft zusammengesetzter Basenpaare (Mutation).
d) Einfluß von Umweltbedingungen auf die Reproduktion der DNS-Moleküle.

Bisher konnten schon viele Probleme dieser Fragenkomplexe mit Hilfe quantenchemischer Näherungsverfahren erfolgreich gelöst werden.

8.2. Die Basen der DNS

Die ersten qualitativen quantenchemischen Betrachtungen zur Elektronenstruktur der Basen gehen auf Untersuchungen von A. Pullman und B. Pullman [61, 62] zurück. Alle Moleküleigenschaften werden an Hand der π-Elektronenstruktur interpretiert. Die meisten Berechnungen wurden bisher mit der HMO-(Hückelschen MO)Methode durchgeführt[1]). Die Anwendung der HMO-Theorie zur Interpretation von Moleküleigenschaften soll am Beispiel des Adeninmoleküls gezeigt werden. Die Energiewerte für die Molekülorbitale werden zu

$$E_i = \alpha + x_i\beta \tag{8.1}$$

erhalten. α ist das Coulombintegral für ein Kohlenstoffatom und β das Resonanzintegral für eine C—C-Bindung im Benzol. Die Integrale α und β haben negative Vorzeichen, daher entsprechen positive Werte von x_i bindenden Molekülorbitalen, negative Werte den antibindenden Orbitalen. Im Ausdruck für E_i entspricht dem kleinsten positiven x_i-Wert das höchste besetzte Molekülorbital. Der Vergleich dieser x_i-Werte für verschiedene Verbindungen liefert relative Daten für die Ionisierungspotentiale dieser Verbindungen: je kleiner x_i ist, desto kleiner ist das Ionisierungspotential und um so stärker sind die Elektronen-Donatoreigenschaften des Moleküls ausgeprägt. Der kleinste negative Wert von x_i entspricht dem untersten unbesetzten (antibindenden) Molekülorbital. Der Vergleich dieser Größen innerhalb einer Reihe von Verbindungen liefert die relativen Elektronenaffinitäten für diese Verbindungen: je kleiner $-x_i$ ist, desto größer ist die Elektronenaffinität und desto stärker sind die Elektronen-Akzeptoreigenschaften des Moleküls ausgeprägt. Für typische Elektronendonatoren liegt x_i zwischen 0 und 0,3 β, für Akzeptoren ist x_i von 0 bis —0,4 β.

---

[1]) Inzwischen wurden die physikalisch-chemischen Eigenschaften und die Elektronenstruktur der Nukleotid-Basen von zahlreichen Arbeitskreisen mit den unterschiedlichsten quantenchemischen Näherungsverfahren untersucht. Eine Übersicht finden Sie bei B. Pullman in Progr. Nucleic Acid Res. Mol. Biol. **9**, 327 (1969).
Ab-initio-Berechnungen an den einzelnen Nukleotid-Basen führten E. Clementi, J. M. André, M. Cl. André, D. Klint und D. Hahn: Acta Phys. Hung. **27**, 493 (1969), durch.

Die Delokalisierungsenergie wurde auf S. 171 definiert als Differenz der π-Elektronenenergien des Moleküls mit vollständig delokalisiertem π-Elektronensystem E_π und mit lokalisierten Doppelbindungen im Molekül nE_π (Äthylen). Die Delokalisierungsenergie

$$\Delta E_\pi^{\text{Delok.}} = E_\pi - nE_\pi \text{ (Äthylen)} \tag{8.2}$$

gestattet es, die Stabilität eines π-Elektronensystems abzuschätzen. Je größer die Delokalisierungsenergie ist, desto stabiler ist das Molekül. Bei einem Stabilitätsvergleich zwischen verschiedenen Verbindungen wird die Delokalisierungsenergie oft auf ein π-Elektron bezogen.

Die Basen, die am Aufbau der DNS-Moleküle beteiligt sind, können in verschiedenen tautomeren Formen vorliegen. Aus dem Vergleich der Delokalisierungsenergien für diese verschiedenen Tautomeren können Rückschlüsse auf die möglichen tautomeren Gleichgewichte gezogen werden. Ähnliche Überlegungen sind auch für elektronisch angeregte Zustände möglich.

Tabelle 12: Energetische Unterschiede zwischen den tautomeren Formen der Basen

Verbindung	Tautomeres Gleichgewicht	Differenz der Delokalisierungsenergien (in β-Einheiten) im Grundzustand	im Anregungszustand
Adenin	Amin — Imin	— 0,27	— 0,14
Guanin	Laktam — Laktim	+ 0,33	+ 0,36
Thymin	Laktam — Laktim	+ 0,22	+ 0,44
Cytosin	Amin — Imin	— 0,13	— 0,01

Die Berechnungen zeigen, daß das Adeninmolekül die größte Delokalisierungsenergie pro π-Elektron unter den Basen besitzt. Die biochemische Bedeutung dieses Befundes besteht darin, daß Adenin von den vier Basen im Grundzustand am stabilsten ist. Nach den Ergebnissen der HMO-Berechnungen für die Energien des obersten besetzten und des untersten unbesetzten Molekülorbitals sind die vier Basen sowohl schlechte Elektronenakzeptoren als auch schlechte Elektronendonatoren. Die Donator-Akzeptor-Wechselwirkung zwischen ihnen sollte daher klein sein.

Die Unterschiede der Delokalisierungsenergien für die Basen in den verschiedenen tautomeren Formen sowohl im Grundzustand als auch im elektronisch angeregten Zustand sind in Tab. 12 zusammengestellt. Der Tabelle ist zu entnehmen, daß die tautomeren Formen ein und derselben Verbindung verschiedene Delokalisierungsenergien aufweisen. Im allgemeinen liegen Purin- und Pyrimidinbasen in der Amin- bzw. in der Laktamform vor. Der Übergang von der Laktam- in die Laktimform ist mit einer Vergrößerung der Delokalisierungsenergie sowohl im Grund- als auch im

Anregungszustand verbunden. Damit wird die Möglichkeit für den Übergang von der Laktamform in die Laktimform verständlich. Dagegen ist der Übergang von der Amin- in die Iminform mit einer Verringerung der Delokalisierungsenergie verbunden. Von allen Basen hat das Cytosin die größte Tendenz sowohl im Grundzustand als auch im angeregten Zustand in der Iminform vorzuliegen. Das ist experimentell bestätigt: aus den NMR-Spektren von Purinbasen geht hervor, daß sich Cytosin im Vergleich mit anderen Purinbasen leichter in die Iminform umlagert [63].

Mit den Entwicklungskoeffizienten für die Molekülorbitale kann die Elektronenverteilung im Molekül ermittelt werden (vgl. S. 174). An Hand der Ladungsverteilung und der Geometrie können qualitative Erkenntnisse über die Wechselwirkung zwischen den Basen in den Basenpaaren gewonnen werden. Die π-Elektronendichteverteilung in den Basen im Grundzustand ist in den Moleküldiagrammen in Abb. 32 wiedergegeben.

8.3. Die Basenpaare der DNS

Wie bereits in 8.1. vermerkt, werden die Polynukleotidketten in der Doppelhelix durch Wasserstoffbrückenbindungen zwischen den Purin- bzw. Pyrimidinbasen verbunden (vgl. Abb. 30). Beide Basen eines jeden Paares liegen in einer Ebene und bei qualitativer Betrachtungsweise kann man annehmen, daß die π-Elektronen beider Basen ein einheitliches π-Elektronensystem bilden. Der Unterschied in der quantenchemischen Behandlung eines Basenpaares gegenüber der eines einzelnen Moleküls besteht in der Berücksichtigung der Wasserstoffbrückenbindungen[1]).

In diesem Zusammenhang erheben sich zwei Fragen:

a) Berücksichtigung der Wasserstoffatome in den Wasserstoffbrückenbindungen.

b) Verwendung geeigneter Resonanzintegralparameter $\beta_{\mu\nu}$ für die O—H- N—H-, O···H- und N···H-Bindungen.

---

[1]) Zur Untersuchung der Basenpaare und von Polynukleotidketten wurde von Ladik und Mitarb. die SCF-LCAO-Crystal-Orbital (CO)-Methode entwickelt (J. Avery, J. Parker, J. Ladik, G. Biczo: J. molecular Spectroscopy **29**, 194 (1969); B. F. Rozsnyai, J. Ladik: J. chem. Physics **52**, 5711 (1970) und dort weitere Literaturhinweise). Die Elektronenstruktur, Fragen der Protonenübertragung und der Wasserstoffbrückenbindungen von Basenpaaren im Grundzustand und den angeregten Zuständen wurden mit einem Allvalenzelektronenverfahren (CNDO/2) untersucht (A. C. Blizzard, D. P. Santry: J. theoret. Biol. **25**, 461 (1969)).

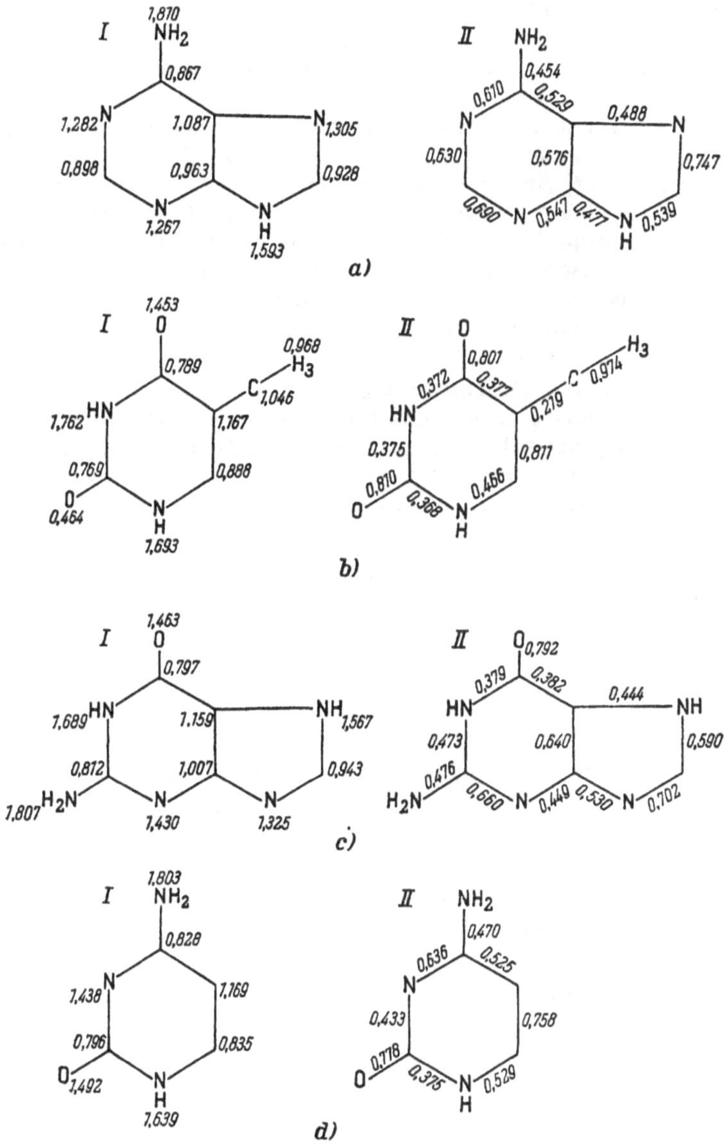

Abb. 32: Moleküldiagramme der Basen a) Adenin (Delokalisierungsenergie in β-Einheiten 3,894); b) Thymin (2,050); c) Guanin (3,814); d) Cytosin (2,280)

I – Elektronendichten, *II* – Bindungsordnungen

Einer der möglichen Ansätze besteht in der Annahme, daß an der Wasserstoffbrückenbindung die Orbitale der Sauerstoff- und Stickstoffatome beteiligt sind, die in der Molekülebene liegen. Die O—H-, N—H-, O ... H- und N ... H-Bindungen werden dann als σ-Bindungen betrachtet und lediglich die Wechselwirkung der Atome O ... O, O ... N und N ... N, die an der Wasserstoffbrückenbindung beteiligt sind, berücksichtigt. Die Abstände O ... O, O ... N und N ... N sind beträchtlich größer als die in normalen chemischen Bindungen. Da die Überlappung ($S_{\mu\nu}$) proportional e^{-r} und $H_{\mu\nu} = \beta_{\mu\nu}$ proportional $S_{\mu\nu}$ ist, muß bei der quantenchemischen Beschreibung von Wasserstoffbrückenbindungen für die Bindungen O ... O, O ... N und N ... N der Parameter $\beta_{\mu\nu}$ wesentlich kleiner als für normale chemische Bindungen angesetzt werden. In einigen Arbeiten [64, 65] wurde dieses Resonanzintegral gleich 0,2 β gesetzt.

Außerdem müssen die COULOMB-Integrale für die Heteroatome verändert werden. So verringert sich das COULOMB-Integral des Stickstoffatoms in der Aminogruppe des Adenins oder Cytosins um 0,2 β, das des Sauerstoffatoms der Carbonylgruppe im Guanin und im Thymin vergrößert sich um 0,2 β. Folgende qualitativen Überlegungen begründen diese Parameteränderung:

Ausgangspunkt ist die halbempirische Abschätzung von α_μ (vgl. Abschnitt 5.7.):

$$\alpha_\mu = H_{\mu\mu} = I_\mu + \sum_\nu \frac{Z_\nu}{R_{\mu\nu}}. \tag{8.3}$$

I_μ ist das Ionisierungspotential des μ-ten Atoms, $R_{\mu\nu}$ ist der Abstand zwischen den Kernen μ und ν und Z_ν ist die Rumpfladung des Kernes ν. Für die Bindung =N—H ist

$$\alpha_N = I_N + \frac{1}{R_{NH}} + \sum_{\nu'} \frac{Z_{\nu'}}{R_{N\nu'}}, \tag{8.4}$$

ν' bezeichnet alle Atome außer den Wasserstoffatomen.

Bei der Ausbildung der Wasserstoffbrückenbindung $\rangle$N—H ... N vergrößert sich der Abstand R_{NH}, dadurch wird der Wert für das COULOMB-Integral für das Stickstoffatom herabgesetzt.

Analog läßt sich die Vergrößerung des COULOMB-Integrals für das Sauerstoffatom erklären.

Ein anderer Ansatz für ein gemeinsames π-Elektronensystem zweier über Wasserstoffbrücken gebundener Basen bezieht die unbesetzten $2p$-Atomorbitale der Wasserstoffatome mit ein [66].

Tabelle 13: Orbitalenergien der isolierten Basen sowie der Basenpaare Adenin-Thymin und Guanin-Cytosin (in β-Einheiten)

Molekül-orbitale	Adenin	Basenpaar $A-T$	Thymin	Guanin	Basenpaar $G-C$	Cytosin
anti-bindende		−0,946	−0,958			
				−1,050	−1,065	
	−0,865	−0,874			−0,781	−0,795
bindende	0,486	0,425		0,307	0,308	
		0,527	0,510		0,612	0,595
	0,913	0,838			0,682	0,785
		1,032	1,055	1,016	0,990	
	1,101	1,076		1,067	1,074	
		1,587	1,595	1,209	1,215	
	1,610	1,596			1,586	1,592
	1,945	1,963			1,972	2,008
		2,066	2,058	2,032	2,014	
	2,552	2,559		2,328	2,353	
		2,903	2,843	3,088	3,079	3,068
		3,224	3,193		3,171	

Die bisherigen Untersuchungen gestatten folgende Verallgemeinerungen:

1. Die Basen behalten eine relative Selbständigkeit. Das läßt sich damit erklären, daß die besetzten Molekülorbitale der Basenpaare nach ihrer energetischen Abstufung in zwei Gruppen eingeteilt werden können und daß die Orbitalenergien der einzelnen Basen identisch oder nahezu gleich den Energien der einen oder der anderen Gruppe sind [64] (vgl. Tab. 13).
2. Im Basenpaar Guanin-Cytosin ist die durch Wasserstoffbrückenbindungen hervorgerufene Stabilisierung größer als die im Basenpaar Adenin-Thymin (vgl. Tab. 14) [64].
3. Die Donator-Akzeptor-Eigenschaften des Paares G—C sind stärker ausgeprägt als die des Paares A—T. Das deutet auf die Möglichkeit einer größeren Wechselwirkung dieses Paares mit der Umgebung hin. Quantenchemische Größen dafür sind die Energien des höchsten besetzten Molekülorbitals (HOMO) und des tiefsten unbesetzten Molekülorbitals (LFMO) in Tab. 14 [61].

4. Die π-Elektronendichten an den Brückenwasserstoffatomen sind sehr gering.

Tabelle 14: Delokalisierungsenergien $\Delta E_\pi^{Delok.}$ und Energien der HOMO und LFMO (in β-Einheiten)

Basenpaar	$\Delta E_\pi^{Delok.}$	E^{HOMO}	E^{LFMO}
Guanin-Cytosin	0,210	0,318	−0,776
Adenin-Thymin	0,161	0,453	−0,874

Neben den besprochenen Wasserstoffbrückenbindungen in den Basenpaaren gibt es noch die Möglichkeit von Wasserstoffbrückenbindungen zwischen den Positionen *6* oder *7* des Purinsystems und den Atomen *1* und *6* des Pyrimidinringes. Die für diesen Fall durchgeführten quantenchemischen Berechnungen zeigen, daß die dadurch bewirkte zusätzliche Stabilisierung für das Paar Guanin-Cytosin gleich 0,006β und für das Paar Adenin-Thymin 0,166β ist (Delokalisierungsenergien [61]), d. h. bei einer fehlerhaften Anordnung der Basen stabilisieren die Wasserstoffbrückenbindungen das Paar Adenin-Thymin in demselben Ausmaß wie bei der normalen Anordnung der Basen. Das Paar Guanin-Cytosin wird jedoch wesentlich weniger stabilisiert.

8.4. Tunneleffekt von Protonen in der DNS

Die an den Wasserstoffbrückenbindungen beteiligten Wasserstoffatome befinden sich zwischen zwei partiell negativ geladenen Atomen. Die Elektronendichte im 1s-Atomorbital des Wasserstoffatoms ist klein, deshalb kann man die Wasserstoffbrücken zwischen den Basen in der DNS als ein System betrachten, in dem sich das Proton im Feld zweier Elektronenpaare befindet. Eine solche Betrachtungsweise wurde erstmals von Löwdin [68—71] vorgenommen.

Die Kurven der potentiellen Energie für ein Proton im Feld von zwei Elektronenpaaren hat zwei Minima, da für das Proton zwei Gleichgewichtsabstände existieren. Dieser Sachverhalt ist für zwei Fälle von Wasserstoffbrückenbindungen (N—H ··· N und N—H ··· O) schematisch in Abb. 33 gezeigt.

Bei der quantenmechanischen Berechnung kann man das Proton als ein Mikroteilchen betrachten, dessen Bewegungen durch die SCHRÖDINGER-Gleichung beschrieben werden können. Mikroteilchen können dank des Tunneleffektes in Bereiche eindringen, die für klassische Teilchen verboten sind.

Die Existenz von Minima der potentiellen Energie wurde für eine Reihe von Verbindungen festgestellt. Die Frequenzen der Tunnelübergänge wurden zu 10^{11} bis 10^{12} Hz abgeschätzt. Für den Fall der Wasserstoffbrückenbindungen zwischen den DNS-Basen kompliziert sich das Problem dadurch, daß jede Base zwei oder drei Wasserstoffbrücken ausbildet und

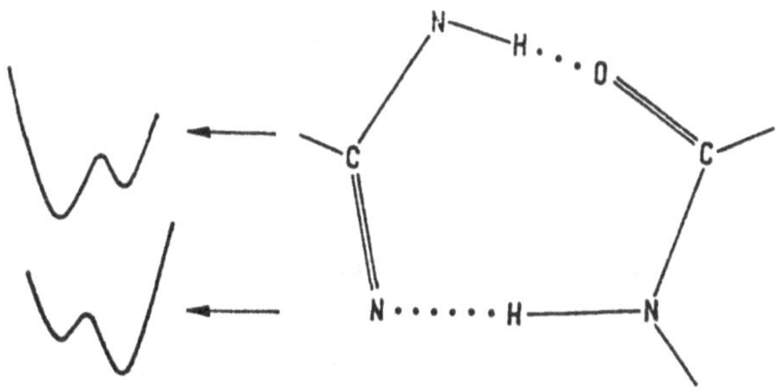

Abb. 33: Die Potentialkurven für die Ausbildung zweier Wasserstoffbrückenbindungen zwischen den Basen Adenin und Thymin

daher ein gleichzeitiger Austausch der Protonen zwischen zwei Basen von mehreren Wasserstoffbrückenbindungen denkbar ist. In Abb. 34 ist der mögliche Protonenaustausch im Basenpaar Adenin-Thymin gezeigt, der mit einer Veränderung der Kurven der potentiellen Energie einhergeht.

Im Folgenden sollen zwei Fälle unterschieden werden:

1. Die zwei Basen besitzen die gleiche Ladung. In diesem Fall induziert die Durchtunnelung eines Protons von der Base *I* zur Base *II* in der einen Wasserstoffbrücke den gleichzeitigen Tunnelübergang eines anderen Protons von Base *II* nach Base *I* über die zweite Wasserstoffbrücke. Durch derartige Übergänge werden die Basen in ihre tautomeren Formen übergeführt.
2. Die beiden Basen besitzen unterschiedliche Ladungen. Für diesen Fall ist die Aufenthaltswahrscheinlichkeit des Protons an der Base mit der größeren Ladung größer als an der Base mit der kleineren Ladung. Bei Veränderung der Ladungen an den Atomen, die an den Wasserstoffbrückenbindungen teilnehmen, wird ein Protonenaustausch denkbar.

Dabei ist ein induzierter Übergang eines zweiten Protons nicht unbedingt notwendig, d. h. durch einen solchen Protonenaustausch bilden sich geladene Basenpaare. Derartige Übergänge sind theoretisch vorausgesagt und experimentell bestätigt worden. Die quantenchemischen Berechnungen können wie folgt verallgemeinert werden:

a) Beim Übergang aus dem elektronischen Grundzustand in den angeregten Zustand erfolgt eine solche Umverteilung der Elektronen, daß die Existenz eines Tautomerenpaares wahrscheinlich gemacht werden kann, d. h. es erfolgt ein zweifacher Protonenaustausch [72].

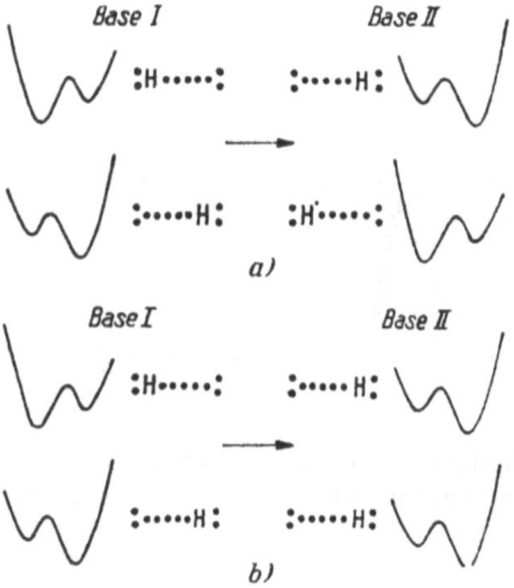

Abb. 34: Die Veränderung der Potentialkurven beim Protonenaustausch
a) Gleichzeitiger Austausch beider Protonen;
b) Übergang nur eines Protons

b) In beiden Basenpaaren Adenin-Thymin und Guanin-Cytosin ist der erste angeregte Zustand durch eine solche Ladungsverteilung charakterisiert, die der Ausbildung von Ionenpaaren entspricht. Beim Übergang vom Grundzustand in den ersten angeregten Zustand beträgt der Ladungsübergang z. B. vom Guanin zum Cytosin 0,99 Elementarladungen, d. h. den Übergang in den angeregten Zustand kann man als einen intermolekularen Ladungsübergang ansehen. Dabei bildet sich das Ionenpaar $G^{+}-C^{-}$ [65, 73].

Dazu seien einige experimentelle Daten angeführt:

1. Die Verschiebungen der Absorptionsbanden der C=O- und C=N-Bindungen im IR-Spektrum in den Bereich höherer Frequenzen für natürliche DNS und Komplexe von Polynukleotiden sprechen für die Protonisierung der Basen [74—77].

2. Die IR-Spektren der DNS bei verschiedenen pH-Werten zeigen, daß die kurzwellige Verschiebung der C=O- und C=N-Banden nur im

neutralen und sauren Medium auftritt. Das unterstützt die Vorstellungen über die Protonenübertragung [78].

3. Die Gleichgewichtskonstanten und die Reaktionswärmen für die Komplexbildung mit Protonenübertragung zeigen, daß die Komplexbildung im angeregten Zustand häufig energetisch begünstigt ist [78, 79].

Alle diese experimentellen Ergebnisse deuten auf die Existenz von Tunneleffekten hin. Die Lebensdauer des angeregten Zustandes der Basenpaare ist wesentlich länger als die Zeit, die für die Durchtunnelung notwendig ist. Die Lebensdauer des angeregten Singulettzustandes beträgt

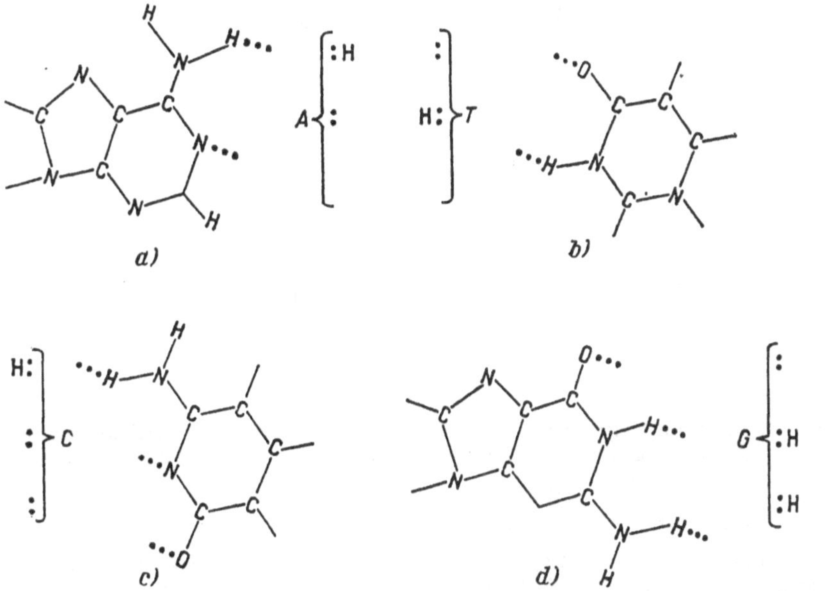

Abb. 35: Der Protonen—Elektronen—Code nach Löwdin a) Adenin; b) Thymin; c) Cytosin; d) Guanin

etwa 10^{-8} s, die des Triplettzustandes ist um einige Zehnerpotenzen größer. Die Frequenzen der Protonenübergänge sind von der Größenordnung 10^{11} bis 10^{12} s^{-1}.

Die Existenz der Protonenübergänge zwischen den Basen wurde von Löwdin zur Erklärung der Mutationen herangezogen. Nach Löwdin spricht man von einem „Protonen-Elektronen-Code" (Abb. 35). Mit Hilfe dieses Codes können die Basenpaare in der in Abb. 36 gezeigten Form dargestellt werden. Der Code für den gleichzeitigen Übergang zweier Protonen zwischen den Basen unterscheidet sich nicht von dem für den Übergang einer tautomeren Form in die andere. Wenn vor dem Aufwickeln der Doppelhelix eine gleichzeitige Durchtunnelung beider Protonen erfolgt oder aber nach dem Aufwickeln tautomere Umlagerungen erfolgen, so wird sich das neu entstehende Molekül vom Ausgangsmolekül unterscheiden, da z. B. A^* mit C kombiniert, aber nicht mit T. Es gibt folgende Möglichkeiten für die Kombination der Basen:

$$A^* - C,\ C^* - A,\ G^* - T,\ T^* - G,\ A^* - T^*,\ C^* - G^*.$$

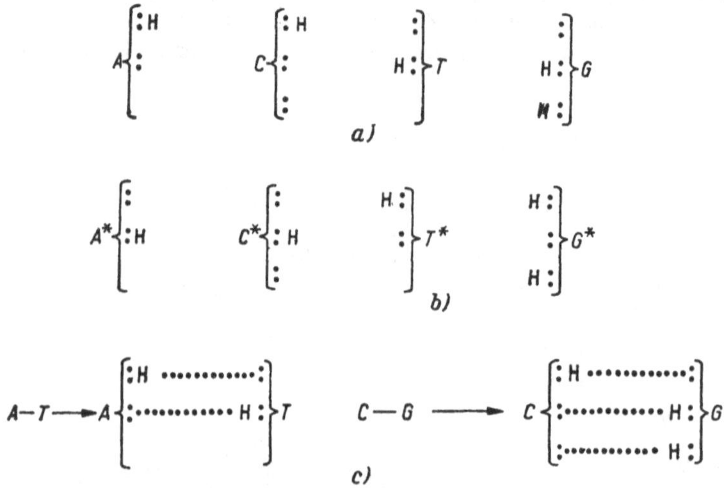

Abb. 36: **Die tautomeren Formen der Basen und der Basenpaare in der Bezeichnungsweise von Löwdin a) stabile tautomere Formen der Basen; b) instabilere tautomere Formen der Basen; c) Basenpaare**

In diesen Fällen reproduziert sich das DNS-Molekül mit einigen Abweichungen von der ursprünglichen Struktur (Mutationen). Dasselbe geschieht, wenn vor dem Aufwickeln der Doppelhelix ein Proton übertragen wird und beide Protonen sich an einer der beiden Basen befinden. In diesem Fall ist die Möglichkeit des Entstehens beliebig zusammengesetzter Basenpaare gegeben, da beide Basen in der Ionenform vorliegen und ihre spezifischen Eigenschaften bezüglich der Wechselwirkung mit den neutralen Basen, die als Bausteine für die DNS dienen, verlorengegangen sind.

Wenn vom Guanin ein Proton zum Cytosin übergeht, dann lautet die Codebezeichnung für das negative Ion des Guanins

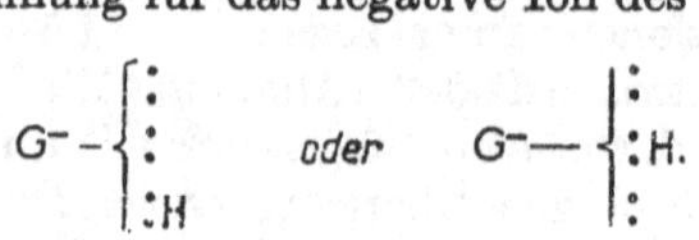

G^- kann also mit C, T, C^* oder T^* in Wechselwirkung treten.

Die Möglichkeit des Überganges der Base in die instabilere tautomere Form und Tunneleffekte können die Entstehung spontaner Mutationen erklären. Da bei einer elektronischen Anregung die Wahrscheinlichkeit des Überganges in die instabileren tautomeren Formen bedeutend zunimmt und außerdem eine Ladungsumverteilung in den Basenpaaren vor sich geht, wobei die Aufenthaltswahrscheinlichkeit beider Protonen an einer der beiden Basen wächst, wird die Ursache zur Entstehung von Mutationen unter der Einwirkung von UV-Licht verständlich.

Sehr interessant erscheinen die Versuche, mit Hilfe der spontanen Mutationen biologische Prozesse zu erklären, wie z. B. das Altern und die Entstehung von Geschwülsten. Man kann annehmen, daß der Prozeß des Alterns mit dem Verlust an genetischer Information durch die Anhäufung von Mutationen verbunden ist. Diese Mutationen führen mit der Zeit zu einer Hemmung bei der Reproduktion der notwendigen Zellen, d. h. zum Altern des Organismus und zu seinem Tode. Die Anhäufung von Mutationen bei der Reduplikation der DNS kann auch zur Bildung bösartiger Geschwülste führen.

8.5. Die Struktur der Eiweiße

Die Eiweiße gehören zu den wichtigsten Bestandteilen der lebenden Materie. Sie stellen Polymere mit hohem Molekulargewicht (10^4 bis 10^8) dar und sind aus etwa 20 verschiedenen α-Aminosäuren aufgebaut. Die allgemeine Formel der α-Aminosäuren ist

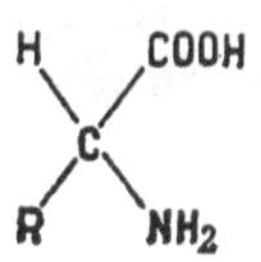

Bei der Bildung der Eiweiße verbinden sich die Aminogruppen der einen Aminosäure mit den Carboxylgruppen der anderen:

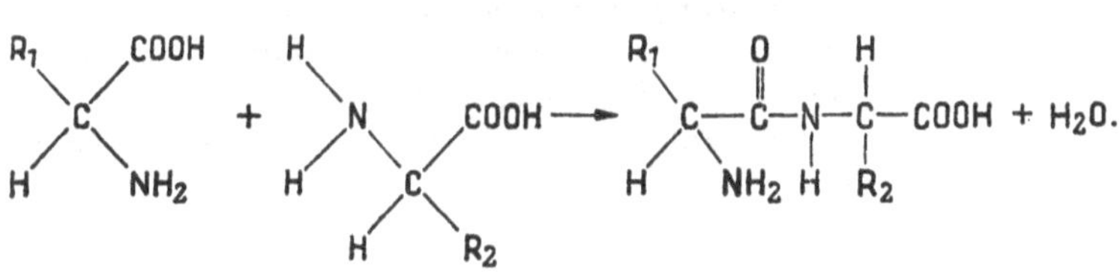

Dabei entsteht die sogenannte Peptidbindung

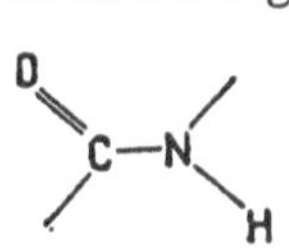

In neutraler Lösung liegen die Aminosäuren gewöhnlich in der zwitterionischen Form vor,

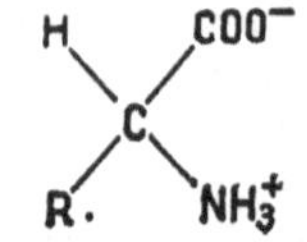

im Kristallverband liegen gleichzeitig die neutrale und die zwitterionische Form vor, wie NMR-spektroskopische Untersuchungen an Polykristallen deuterierten Glycins ergaben [80].

Die Eiweiße unterscheiden sich voneinander durch ihre Zusammensetzung und die Reihenfolge der Aminosäurereste. Die Anordnung und Reihenfolge der Aminosäuren, die durch Peptidbindungen verknüpft sind, bestimmt die sogenannte Primärstruktur der Eiweiße, die für die wesentlichsten Eigenschaften verantwortlich ist.

Die Bindungen zwischen der Peptidgruppierung und den α-Kohlenstoffatomen sind einfache C—C- und C—N-Bindungen. Um diese Bindungen besteht freie Drehbarkeit. So ist die Helixstruktur der Peptidkette zu erklären, in der jede Peptidgruppierung mit den benachbarten Gruppen durch Wasserstoffbrückenbindungen verbunden ist. Diese durch Wasserstoffbrückenbindungen bewirkte Struktur bezeichnet man als Sekundärstruktur. Neben der Helixstruktur bestehen noch andere Möglichkeiten für die Sekundärstruktur.

Die Eiweiße erfüllen einige äußerst wichtige Funktionen: sie bewirken die Umwandlung chemischer in mechanische Energie, sie garantieren die Festigkeit und Stabilität lebender Organismen und stellen schließlich den Hauptbestandteil der Fermentmoleküle dar, die an den zahllosen chemischen Reaktionen, die im Organismus ablaufen, teilnehmen.

8.6. Die Elektronenstruktur der Aminosäuren

Zu den Bestandteilen der Eiweiße gehören nur vier aromatische Aminosäuren, daher ist die Betrachtung der Elektronenstruktur der Aminosäuren im allgemeinen ein Anwendungsgebiet der σ-Elektronenverfahren. In Kapitel 7. wurden Methoden zur Berechnung von Verbindungen mit σ-Elektronen besprochen, hier soll nun die Anwendung dieser Methoden am Beispiel des Glycins demonstriert werden.

8.6.1. Die EHT-Methode

Das Glycinmolekül hat folgende Struktur

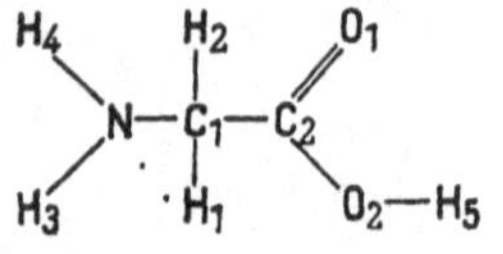

Alle Bindungslängen und Valenzwinkel sind bekannt. An der Bindungsbildung sind 21 Atomorbitale, die mit 22 Elektronen besetzt sind (das $2p_z$-Atomorbital des Sauerstoffatomes 2 ist mit 2 Elektronen besetzt), beteiligt. Die Molekülorbitale werden durch den LCAO-Ansatz dargestellt

$$\varphi_i = \sum_\mu c_{\mu i}\chi_\mu. \tag{8.6}$$

Bei Vernachlässigung der Elektronenwechselwirkung und mit

$$\begin{aligned} H_{\mu\mu} &= I_\mu, \\ H_{\mu\nu} &= kS_{\mu\nu}\left(\frac{H_{\mu\mu} + H_{\nu\nu}}{2}\right) \\ k &\sim 2 \end{aligned} \tag{8.7}$$

werden die ROOTHAANschen Gleichungen in der Form

$$\det |H_{\mu\nu} - ES_{\mu\nu}| = 0 \tag{8.8}$$

erhalten.

Zur Berechnung der Matrixelemente werden Daten über die Ionisationspotentiale der Atome in den entsprechenden Valenzzuständen benötigt, außerdem müssen die Überlappungsintegrale bekannt sein (s. Abschnitt 5.7.).

8.6.2. *Die DEL REsche Methode*

Diese Methode geht von folgenden Annahmen aus (vgl. Abschnitt 7.6.2.):

a) Die σ-Bindungen sind lokalisiert.

b) Das Resonanzintegral für die Bindung XY ist

$$H_{XY} = \varepsilon_{XY}\beta, \tag{8.9}$$

der Parameter ε_{XY} ist ein Analogon zum Parameter $k_{\mu\nu}$ in der HMO-Methode.

c) Für das COULOMB-Integral des Atoms X gilt

$$\begin{aligned} H_{XX} &= \alpha + \delta_X\beta, \\ \delta_X &= \delta_X{}^0 + \sum_Y \gamma_{X(Y)}\delta_Y. \end{aligned} \tag{8.10}$$

Die induktiven Parameter $\gamma_{X(Y)}$ berücksichtigen den Beitrag des Atoms Y zum COULOMB-Integral, die Summation wird über alle mit X gebundenen Atome Y vorgenommen. Alle Parameter, die für solche Berechnungen notwendig sind, werden empirisch abgeleitet. Die Lage der Energieniveaus hängt von allen Parametern ab. Daher kann man durch den Vergleich zwischen experimentellen Daten und den durch die Rechnungen gewonnenen Größen die Parameter, die die beste Übereinstimmung ergeben, auswählen.

Bei der Verwendung von Parametern, die an anderen Molekülen justiert wurden (ε_{XY}, $\gamma_{X(Y)}$, $\delta_X{}^0$) erhält man für das Glycinmolekül folgendes System von Gleichungen [56]:

$$\begin{aligned}
&\delta H_1 = \delta^0 H_1 + \gamma H_1(C_1)\delta C_1;\\
&\delta H_1 = 0{,}00;\\
&\gamma H_1(C_1) = 0{,}40;\\
&\delta H_1 - 0{,}40\delta C_1 = 0; \qquad (8.11)\\
&\delta C_1 = \delta^0 C_2 + \gamma C_1(H_1)\delta H_1 + \gamma C_1(H_2)\delta H_2 + \gamma C_1(C_2)\delta C_2\\
&\quad + \gamma C_1(N)\delta N;\\
&\delta^0 C_1 = 0{,}07;\\
&\gamma C_1(H_1) = 0{,}30; \quad \gamma C_1(N) = 0{,}10;\\
&\delta C_1 - 0{,}3\delta H_1 - 0{,}3\delta H_2 - 0{,}1\delta C_2 - 0{,}1\delta N = 0{,}07 \text{ usw.} \qquad (8.12)
\end{aligned}$$

Das vollständige Gleichungssystem lautet

$$\begin{aligned}
&\delta H_1 - 0{,}40\delta C_1 = 0;\\
&\delta H_2 - 0{,}40\delta C_1 = 0;\\
&\delta C_1 - 0{,}30\delta H_1 - 0{,}30\delta H_2 - 0{,}10\delta C_2 - 0{,}10\delta N = 0{,}07;\\
&\delta N - 0{,}10\delta C_1 - 0{,}30\delta H_3 - 0{,}30\delta H_4 = 0{,}24;\\
&\delta H_3 - 0{,}40\delta N = 0;\\
&\delta H_4 - 0{,}40\delta N = 0;\\
&\delta C_2 - 0{,}10\delta C_1 - 0{,}10\delta \mathrm{O}_1 - 0{,}10\delta O_2 = 0{,}07;\\
&\delta O_1 - 0{,}10\delta C_2 = 0{,}40;\\
&\delta O_2 - 0.10\delta C_2 - 0{,}30\delta H_5 = 0{,}40;\\
&\delta H_5 - 0{,}40\delta O_2 = 0. \qquad (8.13)
\end{aligned}$$

Durch dessen Lösung werden die für die COULOMB-Parameter wichtigen Größen δ_X erhalten:

$$\begin{aligned}
&\delta H_1 = \delta H_2 = 0{,}064; && \delta H_3 = \delta H_4 = 0{,}135;\\
&\delta C_1 = 0{,}159; && \delta \mathrm{O}_1 = 0{,}418;\\
&\delta C_2 = 0{,}175; && \delta O_2 = 0{,}474;\\
&\delta N = 0{,}337; && \delta H_5 = 0{,}190. \qquad (8.14)
\end{aligned}$$

Damit können die Coulomb-Integrale bestimmt werden. Um die charakteristischen Größen für eine Bindung XY zu erhalten, muß die Säkulardeterminante

$$\begin{vmatrix} H_{XX} - E & H_{XY} \\ H_{XY} & H_{YY} - E \end{vmatrix} = 0 \tag{8.15}$$

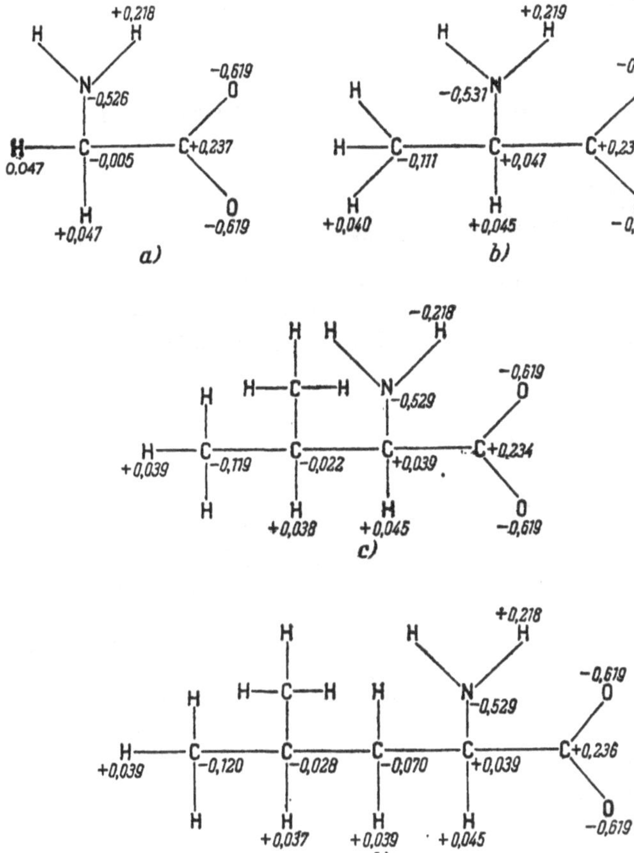

Abb. 37: Moleküldiagramme einiger Aminosäuren a) Glycin; b) α-Alanin c) Valin; d) Leucin

gelöst werden. Durch Einsetzen der Eigenwerte E_i in die Säkulargleichungen werden die LCAO-Koeffizienten für die Wellenfunktionen gefunden

$$\varphi = c_1\chi_X + c_2\chi_Y. \tag{8.16}$$

Die Überschußladung am Atom X, die durch die Bindungsbildung mit Y hervorgerufen wird, ist

$$q_{X(Y)} = 1 - c_1^2. \tag{8.17}$$

Die Lösung der Säkulargleichungen zweiter Ordnung für alle Bindungen liefert die Ladungsverteilung über das ganze Molekül. Wenn das Atom X an mehreren Bindungen beteiligt ist, so ist die Ladung am Atom X

$$q_X = \sum_Y q_{X(Y)}. \tag{8.18}$$

Für einige Aminosäuren ist die Ladungsverteilung in Abb. 37 wiedergegeben.

8.7. Die Peptidbindung

Viele Eigenschaften der Eiweiße werden durch den besonderen Bau der Peptidgruppierung bedingt [81]. Durch verschiedene experimentelle Methoden wurde gezeigt, daß die Peptidgruppe ähnlich der Ketogruppe gebaut ist:

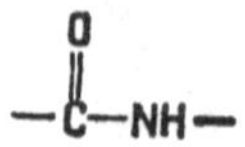

Bei den CO- und CN-Bindungen der Peptidgruppe handelt es sich nicht um reine Doppel- bzw. Einfachbindungen. So ist die CO-Bindungslänge gleich 1,24 Å und die der CN-Bindung gleich 1,32 Å. Alle vier Atome der Peptidgruppe liegen in einer Ebene, die Geometrie ist in Abb. 38 gezeigt. Die C-, N- und O-Atome sind sp^2-hybridisiert, die Bindungswinkel liegen in der Nähe von 120°. Jedes der Hybridorbitale nimmt an der Ausbildung einer σ-Bindung teil, die $2p$-Orbitale senkrecht zum σ-Bindungsgerüst sind an der Ausbildung der π-Bindungen beteiligt. Zwei Hybridorbitale des Sauerstoffatoms sind mit je einem einsamen Elektronenpaar besetzt, das dritte bildet die C—O-Bindung. Die Elektronenkonfiguration der Atome der Peptidgruppierung und die Ausbildung der σ- und π-Bindungen sind in Abb. 39 dargestellt.

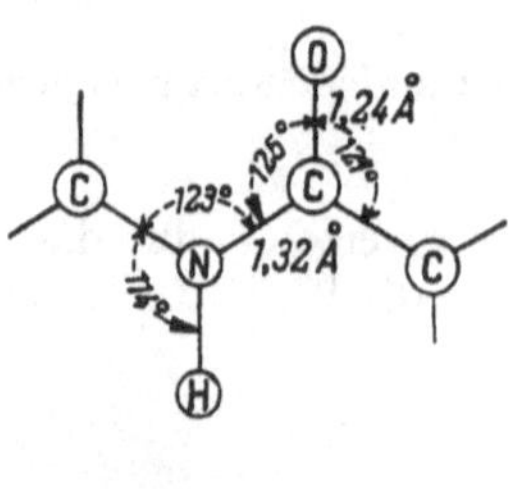

Abb. 38: Die Geometrie der Peptidbindung

Allein schon mit den π-Bindungen lassen sich viele Besonderheiten der Struktur der Peptidgruppe erklären. Offensichtlich sind die Verkürzung der CN-Bindung und die Verlängerung der CO-Bindung in der Ausbildung von Dreizentren-Molekülorbitalen begründet.

Die quantenchemische Betrachtung der Peptidbindung in der HMO-Näherung ist sehr einfach. Die Molekülorbitale werden als Linearkombination der Atomorbitale des Sauerstoff-, Stickstoff- und Kohlenstoffatoms angesetzt:

$$\varphi_i = c_{\mathrm{O}i}\chi_{\mathrm{O}} + c_{\mathrm{C}i}\chi_{\mathrm{C}} + c_{\mathrm{N}i}\chi_{\mathrm{N}}. \tag{8.19}$$

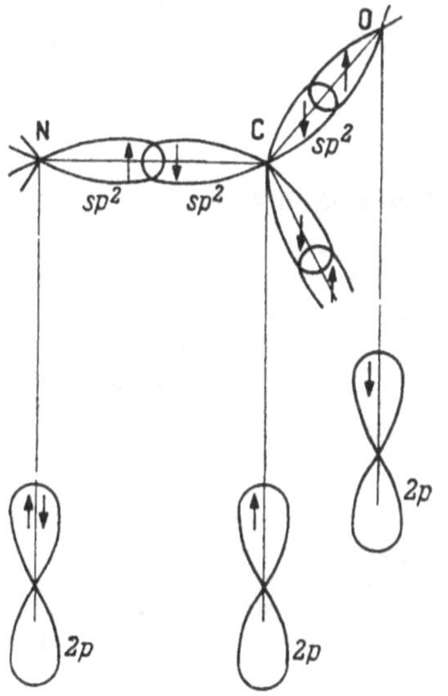

Abb. 39: Die Elektronenkonfiguration der Atome der Peptidbindung

Bei Vernachlässigung der Überlappung und mit den COULOMB- und Resonanzintegralen

$$\begin{aligned} \alpha_X &= \alpha + h_X\beta, \\ \beta_{CX} &= k_{CX}\beta \end{aligned} \tag{8.20}$$

ergibt sich bei Verwendung der Parameter von A. und B. PULLMAN [61]

$$h_{\mathrm{O}} = 1{,}2 \qquad k_{\mathrm{CO}} = 2$$
$$h_{\mathrm{N}} = 1 \qquad k_{\mathrm{CN}} = 0{,}9$$

die Säkulardeterminante

$$\begin{vmatrix} \alpha + 1{,}2\beta - E & 2\beta & 0 \\ 2\beta & \alpha - E & 0{,}9\beta \\ 0 & 0{,}9\beta & \alpha + \beta - E \end{vmatrix} = 0. \tag{8.21}$$

Die Koeffizienten $c_{\mu i}$ werden durch Einsetzen der Eigenwerte E_i in

$$\sum_{\mu} c_{\mu i} (H_{\mu\nu} - E_i \delta_{\mu\nu}) = 0 \quad (\mu = 1, 2, 3; \quad \nu = 1, 2, 3) \tag{8.22}$$

erhalten und damit die Elektronendichten und Bindungsordnungen berechnet.

Da die chemische Reaktivität und die biologische Aktivität von Verbindungen mit π-Elektronen wesentlich durch die Verteilung der π-Elektronen bestimmt wird, kann das Vorhandensein von positiven π-Überschußladungen an den Kohlenstoff- und Stickstoffatomen als eine der hauptsächlichen Besonderheiten der Peptidbindungen angesehen werden, die ihre Eigenschaften prägen.

8.8. Wasserstoffbrückenbindungen zwischen Peptidbindungen

Die Schwierigkeiten, die bei der quantenchemischen Beschreibung von Wasserstoffbrückenbindungen zwischen Peptidgruppen auftreten, sind die gleichen wie im Falle der DNS. Hier sollen nur einige qualitative Betrachtungen über die Bildung von Wasserstoffbrückenbindungen in Polypeptidketten angestellt werden.

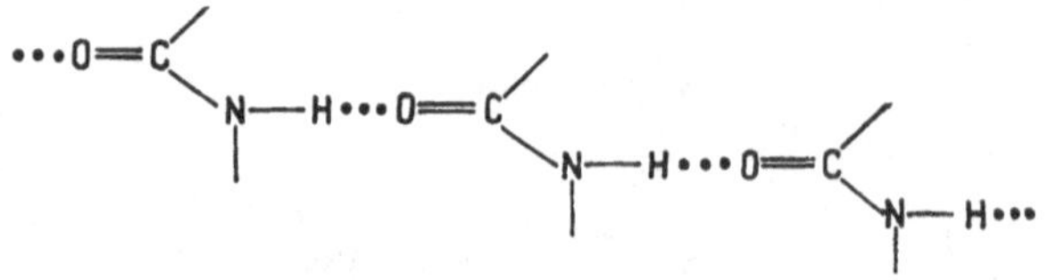

Abb. 40: Wasserstoffbrückenbindungen zwischen Peptidgruppen

An der Bildung der Wasserstoffbrückenbindungen sind die einsamen Elektronenpaare der Sauerstoffatome und die π-Elektronen an den Kohlenstoff- und Stickstoffatomen beteiligt (Abb. 40). Der N—O-Abstand liegt zwischen 2,70 und 2,90 Å. Je größer dieser Abstand ist, desto kleiner ist die Rolle, die das 1s-Orbital des Wasserstoffatoms (und auch dessen andere Orbitale) spielt.

Bei der Behandlung der DNS hatten wir festgestellt, daß durch die Wasserstoffbrückenbindungen zwischen den Basen deren Individualität nicht beeinträchtigt wird. Im Falle der Eiweiße erhalten die einzelnen Peptidgruppen bezüglich ihrer Elektronenstruktur ebenfalls ihre Individualität [61, 82, 83]. Daher sollten sich die Elektronenspektren einer isolierten Peptidgruppe und der durch Wasserstoffbrücken verbundenen Polypeptidketten nicht sehr stark unterscheiden.

Eine quantenchemische Interpretation der Wasserstoffbrückenbindungen in Eiweißen wurde erstmalig von EVANS und GERGELY im Jahre 1949 vorgenommen [82]. EVANS und GERGELY gingen davon aus, daß in den Eiweißen reguläre Strukturen der Form

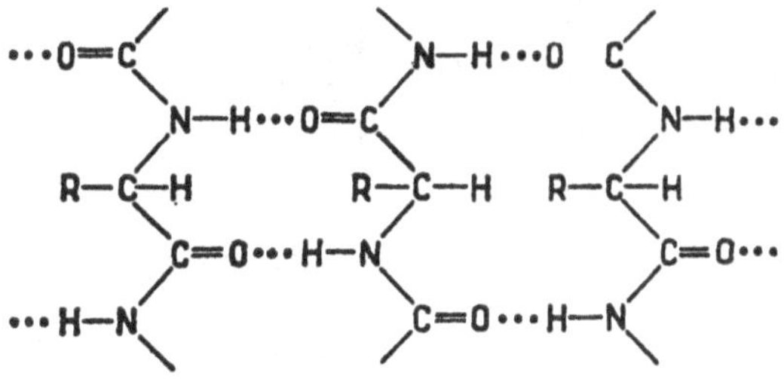

vorliegen.

Folgende weiteren Annahmen wurden gemacht:

a) Die N—O-Abstände betragen 2,65 Å.

b) Die Wasserstoffbrückenbindungen entstehen durch die Wechselwirkung der π-Elektronen der Stickstoff- und Sauerstoffatome (die Wechselwirkung mit den Wasserstoffatomen wird nicht berücksichtigt).

c) Die Molekülorbitale werden als Linearkombination der Atomorbitale angesetzt

$$\varphi_i = \sum (c_{iN_\mu}\chi_{N_\mu} + c_{iC_\nu}\chi_{C_\nu} + c_{iO_\varrho}\chi_{O_\varrho}). \qquad (8.23)$$

d) Eine Wechselwirkung wird nur zwischen benachbarten Atomen berücksichtigt.

Die Polypeptidkette wird als unendlich lang angesehen, daher ist eine Säkulardeterminante von unendlicher Ordnung zu lösen. Die Ergebnisse lassen sich wie folgt verallgemeinern:

1. Die Wechselwirkung von Peptidgruppen führt zur Ausbildung von drei sich nicht überlagernden Energiebändern. Das ist leicht zu verstehen, wenn man eine Extrapolation der Rechenergebnisse für nur wenige miteinander in Beziehung stehende Peptidgruppen auf unendlich lange Polypeptidketten vornimmt.
   An einer einzelnen Peptidbindung sind vier π-Elektronen beteiligt, diese besetzen die zwei bindenden Molekülorbitale. Das Energieniveauschema der Peptidbindung hat folgendes Aussehen:

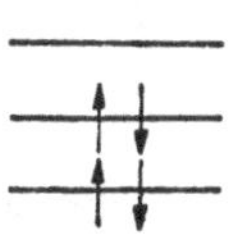

Die Wechselwirkung zweier Peptidgruppen (*I* und *II*) — ähnlich der Wechselwirkung zweier Wasserstoffatome im Wasserstoffmolekül — führt zu einer Aufspaltung der Terme.

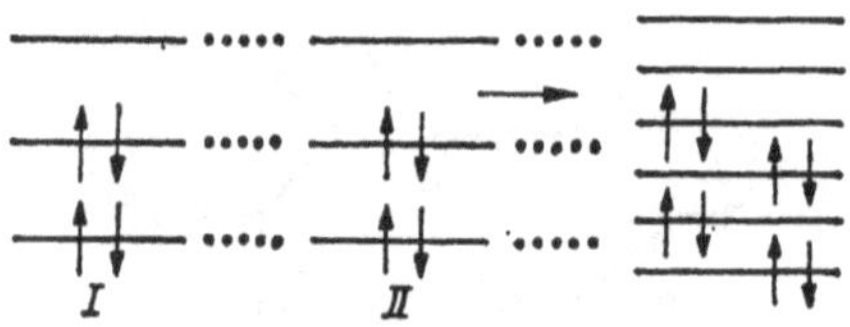

Bei der Wechselwirkung einer unendlich großen Zahl von Peptidgruppen kommt es zu einer unendlichfachen Aufspaltung der Molekülorbitale, die eng beieinander liegen und Energiebänder bilden.

2. Die zwei energetisch am tiefsten liegenden Bänder sind vollständig mit Elektronen besetzt.
3. Die Breite der verbotenen Zone (der Abstand zwischen dem obersten besetzten und dem untersten freien Energieband) hängt vom Wert des Resonanzintegrals für die N—H ... O-Bindung ab und beträgt unter den hier gemachten Annahmen zwischen 3 und 5 eV. Die Eiweiße sind daher im Grundzustand Nichtleiter.

Ungeachtet der willkürlichen Parameterwahl sind die Ergebnisse von Evans und Gergely prinzipiell richtig, wie auch spätere Berechnungen mit Hilfe von SCF-Verfahren zeigten [84].

Die einzelnen Peptidgruppen in den Eiweißen stehen in nur schwacher Wechselwirkung untereinander und die Eiweiße besitzen keine eigene Leitfähigkeit. Diese Schlußfolgerung trifft für reine Eiweiße zu. Die experimentellen Werte für die Breite der verbotenen Zone sind kleiner als die berechneten, da die Messungen an hydratisierten Eiweißen und in Gegenwart von Spuren von Ionen durchgeführt wurden. Bei der Erklärung der

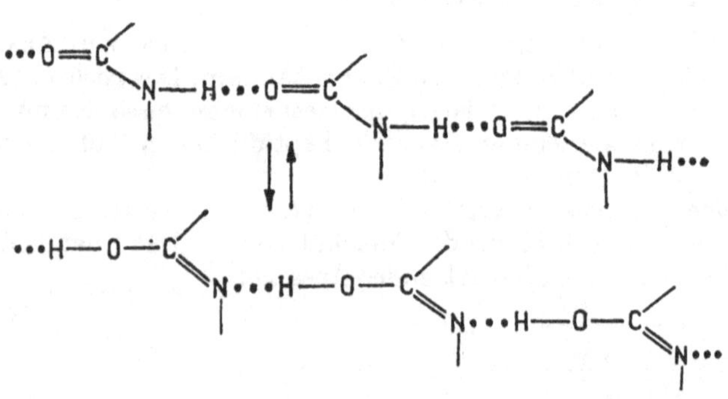

Abb. 41: Der Protonenaustausch in Peptid-Wasserstoffbrücken

Leitfähigkeit und der Rolle der Wasserstoffbrückenbindungen muß auch die Möglichkeit des Protonenaustausches in Betracht gezogen werden. Die Protonen im Feld zweier einsamer Elektronenpaare können aus einer Gleichgewichtslage in die andere wandern, d. h. es sind Übergänge der in Abb. 41 gezeigten Art möglich. Die Hypothese von der Protonenwanderung im System der Wasserstoffbrücken von Eiweißen wurde von WIRTZ ausgesprochen und mit der Möglichkeit von Keto-Enol-Gleichgewichten in den Peptidgruppierungen begründet [85].

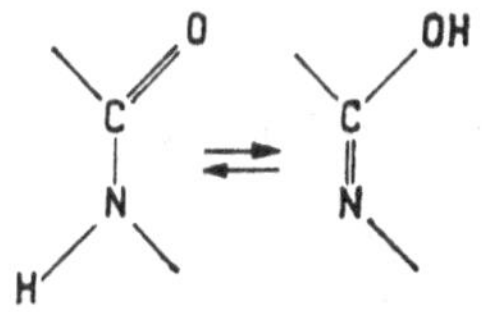

Wie bei der DNS entspricht nach dieser Hypothese der Tunneleffekt eines Protons der Umlagerung in die andere tautomere Form.

8.9. Energiereiche Phosphatbindungen

In der Biochemie werden die O—P-Bindungen einer Reihe von Phosphaten, die als Energiespeicher und Energieüberträger fungieren, als energiereiche Phosphatbindungen bezeichnet [86, 87]. Diese Bezeichnung ist darauf zurückzuführen, daß sich bei der Hydrolyse dieser Phosphate die Freie Energie beträchtlich verringert. Beispielsweise nimmt die Freie Energie bei der Hydrolyse des Adenosin-5'-monophosphates (AMP) und des Glycero-α-phosphates um etwa 2 kcal/mol ab, bei der Hydrolyse des Adenosin-5'-triphosphates (ATP) zum Adenosin-5'-diphosphat (ADP) um etwa 8 kcal/mol.

ATP ist das wichtigste Phosphat mit energiereichen P—O-Bindungen, da dessen Hydrolyse die für die Biosynthese notwendige Energie liefert. Auf die Thermodynamik der Hydrolyse biologisch wichtiger Phosphate soll hier nicht eingegangen werden[1]). Mit einfachen quantenchemischen Überlegungen können jedoch einige nützliche Aussagen gemacht werden. Als Beispiele sollen zwei Hydrolysereaktionen betrachtet werden, bei denen sich die Änderungen der Freien Energien bedeutend voneinander unter-

[1]) Eine Einführung in die biochemische Thermodynamik findet man in dem Taschenbuch der WTB-Reihe Biologie: Eberhard HOFMANN: „*Dynamische Biochemie*" Teil II, „*Enzyme und energieliefernde Stoffwechselreaktionen*", Akademie-Verlag, Berlin, 1972

scheiden: die Hydrolyse des AMP und des ATP [86]:

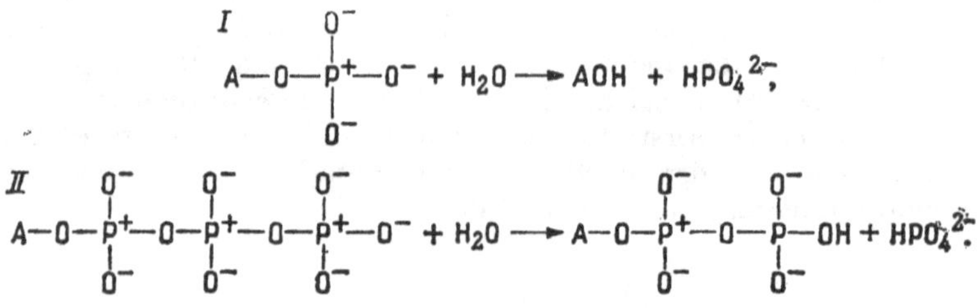

AOH bezeichnet das Adenosin. Bei der Reaktion *I* erfolgt praktisch keine Änderung in der Phosphatgruppe. Tatsächlich sind die Delokalisierungsenergien für das AMP und die Hydrolyseprodukte gleich, die Ladungsverteilung und damit die Wechselwirkung zwischen den Ladungen ändert sich ebenfalls praktisch nicht. Für die Reaktion *II* sind dagegen deutliche Veränderungen an den Phosphatresten festzustellen: es ändern sich die elektrostatische Wechselwirkung und die Delokalisierungsenergie. Die Delokalisierungsenergie der Hydrolyseprodukte ist wesentlich größer als die des ATP. Dieser Effekt wird als „negative Resonanz" bezeichnet. Die negative Delokalisierungsenergie des ATP beträgt $0{,}18\beta$, die des AMP ist nahezu Null. Mit einem Wert $\beta = 22$ kcal/mol ergibt sich dieser Energiebetrag zu 4 kcal/mol, während die Differenz in den Freien Energien für die Hydrolyse von AMP und ATP etwa 8 kcal/mol beträgt [61]. Die große thermodynamische Beständigkeit der Hydrolyseprodukte wird verständlich, wenn die elektrostatische Abstoßung der Phosphatgruppen berücksichtigt wird. Eine Abschätzung des elektrostatischen Beitrages ergab einen Betrag von $\Delta E = 5$ bis 6 kcal/mol. Die negative Resonanz und die elektrostatische Abstoßung der Phosphatgruppen erklären qualitativ die Unterschiede in der Freien Energie der Hydrolyse von AMP und ATP. Bei anderen Phosphaten müssen zusätzliche Faktoren berücksichtigt werden, z. B. die Freie Ionisierungsenergie der bei der Hydrolyse von Acylphosphaten entstehenden Produkte oder die Energieunterschiede der Keto- bzw. Enolformen bei der Hydrolyse von Enolphosphaten.

8.10. Die quantenchemische Untersuchung der Struktur der Phosphate. Zur Struktur der Komplexe [ATP – Me^{2+}]

Die quantenchemische Behandlung biologisch wichtiger Phosphate gibt die Möglichkeit, ihre Besonderheiten zu verstehen. Allerdings ist die vollständige Berechnung auch der einfacheren Phosphate außerordentlich aufwendig. Deshalb sollen hier lediglich Berechnungen im Rahmen der π-Elektronennäherung diskutiert werden. Die Untersuchungen wurden mit verschiedenen Annahmen für die bisher nicht sicher bekannte geometrische Struktur der Phosphate durchgeführt. Die Annahmen über die geometrische Struktur der Phosphate beruhen darauf, daß die Hybridisierung des Phosphoratoms verschieden sein kann. Die Elektronenkonfiguration des Phosphoratoms ist

$$(1s)^2(2s)^2(2p)^6(3s)^2(3p_x)^1(3p_y)^1(3p_z)^1,$$

die $3d$-Atomorbitale sind unbesetzt. Deshalb ist die Möglichkeit der Promotion eines Elektrons aus dem $3s$- in ein $3d$-Atomorbital gegeben. Dafür ist eine Promotionsenergie von etwa 200 kcal/mol erforderlich. Die Bindungsenergie einer P—O-Bindung beträgt etwa 127 kcal/mol, daher ist der fünfwertige Zustand des Phosphoratoms energetisch günstig [87].

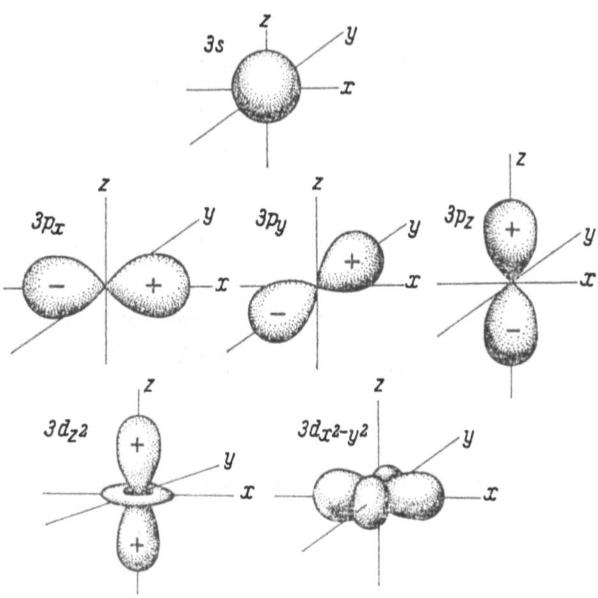

Abb. 42: Die räumlichen Vorzugsrichtungen der Atomorbitale des Phosphoratoms

Die räumlichen Vorzugsrichtungen der Atomorbitale sind schematisch in Abb. 42 wiedergegeben. Prinzipiell existieren folgende Möglichkeiten für die Hybridisierung des Phosphoratoms (vgl. Abb. 43):

a) Die $3s$- und $3p$-Atomorbitale liefern bei der Hybridisierung vier sp^3-Hybridorbitale. Ein Elektron, das ein $3d$-Orbital besetzt, nimmt an der Ausbildung der π-Bindungen mit den Sauerstoffatomen teil (Abb. 43a).

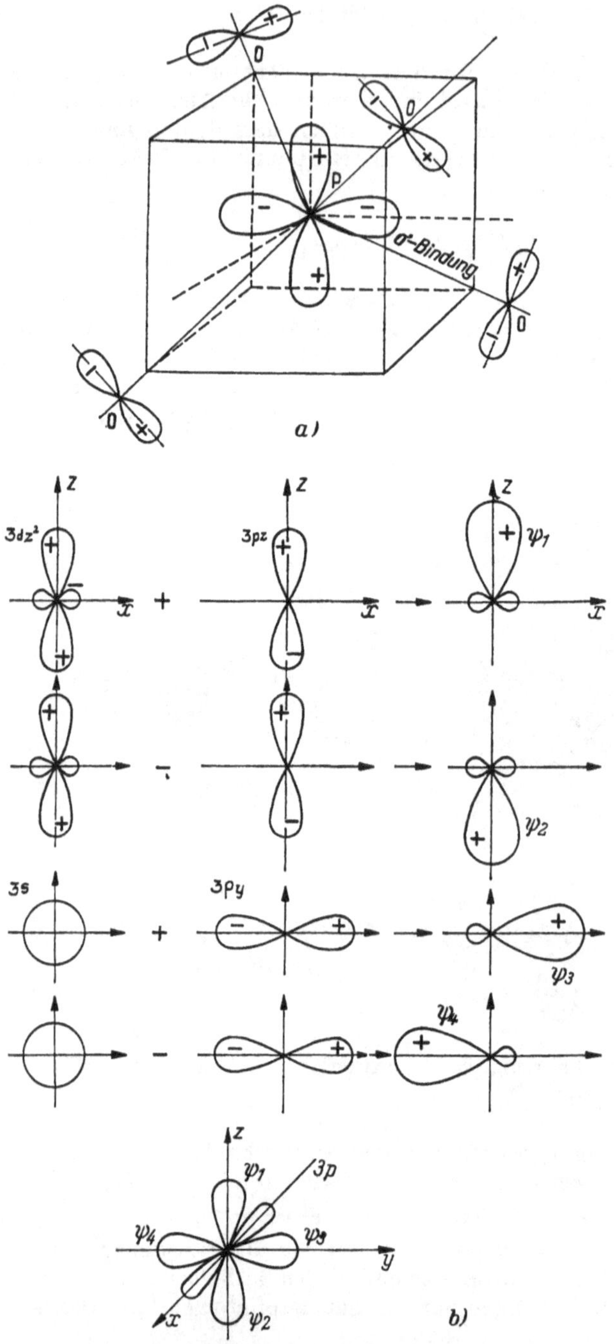

Abb. 43: Möglichkeiten der Hybridisierung der Atomorbitale des Phosphoratoms a) sp^3-d-Hybridisierung; b) sp-pd-p-Hybridisierung

b) Das $3s$- und das $3p_y$-Atomorbital bilden zwei sp-Hybridorbitale, das $3p_z$- und das $3d_{z^2}$-Atomorbital zwei pd-Hybridorbitale, die alle in einer Ebene liegen. Ein Elektron des $3p_x$-Atomorbitals nimmt an der Ausbildung der π-Bindungen zu den Sauerstoffatomen teil.

Für das Sauerstoffatom, das mit zwei Phosphoratomen gebunden ist, kann eine digonale Hybridisierung angenommen werden, wenn für die Phosphatgruppen eine lineare Anordnung vorausgesetzt wird.

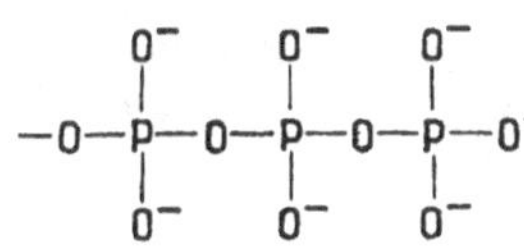

Alle Atome liegen in einer Ebene und alle O—P—O-Bindungswinkel betragen 90°. Eine andere denkbare Struktur ist die gewinkelte Kette,

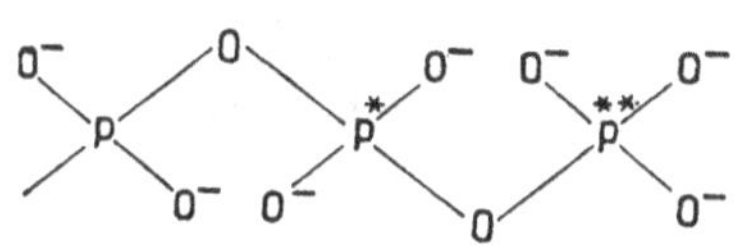

in der die Atome ebenfalls in einer Ebene liegen und die Winkel zwischen den Atomen P*, O und P** 120° betragen. Hierfür gibt es experimentelle Anhaltspunkte: die Triphosphate $M_5P_3O_{10}$ (M ist ein einwertiges Kation oder Radikal) besitzen eine lineare Struktur, andererseits beträgt der Winkel zwischen den Atomen P, O und P im Pyrophosphation 134° [88].

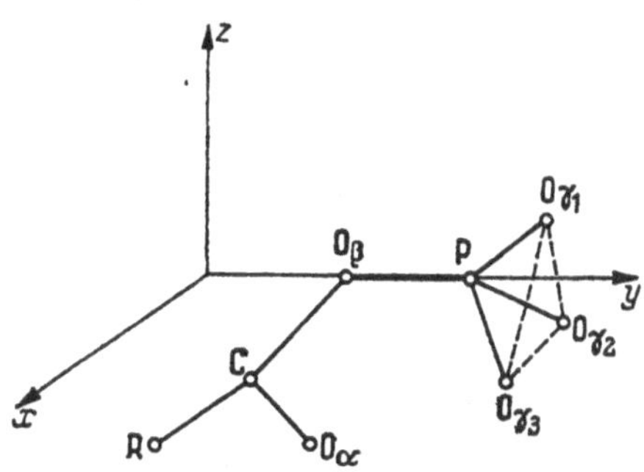

Abb. 44: Die Struktur der Acylphosphate

Die angeführten Überlegungen zeigen, daß verschiedene Vorstellungen über die Struktur des Phosphatteils der Moleküle mit energiereichen P—O-Bindungen entwickelt wurden. So schlug GRABE [89] für Acylphosphate die in Abb. 44 skizzierte Struktur vor. Alle Atome mit Ausnahme der Sauerstoffatome O_{γ_i} liegen in der xy-Ebene (ähnliche Überlegungen wurden auch für das ATP angestellt). Bei der Untersuchung der

Elektronenstruktur von Phosphaten mit energiereichen P—O-Bindungen mit der HMO-Methode unter Berücksichtigung der Überlappung wurde vorausgesetzt:

a) An der Ausbildung des π-Systems sind sechs Elektronen beteiligt (je eines von den Atomen O_α, C, P und der Gruppe $(O_3)_\gamma$, zwei vom Atom O_β). Die PO_3-Gruppe wurde wie die Methylgruppe hyperkonjugativ erfaßt.

b) Die Molekülorbitale werden als Linearkombination aus fünf Atomorbitalen aufgebaut: je ein $2p$-Orbital von den Atomen O_α, C und O_β, ein $3p$-Orbital vom Phosphor und ein Orbital

$$\chi = 2p_{\gamma_1} - \frac{1}{2}(2p_{\gamma_2} - 2p_{\gamma_3}) \tag{8.24}$$

von der $(O_3)_\gamma$-Gruppe.

Damit wurden folgende Moleküldiagramme erhalten:

Acylphopshat

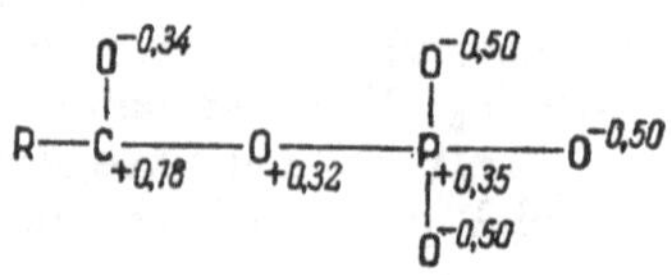

ATP

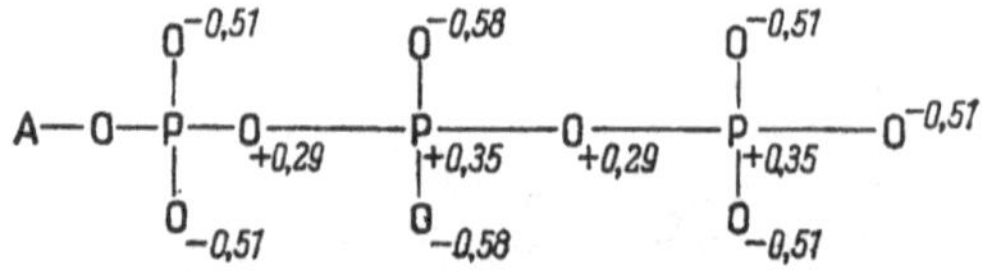

Die Ladungsverteilung ist von der Parameterwahl abhängig, qualitativ sollte aber das Ergebnis, daß alle Atome der Kette positive Überschußladungen tragen, zutreffen.

Von anderen Autoren wurden Berechnungen an einer Vielzahl von Phosphaten vorgenommen [61]. Dabei wurden folgende Voraussetzungen gemacht:

a) Alle Atome des Phosphatteiles nehmen an der Ausbildung eines gemeinsamen π-Elektronensystems teil. So wird z. B. das ATP als ein System von 20 π-Elektronen, die 13 Molekülorbitale besetzen, betrachtet.

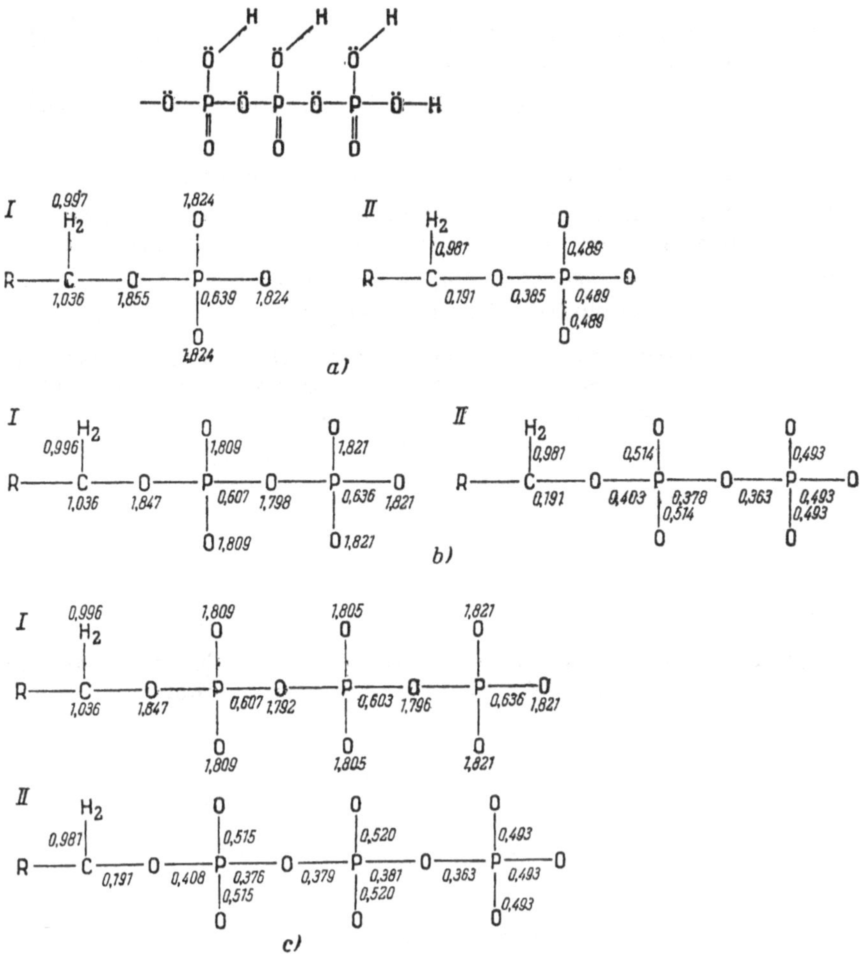

Abb. 45: Die Elektronenverteilung in einigen Phosphaten
a) Adenosinmonophosphat (AMP) (Delokalisierungsenergie in β-Einheiten: 1,319);
b) Adenosindiphosphat (ADP) (2,412); c) Adenosintriphosphat (ATP) (3,503)
I — Elektronendichteverteilung, II — Bindungsordnungen

Von den Phosphoratomen und den doppelt gebundenen Sauerstoffatomen tragen je ein, von den übrigen Sauerstoffatomen je zwei Elektronen bei.

b) Die grundlegenden Eigenschaften der Moleküle werden durch das HMO-Verfahren qualitativ beschrieben.

A. und B. PULLMAN erhielten mit Hilfe dieser Ansätze folgende Ergebnisse:

1. Die Ladungsverteilungen sind in Abb. 45 wiedergegeben.
2. Die negative Delokalisierungsenergie allein kann die Unterschiede in den Freien Energien der Hydrolyse von AMP und ATP nicht erklären.
3. Die Atome, zwischen denen die zu hydrolisierenden P—O-Bindungen bestehen, tragen positive Überschußladungen.

Bei der Hydrolyse des ATP spielen zweiwertige Metallkationen, besonders Mg^{2+}, eine wichtige Rolle. Ihr Einfluß ist noch nicht genau geklärt. Offensichtlich bilden sich Komplexe vom Chelattyp

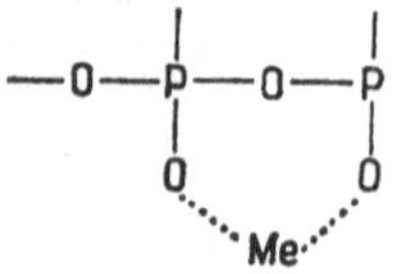

Denkbar ist auch die Bildung von Donator-Akzeptor-Bindungen zwischen dem Phosphat- und dem Adeninteil über das Metallion hinweg.

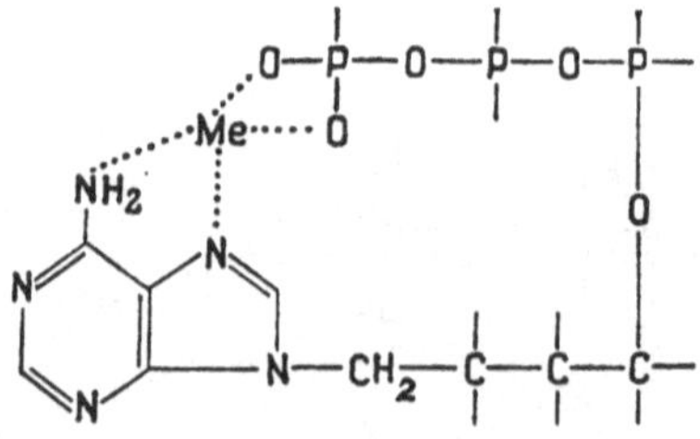

Experimentell [90—92] wurden

1. eine Verbreiterung der NMR-Signale für ^{31}P in ATP, ADP und AMP bei Zugabe von Me^{++}-Ionen,
2. eine Verbreiterung der NMR-Signale der Protonen in ATP bei der Zugabe von Mn^{++}, Cu^{++}, Zn^{++} oder anderen zweiwertigen Ionen,

3. eine Veränderung der Relaxationszeiten für die ^1H- und ^{31}P-Absorption bei der Wechselwirkung von ATP mit Mn^{++}- oder anderen zweiwertigen Ionen gefunden und

4. resultieren aus der Verknüpfung eines Phosphatrestes mit einem Adeninrest keine Veränderungen im Elektronenspektrum des ATP.

Das bedeutet, daß unterschiedliche Typen von Komplexen vorliegen können: Chelate und Donator-Akzeptor-Komplexe mit einem Ringschluß zwischen Adenin- und Phosphatgruppierung. Mit verschiedenen Metallionen und in Abhängigkeit von den Bedingungen können sich unterschiedliche Chelatstrukturen ausbilden (vgl. Abb. 46).

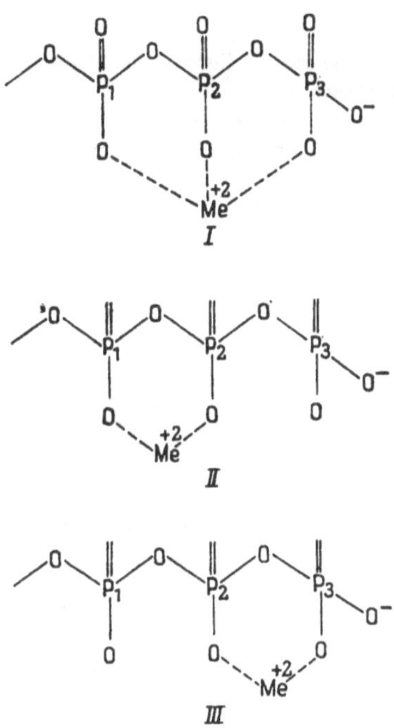

Abb. 46: Die möglichen Strukturen der Chelate ATP-Me^{++}

Fukui, Imamura und Nagata berechneten die Komplexe des ATP mit Me^{2+}-Ionen nach der HMO-Methode [93, 94]. Die größten Schwierigkeiten bestanden dabei in der Parameterwahl für die Me^{2+}-O-Bindung. Das Resonanzintegral für diese Bindung wurde gleich $0{,}4\beta$ gesetzt. Für das Coulomb-Integral des Metallions wurden die Werte $\alpha + \beta$ oder $\alpha - \beta$ verwendet. Die damit erhaltenen Stabilisierungsenergien sind in Tab. 15 zusammengestellt.

Die Abstufung der π-Elektronendichten an den Phosphoratomen der Modelle *I* bis *III* ist $P_3 < P_2 \leqq P_1$. Das Atom mit der geringsten Elektronendichte ist die bevorzugte Stelle nucleophiler Angriffe, in diesem Fall ist es das endständige Phosphoratom P_3. Tatsächlich erfolgt hier auch meistens die Hydrolyse des ATP. Allerdings ist dieser Mechanismus nicht allgemeingültig. Es ist vielmehr bekannt, daß die Hydrolyse des ATP nach zwei verschiedenen Wegen ablaufen kann:

$$\text{ATP} + H_2O \rightarrow \text{ADP} + \text{Orthophosphat}$$
$$\text{ATP} + H_2O \rightarrow \text{AMP} + \text{Pyrophosphat.}$$

In Gegenwart von Ionen ändert sich das Verhältnis ADP/AMP, außerdem kann die Hydrolyse des ADP zum AMP + Orthophosphat erfolgen.

Tabelle 15: Stabilisierungsenergien für einige Modelle der Phosphat-Metall-Komplexe

Modell	Metall	Stabilisierungsenergie (in β-Einheiten)
I	$\alpha + \beta$	9,33
	$\alpha - \beta$	9,61
II	$\alpha + \beta$	2,44
	$\alpha - \beta$	2,63
III	$\alpha + \beta$	1,10
	$\alpha - \beta$	1,30

8.11. Einige Beispiele zur Anwendung von Moleküldiagrammen

8.11.1. Die fermentative Hydrolyse

Die Hauptpunkte einer Theorie der fermentativen Hydrolyse von A. und B. Pullman [61] sind:

1. Bei der Mehrzahl biologisch wichtiger Verbindungen, die der Hydrolyse unterliegen, erfolgt der Bindungsbruch zwischen Atomen mit partiellen positiven Ladungen. Beispiele dafür wurden bereits angeführt: die Peptidbindung in Eiweißen und die P—O-Bindung in biologisch wichtigen Phosphaten. Hierher gehören auch die Esterbindungen

$$R_1\text{—}\overset{\overset{\displaystyle O}{\|}}{C}\text{—O—}R_2.$$

2. Die fermentative Hydrolyse ist bei kleinen π-Elektronensystemen erleichtert.
3. Wenn sich im Molekül mehrere Bindungen zwischen partiell positiv geladenen Atomen befinden und sterische Faktoren vernachlässigt werden können, dann erfolgt die fermentative Hydrolyse an der Bindung, die zwischen den Atomen mit den größten partiellen positiven Ladungen besteht.

Als Beispiele seien die Moleküldiagramme des Allantoins und der Barbitursäure angeführt.

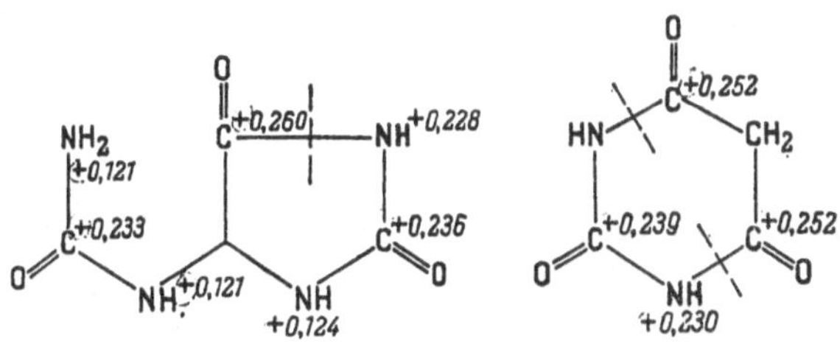

Die Hydrolyse von Peptidbindungen wird durch die Anwesenheit von zweiwertigen Kationen erleichtert. Quantenchemische Berechnungen zeigen, daß die π-Elektronendichten an den Atomen N, O und C durch die Komplexbildung reduziert werden. Die Gesamtelektronendichte kann sich jedoch wegen der Polarisierung der σ-Bindungen wesentlich von der π-Elektronendichte unterscheiden.

8.11.2. Die biologische Oxydation

Die Prozesse der biologischen Oxydation werden durch Verbindungen bewirkt, die Protonen und Elektronen übertragen. Es sind kompliziert gebaute Fermentsysteme, die durch das Zusammenwirken mit Kofermenten aktiviert werden.

Ein Beispiel dafür ist das Diphosphorpyridinnukleotid NAD (früher DPN) in der reduzierten NADH-Form und der oxydierten NAD-Form. Für unsere Betrachtungen genügen folgende Grundstrukturen [95]:

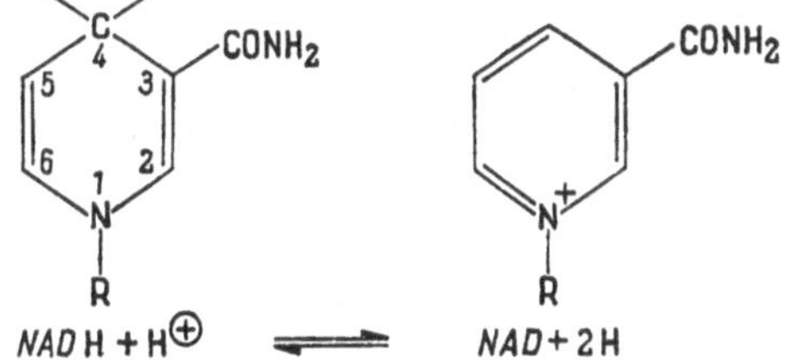

Die Reduktion des Kofermentes besteht in der Übertragung eines Protons und zweier Elektronen (insgesamt eines Hydridions H^-). KARRER und Mitarb. nahmen an, daß die Reduktion des NAD über die Anlagerung eines Wasserstoffatoms in ortho-Stellung bezüglich des quartären Stickstoffatoms erfolgt, d. h. an die Position 2 oder 6 [96]. Spätere Untersuchungen ergaben, daß die Anlagerung in 4-Stellung erfolgt.

Die Reduktion des NAD bei der Umsetzung mit Natriumdithionit kann wie folgt formuliert werden:

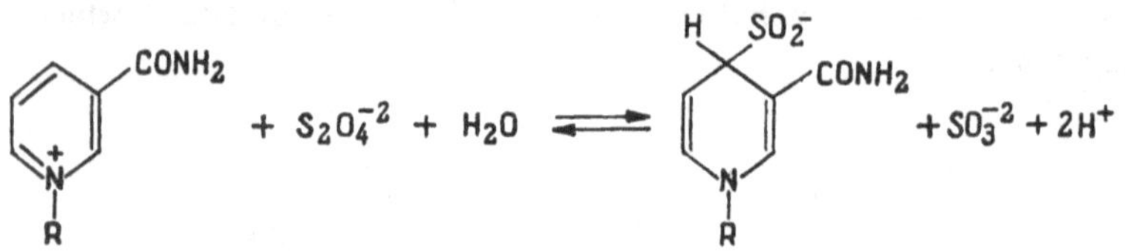

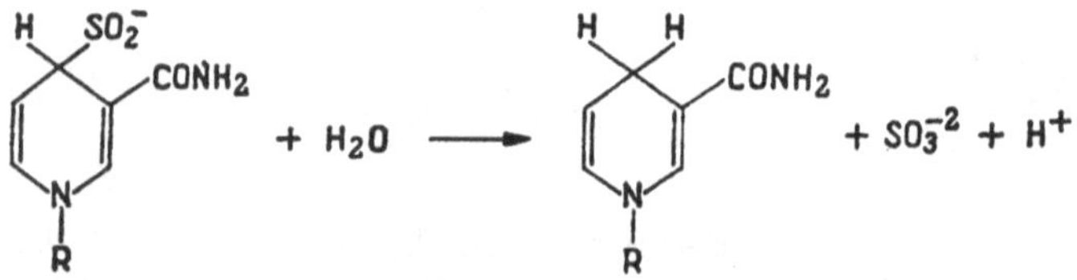

Andererseits wurde festgestellt, das bei der Reduktion von NAD in einer Reaktion, die über freie Radikale verläuft (bei der Bestrahlung mit Röntgen- oder γ-Strahlen in Gegenwart von Äthanol), das Wasserstoffatom in 2- oder 6-Stellung addiert wird [97]. Das wird verständlich, wenn man das Moleküldiagramm des Nicotinsäureamidrestes (Abb. 47) betrachtet:

a) Die höchste positive Überschußladung der Ringatome besitzt das Kohlenstoffatom 4; daher wird es bei einer nucleophilen Reaktion bevorzugt angegriffen.

b) Die Positionen 2 und 6 weisen die höchsten Werte der Freien Valenz auf. Je größer dieser Index ist, desto größer ist die Wahrscheinlichkeit, daß hier ein Angriff des Wasserstoffatoms (als Radikal) erfolgt.

8.11.3. *Die Mediatoren der Nervenreizung; Acetylcholin* [98, 99]

Von den Wirkungsmechanismen der Transmitter, die mit Hilfe der Vorstellungen und Methoden der Quantenchemie bearbeitet wurden, soll auf die Untersuchungen zur Struktur und den elektronischen Eigenschaften des Acetylcholins und einiger verwandter Verbindungen eingegangen werden. Das Acetylcholin

$$\left[CH_3-\overset{\overset{\displaystyle O}{\|}}{C^*}-O^*-CH_2-CH_2-N^+(CH_3)_3\right]^+ OH^-$$

hat zwei polare Bindungen: die Estergruppierung CH_3-CO-O und die quartäre Ammoniumgruppe $-\overset{\oplus}{N}(CH_3)_3$. Beide Gruppen sind durch zwei Methylengruppen voneinander getrennt. Bei der fermentativen Hydrolyse erfolgt die Spaltung der C*—O*-Bindung [98].

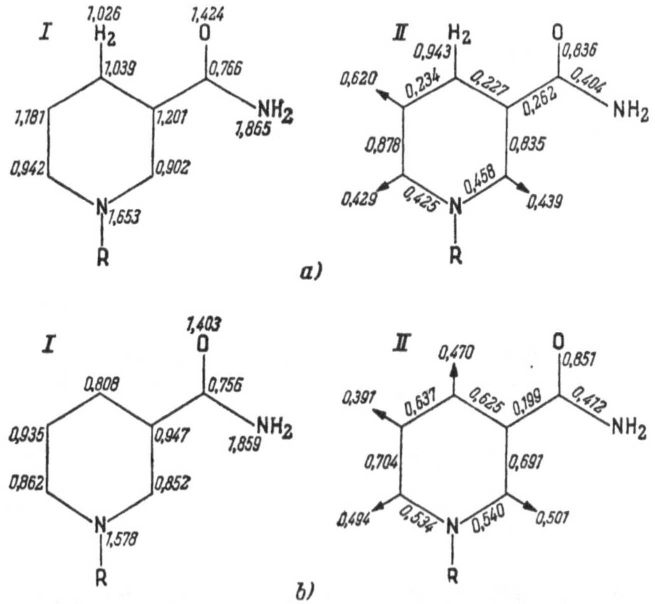

Abb. 47: **Moleküldiagramme von NADH und NAD a) NADH (Delokalisierungsenergie in β-Einheiten: 1,709); b) NAD (2,477)**
I — Elektronendichteverteilung, II — Freie Valenzen

Die genaue geometrische Struktur des Acetylcholinmoleküls (und anderer Mediatoren) ist unbekannt. Offensichtlich besteht im Esterteil des Acetylcholins eine Konjugation zwischen den π-Elektronen der C=O-Bindung und dem einsamen Elektronenpaar des anderen Sauerstoffatoms. Aus Röntgenstrukturuntersuchungen an einfachen Carbonsäureestern, die die gleiche Struktur wie der Esterteil des Acetylcholins aufweisen, ist bekannt, daß die C=O-Bindungslänge 1,22 Å beträgt. Dieser Wert fällt praktisch mit der Länge einer normalen C=O-Bindung (1,21 Å) zusammen. Die C—O-Bindungen haben eine Länge von 1,37 Å, die normale Ätherbindung ist 1,42 Å lang.

Unter der Voraussetzung, daß das σ-Bindungsgerüst nicht polarisiert ist, ergibt sich folgende π-Elektronendichteverteilung in der Estergruppe [61]:

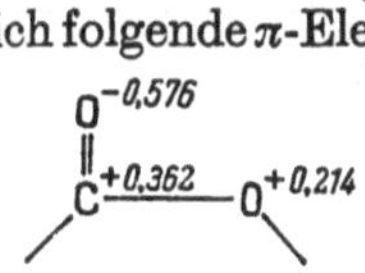

Die Berechnung der σ-Elektronenverteilung nach der Methode von DEL RE [55, 56] und die Überlagerung der σ-Elektronendichten mit den π-Elektronendichten (s. oben) vermittelt ein Bild der Gesamtelektronenverteilung:

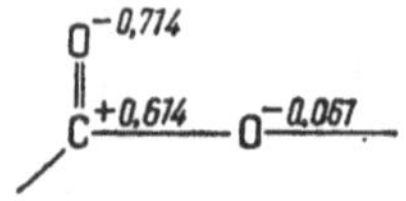

Die Elektronenverteilung im Acetylcholin nach DEL RE ist wie folgt:

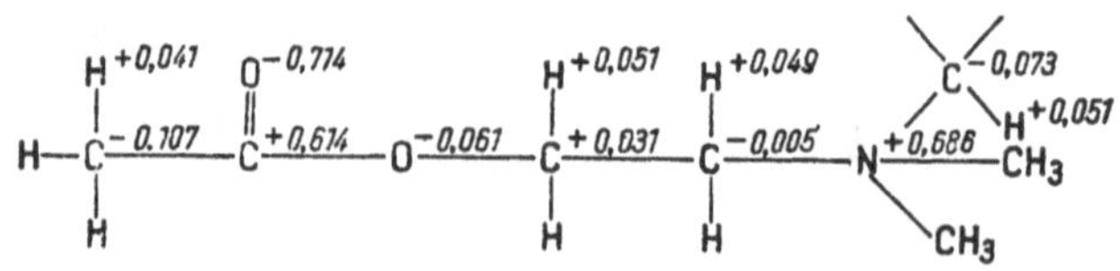

Der Austausch der quartären Aminogruppe gegen die $-C(CH_3)_3$-Gruppe führt nur zu einer geringfügig veränderten Ladungsverteilung.

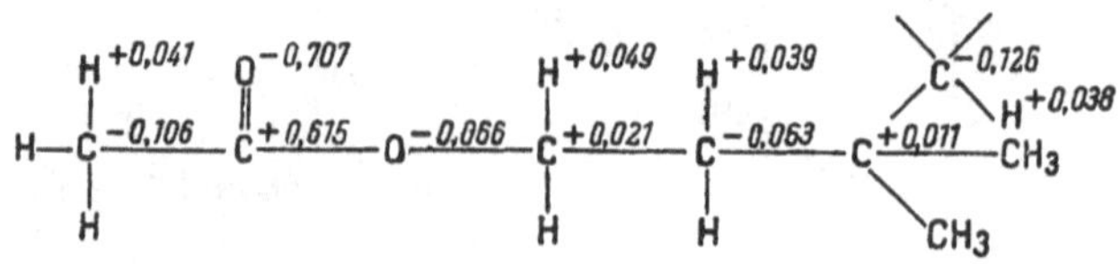

Das stickstoffreie Derivat des Acetylcholins, das 3.3-Dimethylbutylacetat ist in seiner cholinergischen Wirkung rund 12000mal schwächer, seine Hydrolysegeschwindigkeit ist jedoch nur zweimal geringer als die des Acetylcholins. Daraus folgt, daß die Ladung an der quartären Aminogruppe auf die Wechselwirkung des Acetylcholins mit dem Rezeptor Einfluß hat. Die Hydrolysegeschwindigkeit wird dagegen wenig verändert, da im Esterteil kaum Änderungen in der Elektronenstruktur auftreten.

Nach wie vor befindet sich die Quantenbiochemie in der Phase der orientierenden Voruntersuchungen. Neuere Arbeiten beschäftigen sich vor allem mit Problemen der Konformation biologisch aktiver Spezies [122–124], Elektronenstruktur und Wirkungsweise pharmakologisch interessanter Verbindungen [125–127], Wechselwirkung in biologischen Makromolekülen [128, 129] und mit der Elektronenstruktur und den Wirkungsmechanismen von Rezeptoren [127, 130].

9 Literatur

[1] L. D. Landau, E. M. Lifschiz: „*Lehrbuch der theoretischen Physik*", Band I, Akademie-Verlag, Berlin, 1962

[2] L. de Broglie: Ann. Physique **3**, 22 (1925)

[3] E. W. Schpolski: „*Atomphysik*", Teil 1, Deutscher Verlag der Wissenschaften, Berlin, 1954

[4] E. Schrödinger: Ann. Physik **79**, 361 (1926)

[5] L. I. Schiff: „*Quantum Mechanics*", Mc Graw-Hill Book Co., Inc. New York, 1949

[6] P. A. M. Dirac: „*Die Prinzipien der Quantenmechanik*", Hirzel, Leipzig, 1930

[7] M. Born: Z. Physik **38**, 803 (1926)

[8] L. D. Landau, E. M. Lifschiz: „*Lehrbuch der theoretischen Physik*", Band III, Akademie-Verlag, Berlin, 1965

[9] H. Margenau, G. M. Murphy: „*Die Mathematik für Physik und Chemie*", Band 1, B. G. Teubner Verlagsgesellschaft, Leipzig, 1964

[10] E. W. Schpolski: „*Atomphysik*", Teil 2, Deutscher Verlag der Wissenschaften, Berlin, 1956

[11] M. W. Wolkenstein: „*Struktur und physikalische Eigenschaften der Moleküle*", B. G. Teubner Verlagsgesellschaft, Leipzig, 1960

[12] H. Kuhn: Experientia **9**, 41 (1953)

[13] W. N. Kondratjew: „*The Structure of Atoms and Molecules*", Mir Publ. Moscow, 1967

[14] J. C. Slater: „*Quantum Theory of Atomic Structure*", Vol. I, II, Mc Graw-Hill Book Co., Inc. New York-Toronto-London, 1960

[15] H. Preuss: „*Quantentheoretische Chemie*", Band III, Bibliographisches Institut, Mannheim, 1967

[16] V. Guillemin, C. Zener: Z. Physik **61**, 199 (1930)

[17] C. Zener: Physic. Rev. **36**, 51 (1930)

[18] J. C. Slater: Physic. Rev. **36**, 57 (1930)

[19] H. Preuss: Z. Naturforsch. **19a**, 1335 (1964)

[20] C. C. J. Roothaan: Rev. mod. Physics **23**, 69 (1951)

[21] C. C. J. Roothaan: Rev. mod. Physics **32**, 179 (1960)

[22] W. I. Smirnow: „*Lehrgang der höheren Mathematik*", Teil I, Deutscher Verlag der Wissenschaften, Berlin, 1953

[23] C. C. J. Roothaan: J. chem. Physics **19**, 1445 (1951)

[24] R. S. Mulliken, C. A. Rieke, D. Orloff, H. Orloff: J. chem. Physics **17**, 1248 (1949)
[25] Ю. А. Кругляк, Д. К. Уитмен. Таблицы интегралов квантовой химии, т. I. Изд. ВЦ АН СССР, 1965.
[26] R. S. Mulliken: J. Chim. physique **46**, 497, 675 (1949)
[27] K. Ruedenberg: J. chem. Physics **19**, 1433 (1951)
[28] J. A. Pople: Trans Faraday Soc. **49**, 1375 (1953)
[29] M. Wolfsberg, L. Helmholz: J. chem. Physics **20**, 837 (1952)
[30] K. Nishimoto, N. Mataga: Z. physik. Chem. [Frankfurt] **12**, 335 (1957)
[31] R. G. Parr: J. chem. Physics **20**, 1499 (1952)
[32] R. Pariser: J. chem. Physics **21**, 568 (1953)
[33] P. G. Lykos: Advan. Quantum Chem. **1**, 171 (1964)
[34] Y. I' Haya: Advan. Quantum Chem. **1**, 203 (1964)
[35] I. Fischer-Hjalmars in: P. O. Löwdin, B. Pullman: *„Molecular Orbitals in Chemistry, Physics and Biology"*, Academic Press, New York-London, 1964
[36] L. Pauling: *„Die Natur der chemischen Bindung"*, Verlag Chemie, Weinheim, 1962
[37] C. A. Coulson: *„Die chemische Bindung"*, Hirzel-Verlag, Stuttgart, 1969
[38] Я. К. Сыркин. Успехи химии, 1959, **28**, 903.
[39] R. E. Rundle: J. physic. Chem. **61**, 45 (1959)
[40] R. E. Rundle: J. chem. Physics **17**, 671 (1949)
[41] W. N. Lipscomb, W. H. Eberhardt, B. L. Crawford: J. chem. Physics **22**, 985, 989 (1954)
[42] И. Б. Голованов, А. К. Пискунов. Успехи химии, 1966, **35**, 563.
[43] C. A. Coulson, W. E. Duncanson: Proc. Roy. Soc. **A165**, 90 (1938)
[44] P. J. Wheatly: J. chem. Soc. [London] **1960**, 4270
[45] И. Б. Голованов, А. П. Симонов, А. К. Пискунов. Докл. АН СССР, 1963, **149**, 835.
[46] G. C. Pimentel, A. L. Mc Clellan: *„The Hydrogen Bond"*, W. H. Freeman Co. San Francisco, 1959
[47] L. L. Ferstanding: J. Amer. chem. Soc. **84**, 1323 (1962)
[48] R. Daudel, R. Lefebvre, C. Moser: *„Quantum Chemistry — Methods and Applications"*, Intersci. Publ. Inc., New York, 1959
[49] A. Streitwieser: *„Molecular Orbital Theory for Organic Chemists"*, John Wiley and Sons, Inc., New York, 1959
[50] G. W. Wheland, L. Pauling: J. Amer. chem. Soc. **57**, 2086 (1935)
[51] R. Hoffmann: J. chem. Physics **39**, 1397 (1963)
[52] R. Hoffmann: J. chem. Physics **40**, 2745 (1964)
[53] R. Hoffmann: J. chem. Physics **40**, 2474 (1964)
[54] R. Hoffmann: J. chem. Physics **40**, 2480 (1964)
[55] G. Del Re: J. chem. Soc. [London] **1958**, 4031
[56] G. Del Re, B. Pullman, T. Yonezawa: Biochim. Biophys. Acta **75**, 153 (1963)
[57] E. Chargaff, B. Magasanik, E. Vischer, C. Green, R. Doniger, D. Elson:
[58] J. Biol. Chem. **186**, 51 (1950)
А. Н. Белозерский, А. С. Спирин. Изв. АН СССР, серия биол., **1960**, 50.
[59] J. D. Watson, F. H. Crick: Nature **171**, 737, 964 (1953)
[60] C. Levinthal: Proc. Nat. Acad. Sci. U. S. **42**, 394 (1956)
[61] B. Pullman, A. Pullman: *„Quantum Biochemistry"*, John Wiley and Sons, New York, 1963
[62] J. I. Fernandez-Alonso: Advan. chem. Physics **7**, 3 (1964)

[63] J. P. Kokko, J. H. Goldstein, L. Mandell: J. Amer. chem. Soc. **83**, 2909 (1961)
[64] B. Pullman, A. Pullman: Biochim. Biophys. Acta **36**, 343 (1959)
[65] R. Rein, J. Ladik: J. chem. Physics **40**, 2466 (1964)
[66] A. Pullman: C. R. Acad. Sci. **256**, 5435 (1963)
[67] J. C. Slater: „*Quantum Theory of Molecules and Solids*", Vol. I, „*Elektronic Structure of Molecules*" Mc Graw Hill, New York, 1963
[68] P. O. Löwdin: Rev. mod. Physics **35**, 724 (1963)
[69] P. O. Löwdin: Biopolymers, Symp. No. **1**, 293 (1964)
[70] P. O. Löwdin: „*Quantum Genetics*", International Science and Technology, New York, 1963
[71] P. O. Löwdin: Advan. Quantum Chem. **2**, 216 (1965)
[72] B. Pullman, A. Pullman: Biochim. Biophys. Acta **64**, 403 (1962)
[73] T. A. Hoffmann, J. Ladik: Advan. chem. Physics **7**, 84 (1964)
[74] Y. Kyogoku, M. Tsuboi, T. Shimanouchi, I. Watanabe: Nature **195**, 460 (1962)
[75] H. T. Miles: Nature **183**, 1814 (1959)
[76] C. L. Angell: J. chem. Soc. [London] **1961**, 504
[77] Б. И. Сухоруков. Биофизика, 1962, 7, 664.
[78] Б. И. Сухоруков, В. И. Полтев, Л. А. Блюменфельд. Докл. АН СССР, 1964, **149**, 1380.
[79] Б. И. Сухоруков, В. И. Полтев, Л. А. Блюменфельд. Биофизика, 1964, **9**, 266.
[80] S. S. Dharmatti, V. Saraswati, R. Vijayaraghavan: Proc. Nucl. Phys. Solid State Phys. Symp., Calcutta, **1965**, 193
[81] L. Pauling, R. B. Corey: Fortschr. Chem. organ. Naturstoffe **11**, 180 (1954)
[82] M. G. Evans, J. Gergely: Biochim. Biophys. Acta **3**, 188 (1949)
[83] M. Suard-Sender: J. Chim. physique **62**, 79 (1965)
[84] M. Suard-Sender, G. Berthier, B. Pullman: Biochim. Biophys. Acta **52**, 254 (1961)
[85] K. Wirtz: Z. Naturforsch. **2b**, 94 (1947), **3b**, 131 (1948)
[86] T. L. Hill, M. F. Morales: J. Amer. chem. Soc. **73**, 1656 (1951)
[87] A. Szent-Gyorgyi: „*Bioenergetics*", Academic Press, New York, 1957
[88] D. M. Mc Arthur, C. A. Beevers: Acta Cryst. **10**, 428 (1957)
[89] B. Grabe: Arkiv Fysik **15**, 207 (1959)
[90] H. Sternlicht, R. G. Shulman, E. W. Anderson: J. chem. Physics **43**, 3123, 3133 (1965)
[91] R. G. Shulman, H. Sternlicht, B. J. Wyluda: J. chem. Physics **43**, 3116 (1965)
[92] M. Cohn: Biochemistry **2**, 623 (1963)
[93] K. Fukui, F. Marokuma, C. Nagata: Bull chem. Soc. Japan **33**, 1214 (1960)
[94] K. Fukui, A. Imamura, C. Nagata: Bull chem. Soc. Japan **36**, 1450 (1963)
[95] B. Pullman, A. Pullman: Proc. Nat. Acad. Sci. U. S. **45**, 136 (1959)
[96] P. Karrer, G. Schwarzenbach, F. Benz, U. Solmssen: Helv. chim. Acta **19**, 811 (1936)
[97] R. F. Hutton, F. H. Westheimer: Tetrahedron **3**, 73 (1958)
[98] М. Я. Михельсон, Н. В. Хромов-Борисов. ЖВХО им. Менделеева, 1964, **9**, 418.
[99] И. Б. Голованов, В. Г. Ивков, В. Н. Гаглоев. Биофизика, 1966, II, 1075.

[100] E. Clementi: J. chem. Physics **41**, 303 (1964)
[101] E. Clementi: Suppl. IBM J. Res. Develop. **9**, 2 (1965)
[102] S. F. Boys: Proc. Roy. Soc. **A 200**, 542 (1950)
[103] I. Shavitt, M. Karplus: J. chem. Physics **43**, 398 (1965)
[104] S. Huzinaga: Suppl. Progr. theoret. Physics **40**, 52 (1967)
[105] E. Clementi: Chem. Rev. **68**, 341 (1968)
[106] F. Ritschl, L. Zülicke, K. Altenburg: Z. Chem. **11**, 281 (1971)
[107] E. Clementi: Proc. Nat. Acad. Sci. U. S. **69**, 2942 (1972)
[108] R. Ahlrichs: Theoret. chim. Acta [Berlin] **33**, 157 (1974)
[109] M. Klessinger: Fortschr. chem. Forsch. **9**, 354 (1968)
[110] K. Jug: Theoret. chim. Acta/Berlin **14**, 91 (1969)
[111] M. J. S. Dewar: „*The Molecular orbital Theory of Organic Chemistry*", Mc Graw Hill, New York, 1969
[112] R. Daudel: „*Quantum Theory of Chemical Reactivity*", D. Reidel Publ. Comp., Dordrecht, Boston, 1973
[113] R. Zahradnik: in „*Aspects de la Chimie Quantique Contemporaire*" (ed. R. Daudel, A. Pullman), Colloque International du CNRS, Paris, 1971
[114] J. A. Pople, D. L. Beveridge: „*Approximate Molecular Orbital Theory*", Mc Graw Hill, New York, 1970
[115] G. Klopman, B. O'Leary: Fortschr. chem. Forsch. **15**, 445 (1970)
[116] R. C. Bingham, M. J. S. Dewar: J. Amer. chem. Soc. **94**, 9107 (1972)
[117] M. J. S. Dewar: Fortschr. chem. Forsch. **23**, 1 (1971)
[118] J. A. Pople, D. P. Santry, G. A. Segal: J. chem. Physics **43**, S129 (1965)
[119] R. Sustmann, J. E. Williams, M. J. S. Dewar, L. C. Allan, P. von R. Schleyer: J. Amer. chem. Soc. **91**, 5350 (1969)
[120] H.-J. Köhler: Z. Chem. **13**, 157 (1973)
[121] S. Diner, J. P. Malrieu, F. Jordan, M. Gilbert: Theoret. chim. Acta [Berlin] **15**, 100 (1969)
[122] B. Pullman: in „*Dynamic Aspects of Conformation Changes in Biological Macromolecules*" (ed. C. Sadron), D. Reidel Publ. Comp., Dordrecht, 1973
[123] B. Pullman, B. Maigret: in „*Conformation of Biological Molecules and Polymers*", The Jerusalem Symposia on Quantum Chemistry and Biochemistry V, The Israel Academy of Science and Humanities, Jerusalem, 1973
[124] B. Pullman: in „*Aspects de la Chimie Quantique Contemporaire*" (ed. R. Daudel, A. Pullman), Colloque International du CNRS, Paris, 1971
[125] L. B. Kier: „*Molecular Orbital Theory in Drug Research*", Academic Press Inc., New York, London, 1971
[126] B. Pullman, C. Courriere: in „*Conformation of Biological Molecules and Polymers*", The Jerusalem Symposia on Quantum Chemistry and Biochemistry V, The Israel Academy of Science and Humanities, Jerusalem, 1973
[127] R. L. Schnaare: in „*Drug Design*", Vol. 1, Academic Press Inc., New York, London, 1971
[128] B. Pullman: Annals of the New York Academy of Science **158**, 1 (1969)
[129] R. Rein: Intern. J. Quantum Chemistry **4**, 341 (1971)
[130] L. B. Kier: in „*Fundamental Concepts in Drug-Rezeptor Interactions*" (ed. J. F. Danielli, J. F. Moran, D. J. Triggle), Academic Press Inc., New York, London, 1970

Sachwortverzeichnis

FSC
www.fsc.org
MIX
Papier | Fördert
gute Waldnutzung
FSC® C083411

Zeitfracht Medien GmbH
Ferdinand-Jühlke-Straße 7
99095 Erfurt, Deutschland
produktsicherheit@kolibri360.de